領導藝術、策略管理、行銷體系、協同優勢，馬斯洛的管理心理學

人本管理

管理並非真正存在，
它只是一個抽象的概念
但是，負責管理的「經理人」

>>>
每個員工都負有一項特殊的使命
——領導、挖掘及激發其他人的
潛在能力和夢想

>>>
目標整合、價值實現、綜效協同，
破譯開明管理的激勵謎團，
建立因人而異的管理策略！

馬斯洛——原著

垢文濤、馬良誠——譯

目錄

目錄

第四章 員工自我實現的奮鬥模式

第五章 建立綜效協同的組織模式

目錄

第八章 開拓全新的企業評判模式

目錄

馬斯洛說：「我們時代的根本疾患是價值的淪喪……這種危險狀態比歷史上任何時候都嚴重。」

他認為生活的富足和社會的繁榮，科學技術的進步和文化教育的普及，民主政治的形成和真誠美好的願望，都沒有給人民帶來真正的和平、友誼、寧靜和幸福，這主要是因為物質財富的追求越來越成為社會主流，而對精神價值的渴望卻一直未能獲得滿足。人們普遍認為：這個社會值得信仰和為之終身奉獻的東西太少了，人人都為物質財富的目標而奮鬥，一旦得到了，他們很快就會發現這種追求的虛幻性，進而陷入了精神崩潰的絕望。馬斯洛指出許多「成功人士」患有「成功精神症」，驚呼在我們的時代，「文明已經發展到了一個真正瀕臨災難的階段了」。

馬斯洛在探討人性能夠達到多高境界的新問題時，他深深意識到傳統科學否認人的價值的極其危險性和全部科學非道德技術化的嚴重後果。他發現傳統科學具有太多的懷疑論、太冷酷、非人性。他認為傳統科學一直宣稱它只關心事實的認識，而不是「一種意識形態，或一種倫理或一種價值體系，它不能幫助人們在善惡之間做出選擇」。當涉及到人性對事實的認識時，科學常常表現出一種對潛能、對理想可能性的盲目性。馬斯洛要求科學不能排斥價值，要從人性事實的研究中給人們提供生命的意義和理想。

馬斯洛認為一般科學模式都是承啟於事物、物體、動物以及局部過程的非人格科學，因此我們認識和理解整體與單個的人物和文化時，它是有限的，不充足的。非人格模式的科學不能解決個人、單個和整體的問題。他認為科學是一種人的事業。作為一種社會事業，它應具有目標、目的、倫理、道德、意圖等因素，認為科學本身就是一部倫理學法規，一種價值系統。主

前言

張將價值如事實般得到科學的研究，將價值研究作為一種科學研究，將價值研究轉向人性內部，使價值研究深深植根於人性現實的土壤。

馬斯洛認為傳統科學具有很大的局限性，它無法一般地解決個人的問題，以及價值、個性、意識、美、超越和倫理的問題。從原則上講，科學應產生出各種規範的心理學，諸如心理治療心理學、個人發展心理學、烏托邦社會心理學，以及宗教、工作、娛樂、閒暇、美學、經濟學、政治學等方面的心理學。這種科學是採取心理分析，使其潛力充分發揮。馬斯洛的真正意圖是在擴展科學研究的範圍，主要是將科學與價值結合起來進行科學研究。

馬斯洛致力於有關人性的科學事實的蒐集，試圖使價值論的研究立足於科學的基礎之上進而成為「價值科學」，以使他的人本主義心理學根本有別於古典的人道主義。

馬斯洛科學與價值的理論大多以筆記、談話、試驗、演講等方式闡述的，整個思想顯得比較分散，時間跨度較大，缺少集中歸納總結，而且引用了很多比較晦澀的內容，致使我們一般讀者難以全面掌握馬斯洛的深刻思想，這是一大遺憾。

為了全面系統地介紹馬斯洛的科學與價值理論，本人在馬斯洛著作《科學心理學》（*The Psychology of Science*）和《走向存在的心理學》（*Toward a Psychology of Being*）的基礎上，根據一般閱讀習慣，結合現代成功勵志思想進行歸納總結，採取通俗表達的方式，既突出了馬斯洛的科學價值的思想，又便於讀者閱讀掌握和運用。當然，馬斯洛的整個思想非常博大精深，本書在此只是拋磚引玉，如有不正之處，敬請讀者批評指正。

導論

　　亞伯拉罕·哈羅德·馬斯洛（Abraham Harold Maslow，西元 1918 ～ 1971 年），出生於美國一個猶太移民家庭，美國著名社會心理學家、人格理論家和比較心理學家。1967 年至 1968 年任美國人格與社會心理學會主席和美國心理學會主席。

　　馬斯洛是人本主義心理學的主要創始人，被稱為「人本主義心理學之父」。他主張「以人為中心」的心理學研究，研究人的本性、自由、潛能、動機、經驗、價值、創造力、生命意義、自我實現等對個人和社會富有意義的問題。他從人性論出發，強調一種新人形象，強調人性的積極向善，強調社會、環境應該允許人性潛能的實現。主張心理學研究中應給予主觀研究方法一定的地位，並應突出整體動力論的重要。

　　馬斯洛反對佛洛伊德（Sigmund Freud）精神分析的生物還原論和約翰·華生（John B. Watson）行為主義的機械決定論。馬斯洛把人的本性和價值提到心理學研究的首位，具有重要的理論意義，對於組織管理、教育改革、心理諮商和心理治療具有重要的實用價值。需求層次論在他的心理學體系中占據基礎性地位，自我實現論則為他心理學體系的核心。

　　馬斯洛以人性為特徵的心理學形成了心理學史上的「第三思潮」，猛烈地衝擊著西方的心理學體系。《紐約時報》發表評論說：「第三思潮」是人類了解自身過程中的又一塊里程碑。

　　1933 年，馬斯洛在威斯康馨大學獲得博士學位後，主要從事教學和研究工作。1943 年，馬斯洛發表了《動機理論引言》和《人類動機理論》兩篇論文，第一次把現代心理學各個流派，包括佛洛伊德主義、華生行為主義、完形心理學（Gestalt Psychology）和有機體理論等綜合起來，提出了心理

導論

需求層次理論基本框架，即生理需求、安全需求、歸屬和愛的需求、尊重的需求、自我實現的需求、認識的需求、對美的需求、發展的需求，在學術界令人耳目一新。馬斯洛在研究人類動機時，始終強調整體動力論的貫徹，並將研究重點放在全人類共有的、作為似本能天性的基本需求研究之上。這為他的自我實現心理學發展奠定了基礎，也是人本主義心理學思想的萌芽。

馬斯洛隨後在自我實現理論的基礎上，又提出了要以最優秀的人作為研究對象，而不能像佛洛伊德那樣以心理變態者、精神病患者作為研究對象，也不能像華生行為主義學派那樣以小白鼠為研究對象，他選定了兩組人作為研究對象，概括了自我實現者的 13 個特徵。他指出自我實現的人並非十全十美，但他們卻是一種價值觀的楷模。

馬斯洛還提出「價值失調」理論，提出當時社會存在的許多常見精神疾病現象的治療，主要包括權力狂、固執偏見、心浮氣躁、缺乏興趣，特別是沒有生活目的和生活意義等現象。

總之，到 1951 年，馬斯洛的需求層次理論和自我實現理論已經逐漸成熟。同年，馬斯洛出版了《動機與人格》（*Motivation and Personality*）一書，這本書使馬斯洛成為了著名人士，被公認為 1950 年代心理學領域最重要的一部學術著作，這也是馬斯洛的經典力作。

馬斯洛接著研究「高峰經驗」。他從自我實現者那裡發現他們往往頻繁地感受到極度地喜悅，體驗到心醉神迷的美妙感受。這些美妙體驗有的來自大自然，有的來自音樂，有的來自兩性生活。馬斯洛認為這不是一種迷信，而是自我實現者的一種成功享受。高峰經驗使個人的認知能力發生了根本性的轉化，由缺失性認知發展到存在性認知，達到了對存在價值的領悟和認識。自我的特性達到了相對完善的狀態，在這一狀態中，人們共享了自身最高程度的同一性。因此，高峰經驗是自我實現的短暫過程，是自我實現的重

要途徑。他相信每個人的這種潛力都存在，認為這種現象是可以用科學來解釋清楚的，這才應該是心理學研究的主要任務。

1957 年，關於人類價值觀新知識的第一屆科學會議在麻省理工學院召開。馬斯洛在會上提出了他對價值觀的看法，強調價值觀是可以科學地進行研究的。他認為人們生存的基本需求得不到滿足，就會嚴重傷害到他們身為人的感情，他們就會形成不健康的價值觀，因為這是由人的本性決定的。

1961 年，馬斯洛提出了「優心態群體」理論，他提出由一千個自我實現者和他們的家庭組成「優心態群體」，這就是一個理想的社會。在這個理想社會環境下，人類天生的本能就可以得到越來越多的表現，就會實現他的思想。

1961 年，馬斯洛在佛羅里達大學發表了「關於心理健康的一些新問題」的著名演講，他認為幽默與自嘲對心理具有重要作用，幽默能夠釋放人的潛能。他隨後出版了《走向存在的心理學》，諸如「高峰經驗」、「自我實現」、「需求層次論」、「缺失需求」、「存在需求」等概念非常流行，成了美國 1960 年代的主要時代精神。

1962 年，馬斯洛為了學術研究，他親自到安德魯‧凱伊（Andrew Keay）的非線性管理系統工廠進行調查。他把自己在工廠的調查研究寫成了《夏日筆記》（*Summer Notes*），最早以《人本管理》（*Eupsychian Management*）為名印刷出版，在學術界和企業界流傳。在書中他闡述了有關管理學方面的嶄新思想，提出了許多很有價值的人性觀念，如開明管理、領導心理、綜效原則、人力資本、員工動機、開拓創新、革新會計、企業評判等觀點。這些管理思想幾乎成了現代管理與組織的基本原則，成了現代管理理論的基礎和重要組成部分。1964 年，馬斯洛發表了《高峰經驗》（*peak experience*）一書，在書中他認為高峰經驗是有組織的宗教的精華，闡述了他對宗教信仰的

導論

看法。

1966 年，馬斯洛當選為美國心理學會主席，這表明他的心理學理論受到了廣泛的重視。他又出版了《科學心理學》，對當時主流科學及其基礎進行了批判。接著又出版了《人類動機理論》，對人類天生的創造性、勇於接受挑戰等高層次需要作了進一步分析，提出了存在價值（B —— 價值）理論。

馬斯洛涉及非常廣泛，在許多領域都進行過探索和研究。他主要著作有 1954 年出版的《動機與人格》、1962 年出版的《走向存在的心理學》、1964 年出版的《高峰經驗》、1956 年出版的《人本管理》、1966 年出版的《科學心理學》、1971 年出版的《人性能達的境界》（*The Farther Reaches of Human Nature*）等，這些著作顯示了他成熟的超個人的人本主義心理學思想。

馬斯洛廣泛的研究從自我實現心理學原理出發，大大超過了心理學研究的範圍，涉及到管理學、經濟學、社會學、倫理學、教育學、宗教、哲學、美學等領域，提出了對於社會、教育、管理、宗教等進行變革的構想，進而形成了內在教育論、心理治療論、社會變革論和優美心靈管理論等理論學說。馬斯洛的需求層次和作為最高動機力量的自我實現等概念非常有名，是他的主要貢獻。

1971 年 6 月，馬斯洛於加州門羅公園逝世，享年 60 歲。

馬斯洛的心理學被稱為「第三思潮」，是相對於在他之前兩大思潮而言的。以佛洛伊德為代表的精神分析學「第一思潮」和以華生為代表的行為主義「第二思潮」。馬斯洛的「第三思潮」無論在思想內容、研究方法和研究對象上，還是在心理治療方法上，都是對佛洛伊德學說和行為主義理論的突破和揚棄，他打破了佛洛伊德的心理學和華生的行為主義心理學，提出了一套更為進步的人類理論。

佛洛伊德心理學體系最基本的特徵，就是來源於佛洛伊德本人的醫學臨

床實驗。研究的對象主要是精神病患者和心理變態者。馬斯洛曾說：「如果一個只潛心研究精神錯亂者、精神病患者、心理變態者、罪犯、越軌者和精神脆弱者，那麼他對人類的信心將越來越小，他會變得越來越『現實』，眼光會越來越低，對人的期望也會越來越小……因此，對畸形的、發育不全的、不成熟的和不健康的人進行研究，就只能產生畸形的心理學和哲學。這一點已經是日益明顯了。一個更普遍的心理科學應該建立在對自我實現人的研究上。」

華生的行為主義心理學體系最基本的特徵，就是認為人是由低等動物偶然進化而來的。其研究的對象是白鼠、猴子和鴿子等動物。馬斯洛對此指出：「行為主義者關於人只有遺傳的生理衝動的結論，最根本的原因就是大多數研究都是在老鼠身上進行的，而老鼠除了生理動機之外顯然很少有別的什麼動機了。人畢竟不是更大一些的白鼠、猴子和鴿子，既然動物有其獨特的天性，人類也應有自己的特點。」

對於佛洛伊德的精神分析和華生的行為主義，馬斯洛並沒有採取排斥，他說：「研究精神病患者是有價值的，但是是不夠的；研究動物是有價值的，但也是不能夠的。」可見馬斯洛學說的包容性。

馬斯洛為了研究人的特點和人的潛力，他比喻說：「如果你想知道一個人跑一英里最快能用多少時間，你不會去研究一般的跑步者，你研究的是更出色的跑步者，因為只有這樣的人才能使你知道人在更快地跑完一英里上所具有的潛力。」馬斯洛對於人的潛力研究，就是「不斷發展的那一部分」。

馬斯洛首次把「自我實現的人」和「人類潛力」的理論引入心理學研究的範疇。自我實現的人是人類中的最好典範，是「不斷發展的一小部分」。他們心理健全，能充分開拓並運用自己的天賦、能力、潛力。他們也有最基本的需要，但他們在充分享受這些需要達到滿足的同時，並沒有成為這些需

　　要的俘虜。馬斯洛在對他所認為是優秀個人的思想、行為和精神狀態進行大量研究之後，提出了人類具有精神健康的共同特點。

　　馬斯洛「第三思潮」理論的獨到之處在於一反當時科學時尚，堅決指出人類具有共同價值觀和道德標準，而且他認為這些準則具有科學的根據，可以透過對人類中的優秀代表進行研究找到。

　　馬斯洛一生都堅持一種人道主義哲學，以便能夠幫助人們認識和啟動對於熱情、創造力、倫理、愛、精神和其他只屬於人類特性的追求能力。他的心理學不僅具有重要的理論價值，而且具有重要的實用功能。他的學說被廣泛地運用到教育、醫療、防止犯罪和吸毒行為以及企業管理等領域，產生了良好的效益。

　　馬斯洛學說具有超前性，他曾說：「有時候我有一種感覺，好像我的研究是在跟我曾孫的曾孫對話，當然，前一個曾孫都還沒有出世呢！那是對於他們愛的一種表達，給他們留下的不是金錢，而是一些事實上關愛的話語，一些零零碎碎的建議，是我的一些教訓，對他們可能有一些用處。」

　　美國學術界認為，21 世紀，馬斯洛將取代佛洛伊德和華生，成為心理學界最有影響的先驅人物。

　　安東尼·蘇蒂奇（Anthony sutich）說：「亞伯拉罕·馬斯洛是自佛洛伊德以來最偉大的心理學家。毫無疑問，21 世紀屬於他。」

　　柯林·威爾森（Colin Henry Wilson）說：「自馬斯洛去世以後 25 年當中，他的名聲沒有一點下降跡象，而與此同時，佛洛伊德和卡爾·榮格（Carl Gustav Jung）的聲名卻遍體鱗傷，布滿彈痕，我認為這是非常重要的一點。我相信，這是因為，在馬斯洛的思想當中，最有意義的東西，在他自己那個時代都還沒有顯露出來。它的重要性是在未來，在 21 世紀一定會顯露出來」。

黛博拉·C·斯蒂芬斯（Deborah C. Stephens）說：「我們發現，在馬斯洛的整個思想中，有許多研究、認識及思想在當時都是遠遠超前的。幾十年過去了，我們今天聽起來仍然感到非常新鮮，就好像現在一些工作和思想反倒都過時了一樣。馬斯洛有關要求自我實現的員工、培養客戶忠誠、樹立領導風範和把不確定性作為一種創造力源泉的主張，描繪出了我們今天的數位化時代的圖景，顯得非常深刻。」

馬斯洛研究的就是我們今天生活的這個世界，就是我們這個數位化時代。在這個充滿激烈競爭的世界裡，人的潛力成為了各行各業、各個組織、各個機構競爭的主要力量。

對於這個充滿競爭的時代和社會，我們每一個人都希望調動自身的一切積極因素，健全自我人格，發揮自我潛能、實現自我價值，享受人生幸福、追求人生的真正成功。這不能不說馬斯洛的學說也適應了我們每一個追求人生成功者的需求。

這就是全面介紹出版馬斯洛著作的根本原因。

導論

第一章　人本管理的企業目標模式

　　企業價值觀是企業文化的核心與靈魂，是企業為了經營成功而對企業與外部環境的關係和企業與其內部員工之間關係的根本看法與觀點。新的經濟形勢、新的國際環境，任何組織的價值觀都必須以一種全新的形式加以解決：在以人為本的前提下，營造某種環境條件，使員工目標與組織目標相結合，建立向著共同企業目標奮鬥的模式。

　　這裡闡述的道理，不是能夠用來更加有效地控制人類精神的新型管理遊戲、手段或者技巧，而是一套完整的正統的價值體系，它非常確切和科學，比那些宣稱非常有效、非常真實的價值觀新穎得多，實用得多。它利用了人性中一直被忽略的那些真正具有意義的發現成果，進而組成的一種價值觀。

　　　　　　　　　　　　　　　　　　　　　　　　—— 馬斯洛

　　管理更多的是需要一種對生活的人文看法，而不僅僅是對技術的掌握。良好管理是建立在對員工和他們的動機、他們的擔憂和恐懼、他們的希冀和渴望、他們的愛好和厭惡以及人性的醜陋面和美好面的理解能力的基礎上的。

管理是一門微妙的人文藝術

這個世界的需求是無止境的，它們形形色色，蔚為大觀。現成的滿足這些需求的技術手段也幾乎是無止境的。此外，對這些目標的詳細闡述，對重大的革命性變化的豪言壯語，同樣也是大量充斥、隨處可見。我們並不缺乏擅長創造警句的誇誇其談者，我們也不缺乏空頭理論家和繁雜的理論。此外，學會、討論會、基金會為學者和學生提供的研究資助，所有的這些也不匱乏。研究報告和調查結果鋪天蓋地而來，直至把我們完全淹沒。

那些負責具體行動的人，那些務實家，那些經理人們，那些必須把這些期望、這些需求和欲望、這些永無止境的報告轉變成在人們生活中切實可見的東西的人又怎麼樣呢？在我看來，他們的功能並沒有得到足夠的理解，甚至是這些務實家們本身對自己的作用也並沒有完全清晰的認知。

我對此的觀點是在現有的條件下，那些務實家和經理人們的功能要比我們現在所知道的任何東西都更緊密地和人類的個性連繫在一起，它們必須從一種更廣闊、更全面和更敏感的角度上來加以理解。

管理功能 —— 無論是在民營企業還是在公共事務中都被頻繁地作為一種純粹的技術領域來加以定義和實踐。也就是說，把各個技術專家和受過專門訓練的職業人士的各種技術和知識聚集並統一到一起。而對於動態管理的首要藝術提供激勵人們去行動的理解和認同則知之甚少。在我看來，管理的首要技巧是人文的，而不是技術的，因而，衡量經理人人員的最主要的標準應該是他的人文素養，是那種構成領導能力的無形的個性素養。

廣義管理的核心是什麼呢？或許我可以用下面這句話來表述：管理更多的是需要一種對生活的人文看法，而不僅僅是對技術的。良好管理是建立在對員工和他們的動機、他們的擔憂和恐懼、他們的希冀和渴望、他們的愛好和厭惡以及人性的醜陋面和美好面的理解能力的基礎上的。只要具備這種能

力，你就可以激勵這些員工，幫助他們明確自己的目標和需求，並幫助他們逐步地找到實現這些目標的途徑。

這樣看來，管理藝術是領導能力的一種高級形式，因為它所追求的目標就是把行動——完成某一工作的具體行動和蘊藏在這一行動背後的意義結合起來。經理人領導的個性中必須符合務實家的精力充沛、腳踏實地以及藝術家、宗教領袖、詩人的敏銳感覺和深刻洞察力，唯有如此，他才能讓人們認清自己，才能激發人們身上足以成就偉業的不可思議的毅力。

無論是單純的務實家，單純的思想家，在我們現在所置身的這個世界都是無法遊刃有餘的；唯有把這兩種素養結合起來，才能夠有效地面對挑戰，才能夠滿足這個世界對領導能力的需求。

正如我們每位員工都能清楚感知到的，這個世界正在發生日新月異的變化，相應地，管理的變化也是一日千里，其速度之快和程度之深完全超出我們的想像之外。如果一個經理人沒有創新思維，他在 20 年之後，甚至是在 10 年之後，很可能就被時代所淘汰，他將無法拋棄那些在 10 年之前構成領導能力的管理技巧，而這些技巧中的絕大部分已經陳腐不堪，就像我們在這個危險的世界上看到美國早期移民到大草原時乘坐的大篷車或者是原始居民的石弓那般是犯了荒謬的時代錯誤。

正如我們所知道的，規模龐大的商業組織發展速度驚人，它們正日益向跨國化和全球化的方向發展。同樣的，政府部門發生的變遷也相當神速，它們甚至已經開始和私營部門攜手進行太空的合作研究專案——通訊衛星，並且不久就要擴展到深海的合作。歐洲正在朝建立統一的經濟實體的方向努力；拉丁美洲也正在朝經濟聯合的方向發展。東亞地區作為世界上資源最豐富和人口最多的地區，正在逐步改變權力和影響力的策略平衡，預計它在今後也必定會發生天翻地覆的變化。

第一章　人本管理的企業目標模式

面臨一波又一波的變革浪潮，經理人們及其管理理念也在發生變化，即便是 10 年前的管理理念如今也已顯得陳舊落後，亟待創新。因此，追尋管理的本質，探索適應這個不斷變化的社會的新型管理模式的基本內涵，是勢在必行的任務。並且，我個人認為，如果單單借助於精確的數學方法和越來越複雜深奧的系統分析技巧，那是很難完成這個任務的。因為管理的主體是人；管理的目標則是激發人們的心靈、欲望及想像力。

有必要提醒我們自己管理並非真正存在。管理只不過是一個術語、一種觀念，就跟科學、政府和工程學一樣，管理只是一個抽象的概念。但是，負責管理的經理人們卻是真實存在的。經理人們並不是抽象的，他們是人，是活生生的人，是某種有著獨特風格的特殊類型的人。每個員工都負有一項特殊的使命：領導、挖掘及激發其他人的潛在的能力和夢想。

描繪和界定這個特殊的人群這些經理人們，是非常重要的。要達到這一目的，我們的唯一途徑是認識加諸在這些領導者頭上的要求的本質，意識到因他們身負領導他人的職責而不得不面臨的壓力。

在這個基礎上，我們就可以了解經理人領導者所必須培養和具備的人文素養的種類，以及這些人文素養、這些人文資源是怎樣使得這些領導者區別於其他類型的領導者的。我們所說的是那些才華橫溢的詩人，那些技藝精湛的鐵匠，那些誨人不倦的教師。由於他們身負的特殊職責，我們將發現這些經理人領導者和其他人截然不同。但是，基本的事實是儘管他們不同於他人，是活生生的人。

但我始終堅信下面這點，管理活動是所有的人類活動中最為豐富、最為費力、並且毫無疑問是最為複雜、最為微妙的活動。此外，它也是最為關鍵的活動……在號召和呼籲新型的管理理念和領導能力時，我並不是要求我們大家耐心等待新型的超人或某個菁英的出現。真的，我的意思並非如此；並

且，我確信在我們的周圍早就已經存在大量的我所定義的那種管理資源，只不過有待我們去進一步挖掘、培育、激發、鼓勵而已，或者更確切地說，是有待釋放出來。

舉一個例子來說，無論是在民營企業的管理活動中，還是在公共部門的管理活動中，我們都需要引進那類懷著滿腔熱忱和熱情參與和平隊的年輕人，他們熱情洋溢，有志於奉獻自己的才幹和學識，並且有著深厚的人文素養和高超的領導能力 —— 不過這次並不是要求他們去開發中國家提供為期二年的服務，而是為在民營企業或政府部門任職奠定基礎。這樣的年輕人的確是存在的。遺憾的是，他們被引進到亟需這些個性素養的民營企業的人數卻是屈指可數。

領導能力的本質就是它能夠經由不斷的複製和激發而產生新的領導能力。領導者必須能夠發現他人身上的領導潛能，他必須幫助把這種潛能激發出來，並想方設法地擴大他人的視野，從而培養他們的自信心和積極性。但是，在他著手進行發展他人能力的這一基本步驟之前，他必須清楚地意識到這是他的任務中最關鍵的部分。如果他認為這一點無足輕重或無關緊要，那麼他在採取行動時的態度也必定是漫不經心或敷衍塞責。只有在他把它看得重於一切時 —— 無論是在一個村莊，或者是一座小鎮，或者是一個大城市，或者是一家巨型企業，如果他所堅持的管理理念把這一點列為舉足輕重的因素，他才能夠真正領悟那種既發展了他員工的領導能力同時也發展了他人的領導能力的管理活動的精髓和本質。

我在實踐中曾經反覆多次目睹了它的神奇魅力，或許這是最激動人心的一幕場景，它帶給我的震撼甚至要超過看到一座雄偉的大壩崛起在險峻的峽谷之間，或者是一家巨型的工廠馬達轟鳴、熱火朝天：因為這裡參與了人類所蘊藏的無限能量的激發和釋放。

第一章　人本管理的企業目標模式

一個成功的新型經理人的基本特徵是他理解自己所擔負的職責的本質——他所從事的工作的性質，這個職位對他的要求，他所得到的廣泛的切身體驗，以及這份工作與世界上任何其他工作的不同之處。簡而言之，他必須明白自己是一個什麼樣的人。

能解析自己的話，他也就無法履行他對別人的最重要的職責，即向他們解釋在他們的生活中發生了些什麼，怎樣才能改變這種狀況，因而也就無法激發那種能夠發展領導能力的員工熱忱。經理人們自身必須首先對這種從事世界上最急迫最重要的工作的開拓型經理人的概念有一個全面充分的認識；因為我擔心那種受到限制的技術方法，那種因循守舊的傳統的管理理念，那種純粹的數理統計和精細分析傾向，將導致管理這門人文藝術的失敗。

每一種新發明，每一種新發現，都會引起某種混亂。非常舒適地安靜下來的那些人，他們都會感到不自在。顯而易見，在已被征服的領域，任何偉大的發現或發明都不太容易被人輕易地接受。

超人一等的管理原則

　　假如有一群極其優秀的人能夠成長，並且很渴望成長，那麼在這一類人身上，彼得‧杜拉克（Peter Ferdinand Drucker）的管理原則就沒有什麼不妥。可是，有一點卻非常遺憾，它只適用於人性高層發展的人。

　　在杜拉克的管理理念裡，假設一個員工在過去的生長期裡已經滿足了自己全部的基本需求。他獲得了安全需求的滿足，從而他沒有焦躁、害怕；他得到歸屬需求的滿足，將不會覺得被疏離、被排斥、被孤立或被群體拋棄，他適合這個家、這個團體、這個社會，他不是一個不受歡迎的入侵者；他在愛之需求上得到滿足，將會有很多的好朋友，有一個舒適的家庭，他感覺自己值得被愛，也能夠去愛別人 —— 這裡所指的是在企業裡的一些情況，而不只是一般羅曼蒂克的愛情；他獲得尊重需求的滿足感，他感到被尊重、被需要，認為自己很重要，他感到自己得到足夠的讚美，並且希望得到所有他應得的讚美與獎勵；他獲得自我價值需求的滿足。事實上，這種需求不常發生在我們的社會，大部分人在無意識的狀態下，足夠的自愛與自尊的感覺。

　　此外，好奇心以及吸收新資訊和知識的需求，是普遍存在的大眾需求，而且在過去和現在都得到極大滿足；或者說，如果他願意努力的話，就可以得到滿足，或至少獲得一些教育薰陶。

　　可是我們接下來所面臨的關鍵問題是，對另外一些沒有獲得需求滿足感的人，或至少有幾方面的需求未得到滿足的人，什麼樣的管理方式才適合他呢？打個比方，對一些在安全需求上固步不前的人，他們感到害怕，認為大災難隨時會來臨，比如恐怖襲擊。當員工不能互相認同、彼此猜忌、彼此懷恨時，該用什麼樣的管理原則管理這些彼此懷恨的員工呢？這種因為階級不同所造成的衝突反抗，在法國、德國、義大利等地常常發生。

第一章　人本管理的企業目標模式

　　顯而易見的，不同的階級就應該適用不同的管理方式，我們不需要專門為低需求層次的人提出另一種管理理念。這裡最主要的目的是想針對員工發展的高層需求理論有更明確的定義，這是人們在理想情況下假定的層次需求。

　　我們應該強調人性的積極面嗎？這是絕對有必要的，但必須是客觀環境有此要求，而且是實際可行的情況。實際一點，我們也必須強調負面的情況，這也是現實而且是客觀存在的事實。

突破傳統模式的管理機制

　　在這裡，我們有必要強調並說清楚一點，杜拉克以及其他一些管理學者都只假設良好的情況、好的運氣和好的機遇。如果我們以審慎而又較務實的方式來分析這些問題，可能會比較實際、科學一些。例如：怎麼定義「良好的情況」以及「惡劣的情況」，是什麼樣的力量、什麼樣的變化使社會朝叢林退步而不是朝尤賽琴（Eupsychian）成長？什麼又是一個簡單的經濟體所欠缺的？

　　這些我們終究會想像得到的，如果有一部分的人被謀殺，社會的整體結構都將因此而發生明顯變化，原先平衡的工業社會可能會退化成叢林社會，或是一個狩獵場。很顯然，在這種情況之下，杜拉克的管理理論就不適用了。如果這時你還完全地信任別人，還假設人們都是誠實的、慈善的，都有利他精神，就顯得極為愚蠢可笑。我相信在這種情況下，杜拉克的假設是不存在的。因此我認為，杜拉克的假設只適用於理想社會。

　　在杜拉克所假設的較高層次生活的人以及高度發展的人類，在現實社會中必然存在。不過，只有基本需求得到滿足後，例如安全需求和歸屬需求均達到滿足，才有可能追求高水準的生活。但如果這種基本需求的滿足感，因為外在的環境變化而受到威脅或無法獲得滿足，健康心理的高層結構就將因此而瓦解。

　　另一方面，杜拉克總是假設有高度統合的綜效協同原則和組織。我覺得這項假設很正確也很實際。可是，它適用於變動的環境嗎？例如：在食物匱乏的情況下，人們難道不會互相對抗爭奪？我們已經觀察過輻射塵掩蔽所內的混亂。誰該死？誰該獲救？如果 1,000 名員工之中，只有 10 位員工能存活，我當然想成為那 10 位員工之中的一個。但是每位員工都想成為 10 位員工中的其中一員時，誰來作最後的決定？我想，在秩序如此混亂的狀況下，最後一定得用武力解決問題，可能是幾位員工，也可能是全體。

　　任何增加恐懼與焦慮的事物，都會打亂退步和成長的動態平衡。任何變化都會有其兩面效果，也就是說，每位員工既喜歡改變，又害怕改變。但如果你可以讓自己喜歡改變而不害怕改變，那麼，良好的社會狀況是此項假設的先決條件。某些經濟狀況良好、身處於健全組織內的幸運兒，確實能達到以上的目標。不過，杜拉克的理論並不適用於美國的大部分黑人，因為他們的生活環境並沒有達到假設所需的環境。我認為，如果他們的經濟狀況良好，基本需求獲得滿足，就能達到我們假設的目標。

　　我覺得有必要說一些杜拉克沒有說出來的想法，所有的假設都必須更明確、更完整。每位員工都必須意識到，我們是幸運的、是受恩寵的，我們必須更實際、更有彈性地回應客觀環境的改變，因為這世界仍持續運轉，不斷地轉變，因此，我們可以運用好的管理原則；但明天的情況有可能完全改變，但我們不能期望良好的情況會永遠持續，也不能認為在任何地方都是好的。

　　還有一些事情必須強調，首先就是溝通的重要性。語意學者會說，所有階層都會發生良好的溝通和不良溝通兩種情況。我想杜拉克如果把語意學理論納入他的理論中的話，對他是有好處的。

　　也許我們可以換另外一種方式來說明以上所論述的：我們應該強調人性的積極面嗎？絕對有必要，但必須是客觀環境有此要求，而且是實際可行的情況。實際一點，我們也必須強調負面的情況，這也是現實而且客觀存在的。

第一章　人本管理的企業目標模式

保證管理工作的高效率的重要原則是，在企業管理中，依據不同的管理環境和管理對象而適宜地選擇和採取不同的管理手段和方式。一旦確立了一些條條框框，就會為管理工作帶來一定的障礙，因為天下沒有醫治百病的萬靈丹。

解讀企業內部各種「氣候徵兆」

事實上，在企業裡很難避免剝奪人性尊嚴的情形。但我們該如何排除種種不利因素，盡力維護員工的尊嚴和自尊呢？首先請看看員工的動機層面與自尊需要的對應關係。

動機層面與自尊需要的對應關係

人類避免成為無名卒被人看成是滑稽的人，而非留名青史的人物（有如一件物品，被視為一件物質性的物品，而非一個人；像樣品般的被標明，而非獨特的個體）。被操作不被贊同被命令被要求不被尊敬被強迫被排擠不受畏懼被使喚，被利用，被剝削被別人決定不當一回事被控制被誤解被取笑無助，抱怨，順從一個可被替換的人我們可以澄清和簡化管理理論中似懂非懂或仍在成形階段的內容，以使對動機的自尊層面有廣泛而深入地了解。在某種意識水準上，似乎每位員工都意識到這樣一個事實，即獨裁式的管理對員工的自尊心造成了極大的傷害，員工在忍無可忍的時候，會以強烈的敵意和有意的破壞心態，做出各種各樣的反擊以維護自己的尊嚴和自尊；員工也有可能變得像奴隸一樣，採取陰險而狡詐的惡劣手段對付企業主。管理者也許對此類反應感到不理解，但如果你明白這是在受控和不受尊敬的情形下，員工為維護自尊所採取的反抗措施，就不難理解他們充滿敵意的反應。

我們也可以從管理文獻中找出，讓所有受到支配的人對他們不喜歡什麼、避免什麼事、什麼狀況會讓他們感覺失去自我尊重的原因。

經過研究發現，他們主動尋找的是：

- 做一個帶頭向前發展的人。

- 可以自我決定。

- 自己控制命運，能自己設定計畫並且執行，直到計畫成功。

- 決定自己的行動。

- 預期自己會成功。

- 喜歡負責任或假設自己願意負責，尤其是為自己。

- 喜歡主動而非被動。

- 喜歡作為一個體而非一件物品。

- 感覺是一個可以自己下決定的人。

- 自發。

- 主動。

- 自我實現。

- 能力受到大眾的肯定。

　　明確地區別尊嚴需求與自尊需求，這是很有必要的。彼此的差別必須明顯、清楚而正確。尊嚴來自於別人，自尊來自於自身。名聲、威望和掌聲是好的，對兒童和青少年相當重要，特別是員工在真正建立自尊之前更是絕對必要的。換句話來說，他人的尊敬與肯定是建立自尊獨一無二的基礎，對年輕人尤為重要。

　　整體來說，真正自尊的基礎在於以上所提的每一件事，在於一種尊嚴感，在於控制自己的生活，在於做自己的主人，之後再謹慎地處理尊嚴以及自尊的相互關係，並達到真正的成就、真正的技能、真正的掌聲（相反就是不值得獲得掌聲）。這裡有必要強調一點，一個人必須真正「值得」他人的掌聲、榮耀、勛章、聲望，否則在潛意識深處的水準上，心靈就會受到傷害，產生罪惡感；所有的心理治療都要從不值得肯定當中產生。

第一章　人本管理的企業目標模式

　　此外我也認為，詳細說明受傷的自尊如何自我保護，人來說將有很大的助益。我們應該再去翻一翻約翰‧杜拉德（John Dollard）的著作《南方的階級社會》（*Caste and Class in a Southern Town*），其中描述美國黑人生活在窮困潦倒之中，被踐踏、被遺忘，無法進行正面的反擊，被迫吞下心中的憤怒，但仍然以消極被動的方式進行有效的反抗和爭議，而且還很有力度。

　　例如：我們可以研究倦怠及惰性，並在企業界找出相對的案例；同樣的，對於假性愚蠢也是同樣的處理方式。至於衝動性自由（不僅是某種形式的自我主張，也是對壓迫者的反抗）也是一樣。被奴役、被剝削的人以及受壓迫的人都會暗地愚弄欺壓他們的人，事後又嘲笑他們，藉此達到反抗的目的。一方面，這是一種因為自尊的需求所產生的心理報復，對此行為我們必須有更詳盡的解讀；另一方面，對被動性的行為也必須抱著同等重視的態度。

　　我們可以告訴那些企業經理人和主管，包括企管系教授或企業顧問，你們應該多多注意員工的反應以及所引發的憤怒。員工有這些特別的反應也許就是為了要引發憤怒的情緒，這極可能是由於被剝削、被支配、不受尊重而引發的憤怒。

　　現在，我提出一個問題：「當你被視為只是個隨時可被替換的小角色、機器裡的可有可無的零件、一件附屬品（一件附屬品還比不上一臺好機器的零件）時，你該怎麼做？」在這種情況下，你的發展機會因此被剝奪。不難想像，你會為此感到憤怒、仇恨，掙扎著想逃離如此苦不堪言的境地。我想沒有任何人性、合理而且可被理解的反應來對付這樣的慘遇：一個把人發展機會全部抹殺的遭遇。

　　假如我問經理人、老闆或教授：「在這種情況下你們會怎麼做？假如你們不被當人看時，心裡的感覺如何？如果你們默默無聞，不被看為獨特的員工，而是一個隨時可被拋棄的角色時，你們又會怎麼做？」

通常，這些管理者的回答是：「我們不會因此而生氣，反而會更加認真地工作，努力脫離這種被人否定的狀況。」不過，這些經理人可能是想要尋求升遷的機會而委屈自己，把工作當成升遷的手段。

事實上，這樣的回答逃避了我的問題，因為接下來我還會問：

「假如你一輩子都必須這麼做？假如你不可能升遷？假如這是你此條道路的盡頭？」問到這裡，我想這些位居高層的人，就會有不同的看法，也會用不同的眼光看待這一切了。

我自己的看法是，意志堅強、有決斷力的人可能是最有敵意、最具破壞力的人，他們的反應會比一般的勞工來得更強烈。因為後者已經習慣這樣的環境 —— 一輩子必須過這樣的生活，因此他們的敵意和破壞力並不全面。這些所謂「時間－研究」（注釋：企業管理中研究工作程序的一種科學方法）和「科學管理」（注釋：強調憑藉規劃、標準化及客觀分析等方法增加員工工作效率）學者，以及上層管理者，都期望手下人能夠冷靜、安靜、平和地接受奴役、隨時可被替換的狀況，對這一切不會有任何的不滿和憤怒。但是如果把這些管理者放進同樣的情境中，可能會立即引發一場革命或戰爭。

經理人如果能認知到這個層次，他們應該很快就會拋掉他們已有的想法。一方面，因為他們已深刻地感受到一個人被視為可替換的零件時的痛苦。對這種情況有強烈體驗的經理人，會產生害怕得發抖的感覺，對於受命運所迫、處於機械性的情境中的員工，也會有較多的同情。他也會真正了解到，心智殘障的人為什麼對於這種機械和一成不變的環境，不會有任何的不滿。他還能要求所有人的反應都和心智殘障的人一樣嗎？

在對自尊以及尊嚴的心理動力學有所了解以後，將會極大地引起企業界的重視。因為他們會發現：尊嚴、尊敬以及自尊的感覺，其實很容易給予，不需要付出任何代價。這只是一種態度，一種深層的同情和了解，能自然地以不同的方式表達出來，並且為處在惡劣環境中的人保住尊嚴。

31

第一章　人本管理的企業目標模式

據我們所知，即使處於不幸的環境中，或每天重複做機械式的工作，如果有崇高的共同目標，或是員工的自尊不受到威脅，也是可以忍受的。其實許多管理文獻中的案例證明，維持員工的自尊並不困難。例如達麗頓的《管理人》一書，就針對企業裡的自尊問題，提出許多既清楚又明顯的例證。例如自尊的追求，對尋求自尊的威脅、報復，以及維護受傷自尊的自我治療法。

我想得越深入，就越覺得把這些觀念放在最廣泛的心理學背景下是值得的。針對被剝削者或少數族群的心理反應，我必須整理出理論性的通則，此外，對於支配的反應也必須建立抽象的理論結構，看人們對支配究竟有什麼樣的反應。我必須統一整理過去針對各種關係所寫的文章，包括強者與弱者、男性氣質與女性氣質（相互剝削和對抗）、支配與從屬、成人與兒童、剝削者與被剝削者、一般人口與受壓抑的少數族群、白種人與非美國裔人。

或許傳統父權文化中的兩性關係和別的任何關係史一樣，能夠很好說明問題。女人過去因為被命令、被剝削，以及被毫無尊嚴地利用而做出的回應，都被認為是一種性格特徵。在某些文化或某個時代裡，這就是女性氣質所代表的意義。

比方說，當我們閱讀土耳其或阿拉伯文學時就會發現，他們完全不把女人當成一個人，女性只是男人財產的一部分，尊嚴這兩個字無論如何也不會與女人有關聯。在過去幾個世紀裡，土耳其和阿拉伯男性描述女性氣質、女性心靈、女性性格的方式中粗略可知，也可以在西元 1810 至 1820 年代美國南方殖民地的黑人奴隸身上發現同樣的情況，當時她們毫無尊嚴可言，有時還不如一匹戰馬。

一個小孩因為覺得受到父母控制而感到害怕，嚴格一點來說，應該是恐懼，因而想自己獨處。這種情形和我們以上所提的，在父權文化中的女性性格特徵與黑人奴隸性格特徵是完全一致的。

　　透過上述的舉例比較以後，就可以準確地表達我的論點，進而針對支配與從屬的關係整理出抽象的理論。這個觀點不只是針對人類本身，甚至可以跨越特定物種。個人對於受到支配與失去自尊所產生的反應，可被視為生物的自我保護行為，因此可以這樣說，反應本身就是人性尊嚴的一種表現特徵。大部分的人對那些遭到貶抑而採取自我防衛的個人，認為他們是人性墮落、不可信任、毫無用處、毫無價值的傢伙。因為有這樣的反應，使得大部分人失去對勞動的尊敬，這種現象值得重視。

　　顯而易見的，假如奴隸們不以公開而是以祕密的方式做出反抗，我會為人類感到驕傲。但對於剝削員工的資方、奴隸擁有者或支配者來說，他們會因此而憤怒，甚至感到不屑。但這是完全可以理解的。在企業界有許多這樣的案例：剝削者認為被剝削者本該表現出被剝削者應有的性格。

　　打個比方來說，狼總是認為羊的行為必須永遠像一隻羊 —— 非常軟弱溫馴。假如有一天，羊突然改變個性去咬狼。到那個時候，我完全可以想像得到，這頭狼不只會驚訝，同時也會感到憤憤不平。因為羊不應該有那樣的行為，羊必須順從地站著、等著，準備成為狼的糕點。同樣的道理，如果有一天受奴役的被剝削者突然反擊的話，人類中的狼也會感到很生氣的。

　　此外，我還觀察到一個例子。在我們周圍常常聽到富有而年長的人的談話。在這樣的談話中，富人不斷地說以前的奴隸是多麼的好，而如今卻讓人頭痛不已。這樣的談話內容，不禁讓我懷疑這一切是誰造成的？這些富有的人以為，他們與生俱來是有教養的紳士和淑女；而奴隸就只能一生都是奴隸，奴隸對主人忠心是理所當然而且應該的；當他們的奴隸有機會逃離被剝削的情況，或是有機會脫離奴隸生涯時，他們就感到怒不可抑，就像一位阿拉伯地區的丈夫，對於奴隸妻子突然起來反抗，感到無法忍受一樣。

　　「這是違反祖制的，不應該變成這樣。」他們也許會這麼說，「這是醜陋的、骯髒的、令人失望的，這些人（奴隸）不應該這樣做。」

第一章　人本管理的企業目標模式

　　他們所描述的「這些人」—— 一群溫順、非常適應奴隸生活的人，他們喜歡被剝削，也很習慣這樣的情況，他們的敵意已消失無蹤或是被深深地壓抑，以致沒有任何浮至表面的跡象。

　　不過，在民主社會裡，如果還有這種甘為奴隸的人，我們應該為他感到悲哀，而不是高興。這樣的人就是我們所討論的違反人性高層發展的人，這也是創造力、成長以及自我實現再無法上升的一個原因。如同患了精神官能症的病人，也許我們可以將其視為一種罪孽、邪惡，或是人性的弱點和退化。

　　但是，如果更深入地了解，我們也可以說，這是一個長期受到奴役的人間接達成健康、成長和自我實現的一種掙扎。因此，處於惡劣環境下的員工會產生種種的反應。為了表達心中的憤怒，許會用各種低下的手段刻意去除他的人性。但這更證明他的恐懼，而不是成長動機缺乏發展。他的敵意，只是為了脫離被剝削的情況。換句話說，當尊嚴遭到壓抑時，這種憤怒的回應更凸顯人們對尊嚴的強烈需求。

　　我們在這裡研究的問題是：「如何避免企業發生剝奪人性尊嚴的情形或減少它的發生？」事實上，以上的情況在企業裡很難避免，例如裝配線上的員工。那麼在此種環境下，我們應該如何排除種種不利因素，盡力維護員工的尊嚴和他們的自尊？

　　在這裡，我不想確定改變這種狀況的規律，我只想透露一些資訊，保證管理工作的高效率的重要原則是：在企業管理中，依據不同的管理環境和管理對象而適宜地選擇和採取不同的管理手段和方式。一旦確立了一些條條框框，就會為管理工作帶來一定的障礙，因為天下沒有醫治百病的萬靈丹。

　　最後，我希望企業的管理階層意識到這樣一個事實：外部控制以及懲罰的威脅並不是使人們努力完成群體目標的唯一手段，人們會為了他所努力的目標而自我指導、控制。

可以假定，每位員工都希望充當積極的行動者，而不願扮演被動的助手，也不願成為被操縱的賺錢工具，更不願做隨波逐流的軟木塞。

適應未來發展的新型管理理念

為了構成理想管理理念的基礎，我們完全有必要參考一下阿基尼斯、麥格雷戈（Douglas McGregor）、萊克特等人的觀點。

假定每位員工都是值得信任的。

很顯然，這裡的假設並不是指每位員工都是可信任的，也不是說這個世界上沒有人完全不可信任，我們應該正視員工存在差異性的現實。假設依據特定計畫而挑選出的員工是較成熟、健康、進化得很完美的人，並且具備良好的修養。良好的環境是此項假設的先決條件。

假設每位員工都完全了解現實中的一切情況。

在人本管理中，每位員工都擁有盡可能地被完全告知所有事實和所有真相的權力。這是一項非常明確的假設 —— 人們需要知道真相、事實。對他們來說，掌握眼前的狀況是有益處的。真相、事實和誠實具有治療效果，讓人備感舒服與親切。實際上，每位員工都渴望這種假設。

假設所有的員工都有達到目標的熱情。

所有員工都是很優秀的員工，厭惡浪費時間，也都反對工作沒效率，希望把工作做好。

首先，我們來討論一下完形動機的理論。完形指完整的形象或完整的形體。完形心理學家認為，任何的心理現象都是有組織的，是不可分割的整體。因此，學習是員工對於整體的刺激環境做出的整體反應，而不是針對部分刺激而做出分解式的反應。

第一章　人本管理的企業目標模式

接下來，我們來還應該談談美國經濟學家和社會學家——托斯丹·韋伯倫（Thorstein Bunde Veblen）及其著作《工藝的本能和工業藝術狀況》（*The Instincts of Worksmanship and the State of the Industrial Arts*）。韋伯倫先生認為，工業體制雖要求員工努力工作、講究效率、共同合作，但是企業主真正關心的只是賺大錢。在《工藝的本能和工業藝術狀況》一書中，他指出企業管理方式與人們追求利益的本能相互衝突，因為低效率的制度使得人們浪費大半的精力。

另外還要說明追求完美與改善缺陷的衝動。在大部分人身上不是缺乏衝動，就是衝動不足，因此組織必須選擇擁有合理衝動的員工。為了避免出現任何不實際、過於樂觀或過於悲觀的情緒，必須了解不同層次的人——什麼是沒有衝動或沒有足夠衝動的人，包括：心靈破碎、無助、遭受打擊、創作力降低、心情煩躁、被迫關切日常生計、精神錯亂、精神病患者，毫無審美觀的粗人以及心智不完整的人。

假設沒有在叢林和獨裁環境中存在的支配－從屬階層。

所謂的支配是指黑猩猩式的，兄妹式的，有責任心的，有愛心的。

世界叢林觀盛行的環境，即弱肉強食的環境，人本管理的模式絕對行不通。在這種環境下，所有人都轉化成斧頭和鎚子，大野狼等關係，那麼兄弟之情、共享目標和認同群體就變得特別困難，甚至是不可能的。應該有一種能力可以讓全體人類互相認同，使全人類融合在一起。集權獨裁者不認同任何人，至多只認同自己的族人。因此在選擇員工時，獨裁者必須被排除在外，除非對他們進行轉化的工作取得成功。

假設每位員工都有相同的終極管理目標，並且認同它。

在此很容易說清楚層級－整合原則如何取代權化－分化原則。舉一個皮亞傑日內瓦小男孩的例子。小男孩知道某個人是日內瓦人或瑞士人，但他必

須長大後才能明白某個人既是日內瓦人也是瑞士人的原因，他也才了解某物可與另一物整合或包含另一物。也許，我們可以討論語意學者的多重價值和二元邏輯。

我們還必須了解專門研究團隊合作和組織認同相關的心理動力學，例如「我願意為自由而死」。或者我們試舉軍隊的例子，為了完成任務，即使是犧牲生命也在所不惜，但每個人會依據自己的能力，尋找最佳的解決辦法。這是問題導向而非自我導向。也就是說有人問：「什麼是解決問題或達到目標的最好辦法？」而不是對他們自己說：「對我自己、對我員工來說什麼是最好的？」

假設在組織內部，員工和員工彼此相處融洽。

同胞爭寵是指在同一家庭中，兄弟姐妹為了爭取父母的寵愛而相互嫉妒或競爭，這種行為充分說明良好但不成熟的衝動如何導致心理疾病。兒童需要母親的愛，但他不夠成熟，不了解母親可以把愛同時分給其他的孩子，因此他有可能去仇視弟弟。不過，他並不是真正地仇視自己的弟弟，只是渴望擁有母親全部的愛。兩歲到三歲的幼童會對新出生的嬰兒進行攻擊，不過他卻不會敵視其他人家的嬰兒。由此可知，他並非敵視所有的嬰兒，只是對分走母愛的兄弟姐妹充滿敵視。當然，在他們長大以後，就會慢慢了解到，母愛可同時分給每一個孩子，但這需要經過一段相當程度的心理發展。擺脫組織或團隊內的同胞爭寵行為，也必須具備高度成熟的人格。

假設存在綜效。

綜效可以作為在自私和不自私，或自私和利他主義之間的差異的解決方案。我們常常認為，一個人得到的越多，另一個人得到的就越少。自私的人通常比不自私的人缺少利他主義，但如果有相當的制度以及社會結構，改善此種情況是完全有可能的。我們可以建立一個組織，使每一位員工在追求自己的興趣時，也能嘉惠他人，不管他是在何種情況下進行的。

第一章　人本管理的企業目標模式

　　同樣的情況，當我嘗試對別人有利或仁慈時，也會本能地讓事情對自己有利或符合自己的興趣。

　　例如：在印第安黑腳族（Blackfoot Confederacy）裡，「贈予」就相當於綜效制度，藉此他們可獲得榮耀、尊敬以及關愛。我們每位員工或他們自己都可以看到，為了一年一度的太陽舞節慶的到來，黑腳族族人可能會整年辛勤地工作，並把賺來的錢存起來。（太陽舞是一年一度持續 3～5 天的慶典舞蹈，源自於西元 1770 年代的北美印第安人。舞者凝神於太陽而產生一種迷醉的幻覺；另一些舞者用標槍穿過自己的胸肌，將身體固定在神柱上，然後再掙脫出來使肌肉脫落，如此即能獲得天賜的力量。）在初夏舉行的太陽舞節慶中，富人端出一盤盤的食物，分贈給族人。從這個例子看來，他們對富人的定義是：非常慷慨地將自己的財物或物品與別人分享。在這樣的施捨之後，他的口袋裡可能一個硬幣都不剩，但他卻被看成是一個很富有的人。而且他不斷贏得別人的尊敬和愛，因而認為自己受益，因為他能透過智慧和努力向人們證明，他很快又可以變得非常富有。在部落裡最受尊敬的人，通常是付出最多的人。

　　而在他付出所有東西之後，又將如何自處，如何生存呢？事實上，他擁有如此尊崇的地位和每一個人的尊敬，族人以他為楷模繼續奮鬥，招待他的人會覺得倍感光榮。他被認為是個智者，他在爐火前教導孩童的行為被視為是聖賢的恩賜，因為他的技能、智慧、認真以及慷慨，不僅使他自己受益，更能恩澤於他人。

　　在印第安黑腳族裡，任何一個人發現金礦，都會讓每一個人覺得快樂，因為他會和其他人一起分享這些珍貴的黃金。在我們的社會中，情況恰好與此相反，人們往往在發現金礦後就趕快躲起來，與別人隔離，即使是自己最親近的人也不例外，因為他們只想到自己，根本不想和別人一起分享這些金

礦，哪怕是自己身邊最親近的人。

因此，我認為，如果要摧毀一個人，最好的辦法就是突然間給他 100 萬美元，因為只有意志力堅強而且絕頂聰明的人，才有能力妥善地利用這筆意外之財；而大部分人都會因此而失去朋友、家人，以及其他有形無形的東西，甚至在不知不覺中流失了他憑空得來的 100 萬美元。

開明的經濟體一定要建立一套對所有人都有益的綜效性機制。當一位員工因某種活動受益的時候，其他的人也會因其行為而受益。對企業最有益的，與此同時也是對國家有益；對國家有益，也是對這個世界有益；對自己有益的，也是對別人有益。依此種標準，我們可以針對任何一種社會制度進行有效的選擇與分類。這是非常有力的一種分級手段，也是精確的手段，每種社會制度都會因此而受益。

哪種制度可達到綜效？哪些制度不行？根據杜拉克的理論，開明經濟體有助於綜效管理原則的建立，不過很遺憾的是，他自己可能沒有意識到此點。

綜上所述，所謂的「綜效」是指在某種文化背景下，對個人有益的事對所有人都有益。高度綜效的文化是安全的、有益的、高道德標準的。低綜效文化則不安全、相互對抗且道德標準低。

在理想企業管理理論中，綜效概念越來越重要，因為我發現太多的企業文化，是在犧牲他人的利益基礎之上，從而成就某位員工的成功。在我拜訪非線性系統企業期間，親眼目睹高度綜效的企業文化。這個由安德魯‧凱伊及其同事所辛苦營造的工作環境，使我想起了自己對印第安黑腳族的研究工作。

事實上，我對綜效這個制度的概念，大都來自印第安黑腳族的啟發，他們的文化無疑已是一種綜效協同文化。我也深深地意識到，現代文化和印第安黑腳族文化有著強烈的對比。

第一章　人本管理的企業目標模式

　　強調慷慨是這個部落最有價值的美德。累積資本和知識的人得不到任何讚美。只有把自己的財富、知識分送給同胞的人，在族裡獲得名望與安全。

　　經過不斷的測試，對於更具競爭性的環境和生活方式來說，黑腳族人不會有自我懷疑以及自我意識的問題。然而身處競爭環境激烈的人，在這方面卻時常受到困擾。弱小族人不會遭遇白眼、排斥，每一個族人都非常清楚自己的優點和缺點，同胞們不但不會排斥這些缺點，反而會把缺點看成是正常人格的一部分。

　　在黑腳族裡，從年輕開始他們就很重視個人的責任感。父母親從小就以關愛和支持的態度，鼓勵他們的小孩去做自己想做的事；讓他們生活在愛和引導的環境中。作為整體部落的需求，黑腳族輕易地把族裡每一個人的需求相互結合起來。黑腳族需要的不是擁有總體能力的領導者，而是依據不同功能選擇不同能力的領導者。於是，他們會擁有不同職能的領導人，主持太陽舞的人選，並不一定是代表黑腳族與政府溝通的最佳人選。他們視工作的需要去挑選具有特殊技能的專業領導人，即所謂的存在型領導。選擇的標準完全取決於具體的任務而定。

　　領導者必須創造高度統合的組織，激發團隊合作的精神。的目標必須和員工目標相互結合。根據對統合文化的定義，我們是否低估了這項挑戰的難度？假設組織內的員工都是健康的。從數量的角度來講，健康的程度很難量化。但至少不能是精神病、精神分裂症病、偏執狂、腦部受損、心智薄弱或過度熱心等等心理不健全的人。假設團隊足夠健全。為了評判組織的健全程度，必須有相對的標準來衡量。我不知道這個標準是什麼，也不知是否有人著手進行這份工作。不過，應該有人歸納出其中的原則，如果這件事還沒有著手進行，必須立刻進行。當然，某些基本原則必須與員工心理健康的原則重疊，不過兩者之間也不會完全一樣。從某種角度來評判，組織和員工是不

同的，而且，我們也應該找出這些不同之處。

假設任何人都能客觀地、獨立地具備「崇敬的能力」。

比方說，以客觀和超然的立場欣賞別人，站在絕對客觀的立場，稱讚他人的能力和技術，同時包括對自己的能力和技巧的崇敬。

在這裡有一層特殊的意義，即不應有尼采式的忿怒，對自己沒有怨恨，對存在價值沒有敵意，不排斥真相、美麗、善良、公平以及法律、秩序等等；或在對客觀事實的認知和尊重方面，至少不低於人類本性的最低限度，換句話說，就是對現實狀況有客觀認知，對這些事實有起碼的尊重。

在理想的狀況下，如果每位員工都很有智慧，都能以莊嚴神聖的態度對待別人，放棄利己主義，那麼以上的情境就可以輕易達成。這時我就可以很明確地說，亞當·史密斯（Adam Smith）比我更適合這個工作，因為他在學識以及其他各方面都是最佳人選。我完全沒有嫉妒、受傷、自卑或其他痛楚的感覺。

當然，這在現實生活中是不可能的，因為除了極少數的情況之外，大部分的人都無法達到這種境界。不過，至少這是一種限度，而且是傾向於理想管理的限度。我們必須提高這種客觀性，而不是降低人性的最極限。用我們的頭腦清楚地、客觀地分析，要客觀地看清哪些是對我們的尊嚴有害的，這樣做雖然有些困難，但在某種程度上是可行的。從過去無數次的心理治療經驗中我們了解到，很多人已經學會怎樣省視自己，進而從中獲益。

假設組織內的人並非只想獲得安全需求的滿足。

在這種假定的情況下，組織內的員工不必焦慮、不再害怕。他們必須具備足夠的勇氣克服恐懼，必須能面對不確定的未來並勇往直前，這些是可以被質化的。絕對有必要指出一點，關於開明管理與獨裁管理相互的對立，害怕和勇氣、退步和進步之間的對立，都可以成功地完成這項任務。

第一章　人本管理的企業目標模式

從某種意義上講，組織內的人一旦被恐懼所主宰，就不可能做到開明管理。在這一點上，杜拉克對於心理治療、軟弱以及不良衝動缺乏足夠的了解。杜拉克的理論對很多人是行不通的。關於人際關係以及人事管理等理論也存在同樣情形。他沒有想到有很多人並不適用那些理論，有些人已經病入膏肓，已無法在開明世界產生任何作用。還必須強調一次，杜拉克也忽略了員工差異的問題。

假設每位員工對於自我實現都有積極的傾向。

人們可以自由地實現自己的理想，選擇自己的朋友，和志同道合的人在一起，共同成長、嘗試、體驗、犯錯。

還是同樣的道理，只有在此假設的前提下，心理治療或心理成長才有可能。我們必須假設人們願意追求健康與成長，而且可以具體地被看見，而不是像卡爾‧羅傑斯（Carl Ransom Rogers）心理治療理論般的抽象。

假設每位員工都喜歡好的工作團隊以及團隊友愛。

也許我們對自發與自我實現帶來的快感投入太多的精力，很少有人注意到，一個充滿愛的團體能夠帶給人的快樂，而且員工在這樣的團體裡可以找到認同感。對團體的認同，就好比高中男孩會因為加入學校籃球隊而自豪；大學學生也會因為學校的地位聲望高漲，感到自己的自尊也在提高；或是亞當家族的個人以身為亞當家族的一員而自豪，這種自豪感並非來自於員工的成就。可惜的是，關於團隊精神的相關研究資料非常少。

假設敵意是一種初始反應而非與生俱來的。

這種敵意來自於充分的、客觀的，只存在於當下，有存在的原因，是有價值的而不是有害的，因此不能去抑制它，打擊它。

當然，自由地表達反應性敵意，能顯示出員工的誠實個性，也會改善很多狀況。若無法公開表達合理的憤怒或非理性情緒，將會造成長期的緊張、

毫無理由的抱怨。例如：員工比較喜歡向友善的經理人吐露自己對企業的忿怒和不滿。經理人越開明，員工向其表達的機會越多。

同樣的情形也發生在心理治療師和他的病人身上。對他們來說，敞開心胸暢談，遠比隱藏心裡的想法來得好。而太多性格上的敵意，例如：對過去事物的情感轉移、對某些符號象徵有特別的反應，排斥的敵意等等，都會使一些良好的、客觀的人與人之間的關係變得一團糟。假設我是一個老闆，但有人將普通的命令誤認為我是以居高臨下的態度責罵他，如果他不能區分兩者之間的差異，那我們兩個的關係就很難處好。

假設組織內的員工都有能力忍受壓力。

假設員工比外界評斷的更堅強，更具有韌性。你可以很容易就看出一位員工可承受多大的壓力。不過，這種壓力不能是毅力的。當然，通常人偶爾承受挑戰、壓力和緊張，可以從中受益。事實上，他們必須偶爾承受緊張的壓力，以免變得懶散或覺得無所事事。如果偶爾在音樂會演出或位居高位，生活想必有趣許多。我想每位員工都將因此樂意挑戰這種壓力。再說，許多人都想被折磨一下，承受一定的壓力。

假設人是可以被改善的。

幾乎沒有一位員工是盡善盡美的、毫無缺點的。不過，不能排除他們想要達成完美的希望。也就是說，他們可以變得比現在好一點。

假設每位員工都有尊重和自我尊重的需求。

很明顯，這個假設表明員工都希望感覺自己是很重要的、被需要的、有用的、成功的、自豪的、受尊敬的，而非被輕視、隨時可被替換、可被犧牲、不受尊重的賺錢工具，令人討厭、只會花錢的傢伙。

這確定了尊重與自我尊重的需求是天生的。

假設每個員工都願意尊敬自己的老闆。

第一章　人本管理的企業目標模式

　　這是杜拉克所忽略的假設，這裡的尊敬已經遠遠超越愛我們願意尊敬或愛我們的老闆，而不是憎恨或不尊敬他們；如果二者只能選擇其中一種的話，大部分人可能會選擇尊敬而不是愛。

　　對於佛洛伊德的主張或支配－從屬關係的研究資料，也許我們應該作更深入地分析，針對強者與弱者的相互關係、身為強者與弱者的優缺點等議題，整理出符合共同需求的理論。特別是男性和女性之間的關係、成人和小孩之間的關係、勞方和資方的關係、領導者和被領導者之間的關係。此外，還必須深入探討懼怕老闆及強者的內在動力，以及懼怕的原因。同樣的，強者的內在動力也須多加研究，尤其是身處強者身旁的人如何回應、如何受到影響等議題。

　　假設每位員工都不懼怕別人，但在特定的時間卻寧願懼怕老闆而不是瞧不起老闆。

　　也許沒有人喜歡強勢的人，例如像夏爾·戴高樂（Charles de Gaulle）、約翰·甘迺迪（John Fitzgerald Kennedy）、拿破崙·波拿巴（Napoleon Bonaparte）、狄奧多·羅斯福（Theodore Roosevelt）等，但我們卻情不自禁地尊敬他們，信任他們，而且在生活中或戰爭中得到有力的證明。強勢但能力卓越的領導者也許很容易招來別人的憎恨，不過卻比溫和但軟弱的領導者受愛戴，後者固然比較可愛，但卻可能因為太軟弱而將部屬帶入死亡的陷阱。

　　假設每位員工都願意成為積極的操控者，而不是被動的助理、工具，或是隨波逐流的軟木塞。

　　關於責任的問題，杜拉克談論了很多很多，並引述了各種狀況下的工業調查。這些企業的調查結果顯示，員工擔負責任時的表現比較良好。這的確是真的，但只適用較成熟、健康的人。世上還有很多人害怕死亡。他們是

一群怕死鬼，依賴心理特別嚴重，喜歡從事奴隸性的工作，而不願自己下決定。可參考關於獨裁性格的研究案例，以及在《卡拉馬助夫兄弟》（*The Brothers Karamazov*）裡的那位質問者。我們必須了解到這只是一個前提，一項假設，只適用特定的人選。

假設每位員工都願意改善周遭的事物。

在此項假設裡，我們認為每位員工都有這樣的傾向：周遭的事物，矯正牆上的扭曲影像，清理髒東西，把事情做對，讓情況變得更好，把事情做得更好。事實上，我們在這方面了解的不是很多；完形心理學家在提出封閉性與連續性的作品當中，是有科學性論證的。我常常在健康的人身上觀察到此種傾向，我稱他們為完美主義，但我不知道這種傾向有多強烈，也不清楚在較不健康、較不聰明、較沒有人性的人身上是否也有此種傾向。但無論如何，杜拉克假設所有人都具有此傾向，他認為這是建立開明經濟的先決條件。

假設人在成長之際愉悅與厭倦是相當相似的。

孩童的成長就是愉悅與厭倦相互交替的過程。小孩總是喜歡尋求新鮮感，充滿好奇心，探索新事物，喜歡一切新奇的事物，久之後就會感到厭倦，而去找尋更新奇的東西或活動。這是一個非常穩當的假設，即理想化管理是對新鮮的事物、新挑戰、新活動、多元化的活動的前提，不能太簡單。但一切很快又會變得熟悉、無趣，甚至無聊，所以你必須再次提供更新鮮、更多元化、更高層次的工作。

假設每個員工都比較喜歡做一個完整的人，而不是只當一小部分、一件事物、工具或「一雙手」。

人們比較喜歡發揮自己的潛能，情願收緊他所有的肌肉；相反的，如果只把他當作別人的一部分，他會覺得很生氣。

第一章　人本管理的企業目標模式

　　譬如說婦女 —— 當然不包括那些出賣肉體的妓女 —— 拒絕當作性工具；出賣體力的勞工，也會拒絕當別人的一雙手、一塊肌肉或是結實的背；就連在餐廳工作的服務生也厭惡他人把他當作是一個只會端盤子的人。

　　假設每位員工都比較喜歡工作而不願無聊。

　　在這項假設上，杜拉克當然是對的，但需要有一些限制條件。

　　例如：大部分人不願做沒意義、浪費時間的工作，也不願做無謂的工作。當然，還應注意員工間的差別，不同的人會喜歡不一樣的工作，例如知識型或勞動型。我們也必須了解工作期間的快樂與完成為了目標工作時的樂趣之間的區別。

　　此外，我們必須化解工作與娛樂之間的分歧。杜拉克式原理的主張是：工作讓人享受、著迷與喜愛。對自我實現的人而言，他們可能比較喜歡把工作當成是一種「任務」，一種「使命」，一種「責任」，或是神父所謂的「天職」。人生的使命實際上與一向的自我是相同的，好比身體和肝或肺同等重要。對一個幸運、開明的工作者而言，奪走他的工作就等於要了他的命。真正專業化的工作者就是最好的例子。

　　另外，我們必須針對「工作」的語意有更明確的解釋，因為依據社會上的認知程度，勞動確實令人感到不快，而自我欣賞又意味著躺在陽光下什麼事也不做。強調一點，強迫人不工作其實是一項嚴酷的懲罰。假設所有人都喜歡做有意義而非無意義的工作。此項假設強調人們對價值體系、了解世界並賦予意義的高層需求。這與人道主義宗教信仰的態度非常類似。假如你所從事的工作是毫無意義的，你的生活可能也會毫無意義，更不用說生命的意義了。無論多麼卑賤的工作 —— 洗碗盤、清水管的工作 —— 有意義與否，完全在於這份工作是否有其重要而崇高的目標。

　　比方說，很多人都不喜歡洗嬰兒尿布，但嬰兒的母親卻能充滿愛心地洗

它。對一個關愛小孩的母親來說，這是充滿幸福的、樂趣無窮的工作。洗碗盤可以是一件毫無意義的工作，也可以是對家人愛的表現，因此它就成為一件既有自尊又神聖的工作。

這些觀念也可以運用到組織中。某位婦女是一家口香糖工廠的人事經理人，但她對口香糖一點都不感興趣，因此造成苦樂感缺失（指無法感受生活中的苦與樂）的情形。如果她能到她認為比較有意義的工廠做事，即使是一份職位相對低一些的工作，也會覺得快樂無比。

假設每位員工都比較喜歡有個性、獨特性、特定身分；相反，任何人都憎恨默默無名、隨時可被替換。在杜拉克的理論體系當中有很多這樣的案例。相對於一個無名或者可以隨時被替換的人來說，每位員工都情願做一個具有獨特身分的人。假設每位員工都具有足夠的勇氣經歷理想管理的過程。這並非表示他沒有恐懼感，而是說，他能克服那些害怕心理而勇往直前。他能抗拒壓力，他能接受創造力的不可靠感，他也能忍受焦慮。假設所有人都有良知、羞恥心，都能感到難為情、傷心。我們必須認同別人，了解他們的感覺。我們也必須假設人多多少少都會有一點妄想、的感覺。因此，必須認定人們或多或少都有心理疾病。假設存在自我選擇的能力和智慧。杜拉克曾不止一次提到這個理念，不過並沒有進一步地詳細說明。事實上，在開明管理中，這是一個最基本的假設，開明的管理人士藉由了解自己最喜歡什麼，發掘自己最好的一面。開明管理假設每位員工所喜歡的、所偏愛的、所選擇的都是明智的決定。我們必須更詳細地說明這一點，因為我們發現某些相反的證據的存在。這個自我選擇的明智原則大致而言是正確的，特別是對人格健全的人更適用，但對神經質或有精神疾病的人就不太恰當。

事實上，神經質的人可能無法真正依據自己的需要做出明智的選擇。透過長期的案例分析，我們也了解員工的習慣會影響他做出聰明選擇的能力。

第一章　人本管理的企業目標模式

此外，持續的挫折感等其他的原因，也會造成負面的影響。實際上，每位員工在任何情況下，做出的決定或假設不可能都與事實完全相符。杜拉克又再次忽略某些不可忽視的東西，固執地承認開明管理只適用某些特定人選，也就是比較健康、堅強、優秀和善良的人。

假設每位員工都喜歡公正公平地被別人讚美，最好是當眾被人欣賞。

在現實的社會環境裡，人對謙虛有著錯誤的觀念。相比之下，平地印第安人就比較現實些。他們認為每個人都喜歡炫耀自己的成就，也喜歡聽別人讚賞他的成就。這是必要的、實際的。不過要拿捏得恰到好處，因為誇讚不值得誇讚的人，或不當地誇大某人的成就，同時也會產生罪惡感。

假設以上所舉的正面傾向會有相對立的負面傾向的存在。

當我們談到人性的良性的傾向時，必須假設還有相對應的反面傾向。比方說，幾乎每位員工都有自我實現的意圖，這是毫無疑問的；但每位員工也都有退步、害怕成長、不願自我實現的意圖。當然，每位員工都具備勇氣，但相對的，人人也都存在恐懼感。每位員工都希望知道事情的真相；但相對的，每位員工也都害怕知道真相。這些相互對立的傾向，彼此會找到平衡點，並以辨證的方式彼此共存著。關鍵在於，在某個特殊情況、特殊時間、特定的人身上，哪一種傾向會較突出？

假設每位員工特別是高度發展的人，都比較喜歡有責任感而不是依賴或被動。

事實上，大多數情況下，這種喜歡責任和成熟的傾向，會在人覺得軟弱、害怕、生病或沮喪時有所減弱。另一方面，責任要有一定的限度，才能處理得很好。太多的責任會壓垮一個人，太少的責任會讓人鬆懈。太早要求小孩背負責任，會造成他一生中無法擺脫的焦慮感以及緊張情緒，我們必須循序漸進地加重員工的責任。因此，考慮節奏、水準的問題是很有必要的。

　　假設人從「愛」中獲得的樂趣比從「恨」中獲得的更多，而且這種從恨中產生的快樂也是真實的，不該被忽略。

　　也許可以用另一種方式來說明，對一個健全發展的人而言，因為愛、友誼、團隊合作、身為優秀組織中的一員而得到非常真實而強烈的快樂，超過因為擾亂、毀壞以及敵對所得到的快樂。須有所警覺，對一些發展不健全的人，例如對神經質或有精神病的人而言，從怨恨以及毀滅中得到的快樂，遠遠超越從友誼以及情感中獲得的快樂。

　　假設健全發展的人寧願創作而不願進行毀滅，他們從創作中所得到的快樂遠超過從毀滅中所得到的快樂。

　　必須指出，毀滅的快樂確實存在，絕不能視而不見。這種感覺對低度發展的人非常強烈，特別是神經過敏、不成熟、過度衝動以及患有精神病的人，因為他們沒有足夠的控制能力。

　　假設在理想管理的最高水準之上，人們願意或傾向於越來越認同世界，並達到終極的神祕經驗，與世界合而為一，或是達到一種高峰經驗、宇宙意識。

　　這與對世界越來越多的陌生感是相悖的。與此相對的便是孤立。

　　假設每位員工都追求真、善、美、正義、完美等存在價值，而且我們也必須提出對超越動機和超越病理的假設。

　　……我終於注意「薪資層次」以及薪資的種類問題。最重要的是，除了金錢的支付外，還有其他的薪資支付方式。事實上，隨著生活的富裕以及個性的日趨成熟，金錢的重要性已逐漸降低，取而代之的是，更高層次的薪資支付。另外，金錢的支付似乎仍有一定的重要性，於具體的數目，而是在於它是員工地位、成功、自尊的象徵，這些都是贏得他人喜愛、讚美與尊敬的重要因素。

管理策略的新型發展道路

在人類動機方面，有許多有效的數據、企業方面的經驗以及臨床心理學資料，證明採用 Y 理論的管理是可行的。但我們必須在頭腦裡刻下痕跡：這將是一項由點及面的實驗，驗證實驗的數據並非最終確定的數據，也並非全然可信。理由很簡單，這裡還有很多令人懷疑的地方。

事實上，還有很多學術界的專家以及企業經理人質疑這項理論的可行性，他們的質疑不無道理。的確有許多證據、實驗以及數據反駁這項新理論。我們必須承認，還有很多值得討論的空間，整個理論仍處於實驗階段，我們必須蒐集更多的數據和答案，解決即將碰到的疑問。

例如：理想管理的全部哲學相信人性本善、值得信任、喜好知識與渴求受到尊敬。不過，真實的情況是，我們並沒有確切的量化資料證明，究竟有多少人對工作懷抱熱情、努力追求事實與真像、講求效率。當然，我們必須肯定有些人確實有這方面的需求，我們也多多少少知道這種需求會在什麼樣的情況下出現。

不過，我們並沒有針對多數人口進行普查，因此，沒有量化的數據可以告訴我們，有多少人喜歡執行這些想法。我們不知道如何回答這樣的問題：在全人類中到底有多少人是不可改變的獨裁者？

這些都是建立人本管理制度所需的關鍵性資訊，只有知道這些資訊，才能制定出符合客觀實際的管理策略。我們不清楚有多少員工真正想要參與企業的管理決策，有多少人不願有任何的參與，有多少人將工作視為謀生的手段，與興趣無關。

例如：有的婦女出外工作，只是為了養育小孩。其實，她喜歡的工作是輕鬆而又愉悅型的，而不是令人厭惡的工作。問題的關鍵是，對她來說，什麼是令人厭惡的工作？如果她不用養育小孩，她全心投入工作的意願會有多

高？有多少人喜歡獨裁式管理的老闆？有多少人寧願被告知怎麼做，而不想自己動腦筋去思考？有多少人只看到具體的事物，對於未來的計畫感到不可理解和索然無味？有多少人喜歡誠實？有多少人打心底就喜歡不誠實？人們在心裡不想當工作小偷的傾向到底有多大程度？我們對人的惰性知道得不夠多，也不是很清楚。人到底有多少懶惰？什麼樣的情況下能使他們不懶惰？對於類似的問題，我們幾乎毫無所知。

我自己手中掌握的資訊還不夠充足，因此，這些都只是實驗而已，就像民主政治也是一項實驗，這也是一項基於未被證實的科學假設：人們喜歡掌握自己的命運，只要有足夠的資訊，人們就能為自己的生活做出明智的抉擇，喜歡自由，不願被指使，對於影響他們未來的任何事，他們都希望有發言權。所有這些假設都沒有經過精確的證實，所以我們稱它為科學事實，就像我們把生物學上的事實視為科學事實一樣。基於此點，我們有必要知道更多的心理因素。我們必須明白，這些都只是信心條款，而非最後的真理；換個方式來說，這些都是有某些根據的信心條款，但仍不足以說服那些性格上反對這些條款的人。

完全可以想像，這項科學事實的最後測試結果：原本不贊同的人最終不得不接受事實。當所有獨裁者看到關於獨裁者的研究資料，並因此意識到自己的獨裁人格是非必要的、病態的或反常的，他最終也會改變這類性格。如果真的如上所說，那麼關於獨裁人格的研究知識就可成為最後的定論。如果獨裁者對於所有證據仍置之不理，除了說明我們所蒐集的事實仍不夠充分、仍無法形成真理之外，其他什麼也說明不了。

在我仔細研究麥格雷戈的理論 —— 採取與 X 理論完全相反的人性主張 —— 之後，發現我的許多關於動機、自我實現的研究資料與他的理論不謀而合。但所有人都必須知道，若把這項理論視為最後的定論是件非常危險的事。我在動機方面的研究基礎主要是來自於臨床經驗，是針對神經質病人的

51

第一章　人本管理的企業目標模式

治療而來。已有某些企業把這項研究搬到管理上，並證明此項理論也適用於企業，但我仍須進行更多的研究，才能說服自己，這項針對神經質患者所做的研究轉移到工廠員工身上同樣也是有效的。

自我實現的研究情形也是一樣的，在所有研究中，只有這項研究有效。許多取樣發生錯誤，依正統科學而言，這項實驗是很差勁的，我願意承認這一點。事實上，我也急於承認這項研究仍在實驗階段。我擔心某些狂熱分子會全盤接收，他們應該像我一樣，對一切事實有所懷疑。這項實驗必須不斷地重複和檢查，必須透過其他社會的試驗。這項理論的事實根據 —— 當然已經有許多事實根據 —— 大部分來自於心理治療師，如卡爾·羅傑斯和埃里希·佛洛姆（Erich Fromm）。

當然，如果想要證明將心理治療的情境運用到企業界是有效的，仍需要更多的測試。至於我對知識需求、好奇心的研究也是一，儘管我相信自己的結論，但我仍願意像充滿好奇心的科學家一樣，承認這方面的研究必須經過他人的驗證後才能成為最終結論。我們必須小心資訊是否存在謬論，因此更多的研究是絕對必要的。自滿與自信只會阻礙研究。

在這裡，我必須明確地說明一個問題，X 管理理論的事實根據幾乎接近於無，甚至比 Y 理論還要少得多。它是完全根據習慣和傳統而歸納出來的管理模式。雖然它的支持者狡辯這是依據長期經驗所得出的結果，但仍無法改變其證據薄弱的事實，那只是一種自我幻想性的預言罷了。在不合邏輯的基礎上，若以 X 理論所主張的模式對待員工，員工只會產生 X 理論所預測的行為，絕不會產生別的哪一種行為。

我可以無所顧忌地下結論，Y 理論的事實根據仍不完全，因此無法獲得完全的信任，X 理論更缺乏證明所有符合科學的事實根據，而且幾乎所有適用於企業界的研究均支持 Y 理論，沒有一項證據支持 X 理論，除非在某些特殊情況下。

　　獨裁性的研究也發生了同樣的情形，所有的事實根據都支持民主性人格，然而在某些特殊情況下，選擇獨裁性格的人是最佳的抉擇。例如：在過渡時期，擁有獨裁性格的教師比起民主而被動的 Y 型性格教師，更能管教獨裁性學生。在更為複雜的企業管理中，同樣的情形也普遍存在。我想到鮑伯·霍特（Bob Holt）的適應價值和妄想性格的證明；他證明此類性格的人比起正常人更適合當偵探，或至少和正常人擔任偵探相比要優秀許多。

　　談到這裡，還有一點必須引起人們的注意。自從讀了史卡頓所寫、羅森·黑麗編輯的《企業實務的組織理論》一書之後，我有這樣一種想法：一旦我們考慮企業的長期健康而非短期健康、民主社會的義務、組織對於員工與經理人高度發展的需求，那麼對 Y 理論的需要將會更趨強烈。

　　在那本書裡，史卡頓談到他所任職的梅泰德企業，生產與行銷是這家企業唯一的功能和目標，其餘的事都被認為是次要或不重要的。這是一種極為孤立而壓縮的觀點。在他的眼裡，企業與社區、環境與社會沒有任何連繫，甚至沒有任何債務關係。至於民主社會的高等教育、尊重法律與財產等因素，他更未考慮進去。如果將其包括進去的話，那麼企業或企業就必須對社會有所貢獻，也會對社會有所需求。史卡頓所主張的企業模式只有在法西斯式經濟體下才能實行，若在民主社會實行，則會完全失效。因為在民主社會裡，企業與員工對社會有其相對應的義務和權利。

　　為了保持企業的長期健康發展，我們必須對企業與社會之間的關係進行更深入地討論。就長期發展而言，企業與社會的相互關係會越來越趨於緊密；健全的組織需要穩定、受良好教育的員工，不能僱用違法的人、罪犯、玩世不恭的人、被縱容寵壞的人、憤世嫉俗的人、好戰者、破壞者，不過，這些人都是非健全社會下的產物。

　　也可以這麼說，不健全的社會無法成就健全的企業，期而言是如此。雖然在獨裁社會或獨裁企業裡，在恐懼和飢餓狀況下也能生產好的產品。若這

第一章 人本管理的企業目標模式

些是真的，或許我應該去研究西班牙出口哪些物品，南非的黑人生活如何，他們能生產或製造什麼產品？

事實證明，在混亂、戰爭、傳染病盛行、罷工、充滿暴力謀殺的環境下，即使健全的組織也不會發揮其好的功能。因此，文化本身必須是健康的，不能有貪汙、政治賄賂、宗教腐敗或宗教主控的情形發生。企業必須在不影響社會道德與健康的先決條件下才能自由地成長。此外也不能有任何形式的政治干預。

實際上，那些只注重利潤、產品銷售的企業，把自己限制在生產、銷售的功能裡，其他人的利益完全沒有考慮。也就是說，只是企圖從我以及其他納稅人身上占便宜。納稅人負擔學校、警察局、消防局、衛生部門以及其他單位的費用，以及維持一個社會的健全營運的費用。社會為企業提供高度發展的員工及經理人，但是這些企業對社會的回報卻是如此的微不足道。為了公平起見，我覺得他們應該對社會做出更多的回報塑造好市民。人們會因為良好的工作環境，而變得更仁慈、有愛心、更善良、處處為他人著想。

我認為，制定符合道德倫理的會計制度是很有必要的，而且建立一種道德的倫理的會計核計辦法是我最大的興趣。不過，這項工作有一定的困難度。在此制度下，對於協助改善社區、提升居民素養，創造民主性格員工以及增進民主發展的企業，應該給予稅額減免的優惠政策。至於對民主政治、優良環境毫無貢獻並使人們變得偏執、敵意、惡毒、更具破壞性的企業，則必須處以嚴厲懲罰。對整個社會的蓄意破壞。他們必須為此付出代價，否則，豈不是太不公平了。

此過程的其中一部分必須由會計來完成，會計人員必須努力將無形的員工價值納入資產負債表的計算中，使他們更優秀、更合作、更不具破壞力。企業值得花錢僱用這樣的員工；值得花錢訓練、教導他們，將他們組織成為高度發展的團隊成員；企業也必須盡力吸引高度發展的員工或工程師加入。

這些金錢與努力的花費將轉化為會計數字，企業為改善社會所做的貢獻也將反映在損益表上。這些業績優良的企業有較低的信用風險，是貸款銀行樂於借貸的對象，更是投資人心目中良好的投資對象。

世上很多人都有恐懼心，他們情願百依百順，也不願自作主張……在這種情況下，專制統治不但是好的，是必要的。

建立因人而異的管理策略

在我看來，杜拉克或其他專家所談的一些基本理念太過一般化。當然，員工對安全的需求或關愛的需求程度也不一樣，而且管理女性的工作與管理男性的工作有很大差異。如果我們將杜拉克的理念運用在比較落後的國家，如伊朗、敘利亞以及南非這些地區，就更能體會其中的不適應性，而且顯得非常清楚。實際上，在許多地區只有實行獨裁式的管理才有用。只有對一些膽小得厲害的人揮動皮鞭，一切才會有滿意的結果。獨裁者若採取人性化管理，就被認為是軟弱而又愚蠢的傢伙，至少是不符客觀現實的。

因此，情況通常就會演變成這樣，獨裁者在學習寬大慈悲之前，一定要先嚴厲一些，使其組織員工遇到一些挫折。在骨子裡很有強權精神的人，若要其接受別人的建議以前，揮動幾下皮鞭會是明智的決定。

例如：如果我們探討德國人在戰爭中的個性就會認識到，所有德國人，他們的性格都建立在很強硬、很嚴肅，甚至粗暴的假定上的。在一項研究中，個性不嚴厲的老師被年輕的小孩嘲笑，並且被認定他是一個差勁的老師，不值得尊敬。除非他能在孩子面前表現出獨裁者的心態，否則這位老師就無法管束學生。

顯而易見的，我針對杜拉克的兩項假設已經提出重要批評，並使它們結合起來。一是他的管理原則只適用於特定的人選；另外一點就是，他忽略了

存在於某些人身上的卑劣性格、心理疾病、汙點以及其他一些人身上普遍存在的惡劣性。

我必須強調，這是通向財務及經濟成功的唯一道路。將員工視為 Y 理論中的高度發展的人類是有益的，不僅僅是因為《獨立宣言》、《黃金規則》、《聖經》、宗教準則或者其他諸如此類的東西，而是因為這就是通向不管什麼意義上的成功的道路，當然包括財務成功在內。

破譯開明管理的激勵謎團

從某種角度來考慮，傳統管理的理論狀況和心理治療很相似：一群差勁的人做了差勁的事，整天信口開河，他們就是沒有勇氣仔細描繪自己的目標、目的以及長期的計畫；他們似乎害怕討論價值與目的；他們總是希望跟 20 世紀的科學家達成一致。假若我們檢查清楚開明企業、開明組織、開明團體的長期目標，就發現整件事是根本產生不了任何意義的。我們可以大膽地說，心理治療的目的和長期目標是使人們運用超越動機，達成自我實現。我們也可以說，這是健全社會的功能，也是健全教育制度的功能。

接下來，我再補充一點，這也就是所謂的人本管理的長期目標，也是所有準心理治療團體像學習團體、敏感度訓練和領導團隊的長期目標。

為了更清楚地了解我所說的內涵，我先解釋兩個概念。一個是學習團體，其簡稱為 T 團體，由社會心理學家庫爾特·勒溫（Kurt Zadek Lewin）所創。將 8 至 14 人組成一個小團體，採用敏感度訓練的方式，由指導員負責引導並鼓勵大家說出自己的想法與感受，並接受別人的建議，以達到以下的目標：員工自知人際的了解、溝通的技巧、接納他人。所謂敏感度訓練，就是經由小團體的人員互動與溝通，使團體的員工能藉此認識自己、了解別人，進而提升自我的效能。

　　人本管理的長期目標也是一般組織理論的長期目標。一本書接著一本書，不斷地討論新的發展、新的組織理論、新的管理理論，這些理論建立的基礎是對人性的重新理解，特別是關於動機的新知識和新觀念，但是對於理論的價值和目的卻隻字未提，即使有也是非常模糊的。至於動機理論的高等層面，也就是它的遠期目標、超越動機或是存在價值，是希望人們更健康，進而達成自我實現的。

　　即使我們不管長期目標，只著眼於眼前的目標 ── 創造利潤、成為健全的組織、保障未來。這是完全真實的，但這些還遠遠不夠。任何一家企業的領導者都希望能永久經營企業，他們心裡想的不是 2 年或 3 年，而是 50 年甚至 100 年。他們不僅希望能經營 100 年，更重要的是他們希望自己的組織或團體能健全地永久經營。所以我常常感覺到，他們總是在處理如何擴大經營規模，如何把工作時間再延長一點，或者是修正亨利·福特的經營策略之類的問題。不過，我認為此時有必要討論人類動機和長期目標。

　　我很少看到有哪位經理人或學者，有勇氣以長期的觀點、理想或有價值的觀點作思考。他們一致認為，較低的人力流動率，較低的缺席率，良好的道德或更多的利潤才是經營企業的成功之道。但他們這樣做其實忽略了人本管理所強調的心理健全成長、自我實現與個人發展。

　　我懷疑，他們是否害怕後者是一種預先的道德說教。這問題之所以被提出來，是因為有些人有說教的天性。可是，在一個企業內，如果從長遠來看，除了頭腦精明、意志堅定和利潤的考慮外，還必須顧及員工發展、員工訓練以及組織環境的改造。這些都與心理治療、教育體系分析、政治民主分析的目標一致。

　　如果每位員工都清楚企業的未來目標、方向和長期計畫，那剩下的都只是技術上的問題，或是如何使方法符合目的的事，完全可以輕易地獲得解決。不過，長期目標如果混淆不清、相互衝突、難以理解，那麼，所有關於

第一章　人本管理的企業目標模式

技術、方法和手段的討論將完全失去效用。

我必須清楚地說明，開明企業除了短期目標外，更要有長期目標。企業必須有長期的打算，以一世紀為單位，而非四五年，利潤的創造將因此更為樂觀。開明企業的尤賽琴理想、健全心理和道德感的堅持將全面改善組織的營運，當然包括獲利表現。

透過不斷追蹤人力資源與經濟指標之間的關係，人們已開始建構完整的流程，衡量開明管理如何達成財務上的成功。

與員工共享利潤和收益的企業，與那些不和員工共享利潤的企業相比，在財務上的表現更為出色。

在廣泛的範圍內，與員工分享資訊，邀請員工積極參與的企業（這裡的介入程度定義是智慧性的參與），營運表現比獨裁管理的企業好上幾倍。

彈性的工作設計（彈性的工作時間、輪流休假制度以及工作延伸）更能創造財務上的成功。

人員的訓練和發展對企業財務表現具有積極正面的影響。

企業的盈餘有三分之二是因為群體經濟參與、智慧參與、彈性的工作設計與人員的訓練和發展。

改變對待員工的方式，也許比改變薪資結構，更能提高生產力。很明顯，員工的參與可以協助企業擬定更完善的補償金制度，包括利潤共享、所得分享，此外，員工認股計畫的效用更佳。

毫無疑問，在未來的管理理念中，關於對待員工的方式以及員工對營運、財務表現的影響這二者之間的相互關係，會有不同的論調。有些理論也許仍會認為，除非是有利可圖的事，否則不做。但更大的爭議在於：開明社會中，企業與工作的真正的意義是什麼？

在未來的歲月裡，商業企業營運的目的已不僅僅是賺取利潤，另一個更有價值的意義是，一群人聚集在一個組織內，他們憑藉不同的方式（但都合

乎法律規則的）獲得各種各樣的需要，並且以服務於全體社會作為組織發展的長期目標。利潤的確是商業的生命調節器，不過，它不是唯一的，人性和道德等因素也必須考慮在內，至少從長期來看，這與企業的生命是同等重要的。

毫無疑問，現在世俗的觀念——在大型組織裡工作必須時刻修正或改變自己——絕對需要修改。我們必須找出讓人們在組織內保持個性的方法……正視這種順從性的行為準則是很有必要的。

尋找進步管理的開明之本

人本管理的成功並不是偶然的，完全取決於各種先決條件。所以，我們不僅要探討造成進步的因素，更要了解造成退步的因素。可能造成退步的力量包括：食物的匱乏（不足以維持基本的生活所需）；基本需求滿足感消失（或已經威脅到這個滿足感）；不統合的組織構架或法律；任何造成恐懼或焦躁的事物、造成人們悲傷的損失、分離或死別；使人感到焦躁或害怕的任何改變；各種不良的溝通、懷疑、否定真相、不誠實、非真相、說謊；混淆真相，分不清楚真相或虛偽；喪失基本需求的滿足感，譬如自由、自尊、尊敬、愛人、被愛、歸屬、安全、心理需求、價值感、真相和美貌等。所有這一切，都會阻礙組織的健康成長與發展，至少會造成工作積極性的下降，以及財務的不成功。

這一切都與無法保持一種合適的平衡有關。這就促使我們必須建構一套管理理論，使得正反二種力量取得平衡。在我們這個年代，也許我們比較積極地強調事件發展的正面力量。在這裡，我不得不提醒讀者一點，切莫忽視反面力量，必須給予相當的重視程度，甚至是在強調正面力量以前，就要先考慮反面力量。對於各方面的重視程度怎麼樣？那就得看實際的情況，根據現有法律的基準來決定。

第一章　人本管理的企業目標模式

另外，我們也應該注意到以下的可能性：人本管理對某些人來說，可能會產生一種倒退的效果、壞的效果。事實證明，這些人無法承擔責任，害怕自由，自由會讓他們感到恐懼。治療師已經注意到這些情況，但管理者顯然還沒意識到這樣的認知。

在缺乏結構、缺乏完全自由的情況下，人們必須自己尋求資源，這樣反而更顯示出這群人缺乏資源的困境，於是他們陷入冷漠、懶散、對人不信賴、焦慮或沮喪。他們習慣獨裁式管理或傳統結構型組織。但是在自由、開放、責任制的環境下，他們同樣對工作失去興趣，對自己的能力沒有信心，情緒低落。因此對企業理論學者而言，這個意味著在轉換管理模式時，必須假設有一群人並不適合人本管理原則。

比如：在自由而開放的狀況下，某些隱藏的傾向會在自由而開放的狀況下顯露出來，而且這是一種受虐和自毀的傾向。我要加以說明的是，當你嘗試從嚴厲的獨裁制度轉移到參與式的制度，試圖改變獨裁作風時，可能會暫時產生混亂、敵意和破壞等負面情況。獨裁者需要改變或重新訓練，但這需要一段極長的時間，他們也必須經過一段過渡期，改正開明經理人軟弱的錯誤印象。而對於那些還沒準備好接受這段過渡期的管理者來說，外在的壓力很可能促使他們又退回到原來的獨裁式管理上來，因為外在的壓力迫使他們，而他們也只有如此才能控制情況。

對一個較好組織中的一個較正常的人來說，工作會使他日臻完善。這就有助於發展企業，而這又反過來進一步發展人……

對人類賴以生存、工作、活動的良好管理，能改善人類和世界。

製造人本管理的副產品

大量的研究數據表明，關愛子女的母親，即使以任何一種行為對待孩子，哪怕是體罰或出手打自己的小孩，同樣會使小孩具有良好的性格。這說明了一項事實，對人類而言，以何種方式來表達愛並不很重要，愛的態度才是最重要的。所有的資料至少都已經清楚地說明了這種關係的原理。人所表現出來的行為，能完全說明他所具有的性格、隱藏的個性或態度。

總體來說，在有意識或無意識的情況下，任何人都可以察覺出某人是在演戲，但卻不能察覺其透過行為所要表達的內心想法。因此有可能產生以下的結果：上課、讀書、接受各項訓練，而且努力將自己表現得像是一位優秀經理人的主管，如果他的性格並非真正的民主、負責或有感情，那麼他的努力不會有太大的功績。

這就揭示了一個非常深刻的存在主義的問題：「真正是」某種人與「試著成為」某種人的區別。在這對矛盾中，真正是某種壞人與某種好人之間，一定有其過渡階段。

如果一名竊賊意識到自己是一名竊賊，並希望成為一名誠實，唯一的方式就是有意識地努力讓自己不是一名竊賊，有意識地努力讓自己成為一名誠實的人。努力讓自己成為誠實的人依靠的是自我意識、人為控制，而非自然的、天生的性格行為。自然的誠實行為是由內心真實的性格所表露於外的行為。只有透過不斷嘗試誠實行為，也只有如此，才能讓一位騙子變成一位老實人。

同樣的情境也發生在組織內，沒有別的途徑可以讓獨裁者成為民主者。一位獨裁式主管要轉變為民主式主管，必須有意識地、人為地、自願地經過一段盡力成為民主式主管的過渡期。努力成為民主式主管的人和天生就是民主式主管的人有很大區別。我們這裡已涉及哲學性的思辯，因此必須特別小心。

第一章　人本管理的企業目標模式

我們很容易輕視「努力成為⋯⋯」的狀態，覺得這是不自我的，因此有人拒絕這樣的思考。他們沒有意識到這是真正成為民主式主管的前期階段，是唯一可行的有效方法。

我們也可以用另外一種方式來表達這個觀點：我們必須塑造某種個人、人格、性格或性靈，而非創造特定的行為。假如是創造某一特定的人格，就牽涉到心理學理論，包括成長、人格和心理治療等領域。此外還必須參考佛洛伊德理論，因為我們討論影響行為的潛意識因素是很有必要的。這些改變行為的潛意識因素無法直接受到影響；我們必須從人性的角度著手，成為另一種人。

這種對人性的強調，以及將行為視為深層個性副產品的主張，促使我了解到人本管理的效用，並非只能從行為的改變、產品品質和數量的提升中看出，我們還可以從以上所提到的副產品的角度觀察。若要了解企業的員工是否開明，最有效的測試方法，就是了解他們回到家或回到社區之後的所作所為。比方說，如果人本管理模式真能創造更好的人性，這些員工在社區會表現得更仁慈、更願意助人、更無私、更具利他性格、更講究正義、更願意為真善美而戰。顯然，這些行為是很容易測試的。

從另一個角度來看，員工在家中的行為同樣會有所改變。一般來說，一個真正受到人本管理影響的男人，一定會是一位好丈夫、好爸爸和好公民。所以，直接與他們的妻子或小孩訪談，也是較務實的檢測方式。

在這裡，我想起迪克・詹斯的研究，他嘗試在高中採用心理治療教學法一年，檢測他所教導的高中女學生是否仍有種族歧視的現象。結果他發現，種族歧視的情形減少了，但是他一整年都未向學生提起這個議題。這就是我所謂的測量副產品而非行為本身。

在特殊的情況下，為了保住工作，被動而精明的人很容易會模仿某種行為或偽裝某種舉止，他們也許會依照經理人的要求完成任務，不過，他們的心靈未曾因此而改變絲毫。

綜上所述，我們得出這樣一個結論：對人類賴以生存、工作、活動的良好管理，能改善人類和世界。另一方面，對一個較好組織中的一個較正常的人來說，工作會使他日臻完善。這就有助於發展企業，而這又反過來進一步發展人……

如果我們放棄了真槍實彈的戰爭，那麼誰能贏得冷戰呢？我相信，只有那個能造就健全、有最優秀的員工獨創性的國家，才能贏得冷戰。

人本管理理念的愛國思想

理想的管理理念建立在人性的高層與低層需求的理解基礎之上，但現在我們面臨的問題是，如何與那些對新管理主張並非一無所知或懷疑的人溝通。如何教導與傳送這種模式的終極目標？我覺得，不同的人需要不同的溝通方式。但在溝通之前，你必須先了解他們的價值觀，找出什麼是他們認為最重要的事。

假如把範圍擴大，就可以這樣說，一個民主社會為了繼續生存，絕對需要能為自己思考、判斷、投票的人民。換句話說，一個民主社會絕對需要能管理自己並協助管理國家的人民。獨裁企業的做法恰好相反。因此，摧毀民主社會的最佳手段除政治上的獨裁主義外，還有企業的獨裁主義——徹底地反民主，將員工視為創造利潤的工具。因此，任何真心想要幫助國家、獻身於國家、為國犧牲並願意國家經濟飛速發展的人，如果他的想法符合邏輯，必定會將全新的哲學思考帶入生活中。這就是所謂的新企業和新管理模式。

事實上，人們對宗教信仰的重視與人本管理並不相互排斥。人本管理也是一種認真而嚴肅地看待宗教的表現。但是假如你把宗教信仰視為只是星期日上教堂、聽講道而已，那就完全不相關。但有些人覺得宗教無關乎超自然、儀式、慶典或教條，而是對人類全體、種族、人與自然的關係、人類未

第一章　人本管理的企業目標模式

來等議題的深沉關懷。人本管理可使能力有限的人類發揮最大的潛力，創造美好的生活以及健全的社會。

從社會哲學家以及一些社會理論家的角度考慮，這項理論是對舊有的烏托邦思想的修正。過去烏托邦學者的問題在於，是一味地逃避紛擾的叢林式社會，從未試著協助改善社會。工業化社會的複雜性是我們必經的過程。如果我們真的回到過去的農莊生活，那麼在一兩年內將會有四分之三的人類死去。只要工業化仍持續發生，布魯克農莊的烏托邦式生活就不可能發生。也許某些特定人適合過去的農莊生活，但絕不是全體人類都適合。我們必須充分利用工廠而非逃離工廠。因此，人本管理關於社會層面的心理學思考可被視為另一種尤賽琴式思考，與烏托邦式思考有區別的是，它承認工業社會存在的必要性。

就軍隊的情形而言，也許並不像上述說的那麼清楚和單純，但仍然有一個很好的例證。1962 年的民主軍隊和民主社會，傾向於要求每個士兵都是一位將軍。比方說，一架失去聯繫的噴射戰機的飛行員，或是其他狀況造成這種局面，此時此刻，無論如何，都必須要求個人或小團隊依靠自己，自行承擔責任。當然，獨裁性格的人可能無法像民主性格的人那樣做到這一點。

此外，在這裡指出的一點是，讓每位士兵都有能力擔任大使是很有必要的；此項政策亦可化解軍事僵局。冷戰將成為爭取中立國友誼而進行的非軍事競爭，士兵必須贏得他人的愛與尊敬。

另外，軍隊強調獨裁和盲目服從所隱藏的危險要比其他任何獨裁機構的危險都大。這種危險是政治性和國際性的，因為軍隊的獨裁式思考將助長獨裁者的興起，而非全球人民的和平活動。我必須強調，軍隊因其特殊的環境和專業義務，容易有反民主傾向。另外警察和偵探也比其他人更容易成為偏執狂。

　　最後，我想強調的是，士兵服役時間過長，而且在此期間幾乎沒有受教育的機會。這些時間可用於教育、社會服務以及有助於心理治療和個人成長的活動，從而塑造更優秀的公民。針對具有兄弟情的軍隊和其他服務團體進行深入地研究分析是很有必要的，這些團隊拋棄了獨裁式管理模式，採取參與式管理模式。我們的研究應該是為了驗證以下的假設：對於某些關係緊密的軍事機構，人本管理可能優於獨裁的軍隊教條。

　　至於與教育學者和教育機構的溝通方面，或許我們可以從促進成長式管理的角度來分析。之前我們已有研究證明，具有同情心、助人、友善、利他傾向和民主性格的主管，能產生較佳的結果。現在我們完全可以將此研究運用於教育界。但具有諷刺意味的是，我們有許多針對企業界的研究資料，但是關於好的老師與壞老師的研究資料，卻少得可憐。絕對有必要修正此種情況。因為語意的混淆和政治上的冷戰，使得先進教育的理念遭到漠視，我們必須以開明管理的思考模式，重新定義教育。

　　在這裡，我想向教育工作者強調的一點是：一般性的教育與專業訓練——如技術的取得——有很大的區別。前者的主要目的是塑造更優秀的公民，更快樂的人民，更成熟、更高度發展的員工；後者的主要目標則是訓練優秀的技術人才，道德教育相應減少；不論是在法西斯、納粹社會，還是在民主社會中，都是一樣。前者才是造成獨裁社會和民主社會的差異所在。在獨裁社會，自由、自主、自我滿足、好奇、自由探索和自由質疑等行為都是危險的，但在民主社會中卻是絕對必要的。

　　教育界和許多其他的機構沒什麼兩樣，關鍵的問題都在於，沒有人確定終極目的為何。只要民主教育目標被明確建立，所有技術性的問題都可以馬上獲得解決。我們建立完善的教育體制，切莫一味強調外在知識的灌輸，忽視學生實現內在價值的狀況。教育必須是健全完美的，否則就算不上是合格的教育。

第一章　人本管理的企業目標模式

我認為，可以透過以下的方式來說明人本管理的終極目標：如果在一個100人的組織裡，每一成員都是合夥人，並且把自己所有的積蓄全部投資在企業上，每位員工都擁有投票表決權，因此他們既是夥計也是老闆，他們和老闆之間、和企業之間以及和其他同事之間的關係，一定比過去那種老闆與僱員之間的關係有很大差異。同樣的情形也發生在愛國者身上，在戰爭中，愛國者總是會團結一致把槍口對外。在上面這兩種情況中，每一員工做的都是他們應該做的事。

例如：在突出部之役（Battle of the Bulge）（注釋：又名阿登戰役，第二次世界大戰中德國在西線的最後一次攻勢，希望迫使盟軍從德國撤出，但遭到失敗）中，緊急情況一出現，所有的美國軍人都會奮不顧身地衝鋒陷陣。醫師、麵包師、轎車司機、卡車司機、牙醫師等，所有的人一聽到緊急情況，都會拿起槍和敵軍拚搏。這時，所有的專業界限都會被打破，所有人全部集合在一起，變成了一支團結的美國軍隊。

企業界當然也適合約樣的情形。當企業發生緊急情況時，或者出現某一問題時，與緊急事件最接近的員工一定會盡力減少損失。例如：當一位員工看見企業裡發生火警，不用任何人的催促，他就會以最快的速度拿起滅火器滅火；他的潛意識中會立即回應周遭所發生的任何意外。那是因為人性使然，不用經過任何的思考，也不考慮後果或自己的興趣，而且在他和企業所訂的合約裡面，也沒有規定他必須這麼做。

關鍵就在於此，在進行開明管理與人性化管理的實驗中也得出類似的結論：在充滿同胞愛或兄弟情的環境中，每個人都會轉化為一名合夥人而非僱傭者，他將以合夥人的身分思考與行動，他願意扛起企業整體的責任。當有緊急狀況發生時，不論是哪個部門的任務，他都會自動自發地負起責任。合夥關係就如同結合作用，致使他人的興趣與員工的興趣相融合、統一，而非相互獨立或衝突。

　　倘若合夥關係是有助益的，或經由科學證實為正確的，那麼人們會更願意表現得像是一個合夥人，這也是每位員工內心所渴望的，無論是對員工、企業或是整個社會而言，在實質面、財務面和政治面上都是必要的。對員工來說，和他人保持兄弟般的感情，比互相排斥更為有利。

　　在這裡，也許我們可以舉一個歐洲經濟共同體（又稱為歐洲共同市場，由法國、西德、義大利、荷蘭、比利時、盧森堡六國於 1957 年 3 月簽訂羅馬條約，決定在 1958 年 1 月 1 日成立一個區域經濟合作組織。1967 年組織成立歐洲共同體。後又有愛爾蘭、丹麥、英國、希臘、西班牙、葡萄牙加入而發展成 12 國）的例子，建立這個制度，將原本互相排斥以及衝突的關係，轉變成互相合作的兄弟關係，彼此福禍相連。不僅如此，還奠定其在國際上的地位，無論是在哪一方面。

　　白人與印第安人在 16、17 和 18 世紀時的情況就印證了這個結論。印第安人之所以會失勢，無法團結合作是他們失勢的主要原因；沒有真正建立聯盟關係，他們彼此互相仇視，而非團結一致共同對抗外敵。相反，白人就非常團結和忠誠，於是由 13 州擴張成美利堅合眾國。我們可以將相互排斥的過程稱為「分化」和「巴爾幹化」。或許有人會問，如果美國現在是 50 個分離的國家而不是 50 個州，情況會是什麼樣呢？那你就要以經濟的巴爾幹化作為說明。如果能了解以上所討論的內容，也許連獨裁者都會認為，採取參與而非巴爾幹式態度，會比較有利。

經典剖析：雪莉・羅絲談企業目標整合

雪莉・羅絲（Sherri Rose）是蘋果電腦的前任副總裁，她協助創辦了全美最先進的企業大學之一 —— 蘋果大學（Apple University）。她目前是一些企業的顧問，而且正努力將員工目標和企業目標恰當地融合。

馬斯洛在 1960 年代提出這種理念 —— 員工目標與企業目標相互結合，很多管理者也都把其納入組織管理策略中了。馬斯洛博士認為，在企業界工作，可協助我們將員工的目標和企業的目標相互結合。我認為這些是絕對可以實現的。我就曾以小規模的團隊實現了這項理念，他們是所謂的高績效團隊。事實上，我從馬斯洛著作裡讀到的，與我們的高績效團隊概念非常類似。我想除非每一位員工的價值以及信念能在工作中實現，否則，團隊就不可能會有好的表現。

進一步解釋一下，人力和財務資源是蘋果大學的管理重點。蘋果電腦是一家全球性的企業，我們必須透過國際網路，將所有管理資訊和訓練資源同時傳達給每一位員工。我們將所有人的技能和位置整合在一起，以最快的速度執行每一件工作。我們的目標已經融為一體，每一位員工都期望快速地提供每位員工相關的資料和資訊，我們都相信這個目標。行政人員負責註冊事宜，發展顧問努力蒐集資料，技術人員專注於自己的工作。但不論處於何種職位、負擔何種責任，每位員工都在為最後的產品貢獻自己的力量。這是非常有創意和刺激的工作，因為我們相信自己所能創造以及所提供的價值。

在工作的同時，我們也得到了樂趣。彼此互相支援，卻沒有因此讓對方感到不勝負荷。回想起來，我發現這是因為我們能相互尊重員工的能力範圍和限制，同時也為自己的成就感到自豪。大家都很了解，每位員工都需要別人的讚美，也很在乎他所付出的貢獻。

馬斯洛覺得人類可以達到這個目標，因為這是正確的理念。而且人們可

以利用此方式作為一種控制策略。我想在進行這項計畫時，最大的問題是，沒有仔細傾聽團隊每一個員工真正想要的是什麼。然而，在設定前景和目標之前，我會深入了解員工真正感興趣的是什麼？他們喜歡什麼樣的工作？討厭什麼？我不斷地調整工作計畫，希望每位員工都能找到他們所喜歡的工作。但是在大多時間裡，我必須向員工解釋，即使你不喜歡這份工作，但團隊必須接下這項任務。不過我仍盡力做好整合：將每位員工放在最能發揮其潛能的正確位置，從事自己有興趣的工作。

當然也有無法整合的時候。舉個例子吧，我記得曾有個訓練員說她不想做了。我就回答說：「已經有三個訓練員離開了，現在你也不想做，我認為你沒有選擇的餘地。」與此同時，這件事讓我深受打擊，為了讓她成功，必須想辦法讓她在另外一個領域獲得成長，並且繼續擔任訓練的工作，這才是真正的平衡作用。有時你必須被迫向人說「不」。此外，在某些特殊情況下，你必須清楚為什麼會下這樣的抉擇。必須想出一個辦法，讓你對說不的人，可以在自己感興趣的工作中繼續發展。

很多年前，馬斯洛就告訴我們，有一天人們會轉而追求更高的精神需求而不只是金錢。而我們幫助員工在他們感興趣的工作中發展的觀點和馬斯洛的理念不謀而合。事實上也確實如此，不過卻很難一概而論，因為有些員工才剛進入職場沒多長時間，這些人的需求和已在職場中歷練一段時間的員工不同。員工在不同的生命階段會有不同的負擔，有時金錢就顯得非常重要。當一位員工在組織中獲得晉升時，金錢上的安全感使得他們轉向其他的需求。在這種情況下，我想馬斯洛是正確的。實際上，因為他的看法對我來說是如此的正確，我有時候覺得他不只是一個哲學家，反而更像一個預言家。

一旦人們有了安全感，不再感到飢餓，什麼工作都願意去做，而且也不會在意是什麼職位，他們只想學習和成長。也許我的判斷有點盲目，因為我一生的最佳歲月都貢獻給這個地方，而且在我身旁圍繞著很多這樣的人。不

第一章　人本管理的企業目標模式

過話又說回來，到這裡工作的人，其實都必須承擔很大的風險。舉個例子說，這裡是美國房價最高的地區。這裡的改變和工作速度非常可怕，我發現來這裡工作的人，都有接受挑戰和追求成長的強烈需求，這些人希望以自己的技術和想法改變世界。當最基本的財務問題獲得滿足後，企業的最大挑戰就是將員工的個人興趣、成長的需求與企業的需求相互結合。

或許這也可以認為是整合員工目標與企業目標的理論會實現的原因，舊觀念有新的解讀方式。彼得·聖吉（Peter M. Senge）即針對理論賦予全新的意義。他對於我們所討論的「分享原景」做了深入地調查研究。這是個好的開端。誰會說將員工目標融入企業目標是個不好的想法？誰會反對人可以從工作中成長、學習以及自我實現的主張？從人們的需求角度來說，這種觀念是很基本、很重要的，許多企業領導者都能理解這個理念。

但是，實際執行又是另一回事。我擔心大部分人只是順口說說而已，完全沒有一絲執行的意願。我們現在所談的是組織中最難實行的工作。你必須去分析，花時間苦思如何設定工作內容，如何整合員工，徹底了解這些人對工作的感覺是什麼，以及他們對這家企業的感覺是什麼等等。然後才能真正地採取行動——將理論付諸實施，這是最艱難的部分。如果我已經開始進行整合的動作，卻沒有全心投入，最後只能心情低落地敗下場來。

必須記住一點，企業是大型的人類聚集所，人與人之間緊密地結合。一切都與人有關。我們彼此相互交談，毗鄰而居，努力達成共享目標。當我們所探討的整合問題獲得解決時，組織中的員工就能緊密地結合。同時，領導者的角色也必須隨之改變，領導者必須相信這些理念，並確切地執行，否則員工很快就會看穿高層的內心想法，覺得他們只是隨便說說而已。

對於一個上司來說，領導者的魅力、一場令人振奮的演說、一份詞藻華麗的聲明都不很重要。這種說法聽起來似乎很迂腐，但有很多的案例表明，

真正的領導者必須清楚地表達他所要說的話、支持某項行動，此外當企業所代表的利益遭到侵犯時，必須果斷地採取行動。

在進行員工目標與企業目標的整合工作中，如果員工與組織的目標確實整合，當企業陷入困境時，就不必尋求有遠見的領導者設定策略或解答疑難。在我們所處的社會裡，如果相信領導者能提出解答或指引，將是一件非常荒誕可笑的事。

令我最好奇的是，如果我們真的運用了馬斯洛的理念——組織的需求層級，當我們處於危急情況時，會先注意兩個層面，那就是馬斯洛金字塔中的安全層次。例如說，當企業陷入困境時，領導者必須採取某些行動讓企業支撐並發展下來，包括削減成本；他們也許會要求員工執行可改善財政的短期計畫，例如設計新的軟體，進行加盟或合夥等。但這些行動其實會威脅到員工的安全需求。雖然削減成本、停止財務流失非常重要，但是這些挽救組織的行動卻會產生不確定性和恐懼感，並對員工的安全需求造成威脅。員工必須有較高層次的需求，才能有更優秀的表現，否則長期而言企業沒有存活的希望。

在關鍵時刻，了解企業前景的唯有員工自己，也只有員工才能讓以上的行動達到正面的效果。如果員工清楚企業未來的計畫，就會願意與企業共同奮鬥下去，他們願意犧牲、更努力地工作，即使未來都不確定，仍有很高的生產力。但是如果員工與企業的目標無法整合，而你又無法說明企業未來的前景時，員工就會反問自己：「為什麼還要在這個充滿不安全感的環境內工作？」

舉個例子，當我還在蘋果電腦工作時，有很多外面的朋友對我說：「你瘋了嗎？你到底怎麼了？你應該去找另一份工作。你很快就會被裁員，誰知道你的薪水能領到什麼時候？」但是，我已經將大部分的心力投入在國際網路

第一章　人本管理的企業目標模式

訓練計畫裡，只要我能繼續學習和貢獻，就願意待在這裡。我依舊支持這家企業的理念。剛開始的時候，這樣的企業文化在矽谷是微乎其微的，但之後卻改變了整個電腦業。這個理念讓員工清楚企業的經營方向、部門的工作內容，以及員工工作對終極目標的貢獻。

在我揮手告別蘋果電腦之際，我需明確指出一點的是，員工當初離開蘋果並不是擔心薪水的問題；他們離開的原因是不知道企業下一步要走向哪裡。

前景的力量是何其大。當史蒂夫·賈伯斯（Steven Paul Jobs）回來後，蘋果電腦的股價就在華爾街股市上上漲了 2%，為什麼？這家企業依舊在虧損，但是具體實現了企業的前景，這就是原因所在。直到現今行動世代，蘋果電腦相關智慧型產品，依然聞名於世。

第二章 企業領導的管理動態模式

> 我們生活在一個激動人心的巨大變革時期，全球化經濟在無國境的世界迅猛擴展。在獨裁管理已成昨日黃花、激勵手段喪失魔力的新型情況下，每一位管理者都應該深深地思考：我們的企業現在是什麼，應該是什麼，將來是什麼？以便建立應對新形勢的管理動態模式。
>
> 他覺得大部分的人類都具備成長、發展、承擔責任和獲得成就的能力。他覺得自己的部屬都有天賦，能夠協助他履行自己的職責，他也努力創造一個良好的環境，使部屬能完全發揮他們的才能。他不覺得員工愚笨、懶惰、沒有責任心、不誠實，或喜歡和主管、企業相互對抗。他也了解，有一些員工確實很不合作，不過那只是極少數的人。簡單地說，他這個經理人相信 Y 理論的管理原則。
>
> —— 馬斯洛

管理政策必須符合客觀環境的客觀要求（包括客觀的認知和客觀的行為），而為了找到最適宜的管理策略，就必須站在完全客觀的立場，而且沒有任何先決條件，也不預設任何立場。

第二章　企業領導的管理動態模式

經理人的客觀管理策略

　　假若你詳細閱讀過倫西斯·李克特（Rensis Likert）（他於 1932 年首創李克特量表，通常採取五點評定法：極同意、同意、無意見、不同意、極不同意，分數各為 5、4、3、2、1，總分越高表示態度越強）所寫的《管理的新模式》（*New patterns of management*）以及其他有關企業管理方面的書，你就會發現，他們忽略了管理與心理健康之間的關係。因此我做了一個小測試，在表現優良的管理者性格前打勾。所謂表現優良是指他所帶領的團隊生產力高，或其屬下流動率低，病假以及其他方面表現記錄良好。把表現優良主管的特質都列舉出來，然後列舉出表現不佳的主管特質，如此就可看出心理健全與心理不健全所帶來的差別了。

　　這項測試表明，李克特的理論與我的一些想法、觀念建立連繫。例如：我試著將政治與政府的運作視為管理問題來看待；將科學研究視為一個需要特殊管理技巧的大型企業。在我看來，那些高等院校管理實在是太糟糕了。

　　另外，關於管理的討論也可擴大到心理健全、員工成長、心理治療、統合作用和理論性社會心理學上。當然，也可以和其他方面建立連繫，只要你覺得有此必要。

　　當我不斷地思考這些問題以後，就認為有必要建立一套完善的理論。這是一種整體性、組織性的想法，每一個環節都緊緊相連，它並非是因果關係相聯的單向鍊條，而是形成蜘蛛狀的網路或網格球頂——每一部分都與其他部分連接著。觀察、分析事物的最好方式，就是將整件事視為一個大單位。以後我會試著如此做，不過，我首先必須試著找出每一點之間各種可能的關係。

　　我必須問一下，優秀的政治家是否可以成為優秀的經理人呢？這就引發了關於管理水準的問題。也許有人認為，只有在人們誠實、行為得體的情況下，好的政治家才有可能是好的經理人；若人們表現得不成熟或心理不健全，

即使是優秀的政治家，也無法成為優秀的經理人。但情況並非如此，他們之所以優秀是因為對人力資源的適當處理並因此改善工作環境。優秀的政治家能妥善運用人力資源，做對大眾有益的事，甚至走在大眾之前。

之所以提出政治家的好壞與環境改善之間的例子，最大的一個理由就是，我發現許多關於成長以及管理策略的著作，都只是一些不切實際的空談闊論。從某種意義上說，許多作者認為新的管理絕對是好的。但我認為他們這種柏拉圖式的想法太過武斷。他們忽略了實行新式管理後的環境改變。換句話說，他們沒有考慮到，好的管理策略是在實用意義上的好，是在功能上的好，比起舊式管理制度，它更能創造出好的結果。

開明管理的好並不在於自己本身，也不在於企業能創造多少利潤，而是它真能產生好的效果——提升生產力、產品品質和人們的民主素養。有了這樣的認識後，就不會對這種過於絕對的評論有不切實際的幻想，也不會不問結果就相信它是好的。

說得更明白一些，我覺得 Y 型管理理論非常適合這樣的環境：人們心理健康，行為得體且自動自發，民主程度也已達到一定水準。但假設發生了原子爆炸、淋巴腺鼠疫等大災難，使得人們居住的環境變成叢林式社會，好的管理制度仍可能存在嗎？很明顯，這時再談論好的管理制度是非常可笑而愚蠢的。在一個富裕的社會——不愁吃、不愁穿，你可以依 Y 理論的觀點信任任何人；但是在大多數人都處於飢寒交迫的情形之下，你就不能信任手上有廚房鑰匙的人。

在這種情況下，你該怎麼辦？如果有 100 位員工，只有 10 份食物，肯定有 90 位員工注定被餓死。我很確定自己絕對不想成為 90 位中的一個，我也很確定自己的道德和倫理價值會完全顛覆，因為只有如此，才能適應競爭激烈的叢林式社會。

第二章　企業領導的管理動態模式

　　現在，各位都該明白在我談論一些管理書籍時，為什麼會覺得如此焦慮不安了吧。大部分作者都以一種虔誠、半宗教的態度，沒有經過任何思考、推論，對於現實環境的客觀需求缺乏應有的理性思考，任由主觀意識來決定一切。任何最好的管理政策都必須符合客觀環境的客觀要求。

　　這也是魏泰默爾（Max Wertheimer，完形心理學之父，也是現代電影原理的創始人；強調教學必須使學生獲得整體的概念）和卡特納派完形心理學的主張：最佳的思考模式和問題解決辦法，就是對情況做最客觀的觀察，沒有任何期望、假設，不受偏見、恐懼或希望影響。這是觀察某一情況的最好方式，也是了解亟待解決的問題的最佳方法。需要解決的問題就在我們的面前，而非隱藏在腦中成為過去的經驗；後者不屬於現在的問題而是過去的問題，不一定會同時發生。

　　順便指出一點，我翻閱過很多有關企業管理以及管理層方面的評論。在我看來，有些偏離正軌，有些過於相信某種理論。我對此做了深入調查，我的簡潔評述總歸一句話：管理策略必須符合客觀環境的客觀要求（包括客觀的認知和客觀的行為），而為了找到最適宜的管理策略，必須站到完全客觀的立場，而且沒有任何先決條件，也不預設任何立場。

　　我想可以用例證以及經驗來支持這些觀點。例如：我們擁有許多關於對不同學生的教育管理研究資料。我們知道對於獨裁性格的學生，例如二次大戰後的德國學生，所採取的教育方式就和同時期的美國學生不同。獨裁性格的學生比較需要獨裁性格的老師，否則就會被學生認定是不合格的，老師將無法取得控制權。

　　對付獨裁性格者的正確方法，就是將他們視為壞蛋，以對待壞蛋的行為對付他們，這是最實際而且有效的方式。如果你以為對他們微笑、信任他們、給他們廚房的鑰匙，就能迅速感化他們，最後你會發現，所有的事情都

被搞得非常糊塗。他們看不起「柔弱」的人，認為這些人是懦弱的、愚蠢的、手無縛雞之力的「綿羊」。

每當我遇到獨裁性格的學生，我會採取毫不客氣的嚴厲制裁，讓他們拚命地工作，以此來顯示我的權威，有時候甚至會打他們的頭，要他們知道誰最有權力。一旦他們接受我，我就開始改變教育管理的態度，告訴他們即使是強人也能變得仁慈、溫和、信任他人。如果獨裁性格的問題不是太嚴重，以上的管理方式的確能改變世界上獨裁者的性格，並進而改造他們，使他們具有民主素養。

企業界也會有同樣的狀況。在自由民主、經濟富裕的環境下生長的員工對業主提出要求，若不喜歡隨時可以更換工作。但如果是波斯人、祕魯人或阿拉伯人，他們都成長在遭受蹂躪的社會環境下，在他們心中，世界上只存在狼與羊兩種動物，而他們自認為是羊，因此 X 理論比較適合他們。但員工的性格一旦有所改變，越來越受尊敬，變得誠實、自動自發時，即可轉向 Y 理論管理。

假如美國人將自己的政治策略原封不動地移植到剛果，是很愚蠢的做法。那裡的環境、歷史、人民和政治結構與美國相比幾乎完全不同，所有的政治形態都要求人民必須有一定程度的教育、期望和民主思想。世界上有許多地方仍不適合民主政治，我們必須採取不同的管理策略，但目標是希望將這些地方轉變為適合民主管理的環境。這是由 X 理論轉變為 Y 理論的過渡管理。

我們也可以把這種管理策略應用到一般的家庭中，應用到夫妻的關係上，以及和朋友之間的關係上。能運作得最好的方式，也就是最適合他們的管理方法。而為了找到最適宜的管理策略，就必須站在完全客觀的立場 —— 沒有任何主觀意識，也不預設立場。客觀認知現實是產生符合現實的客觀行為的先決條件，而符合現實的客觀行為則是良好結果的先決條件。

第二章　企業領導的管理動態模式

　　管理理論大致強調兩個產品：一是經濟上的生產效率 —— 產品的品質，獲取利潤等等；另一個就是人性產品 —— 員工的心理健康，朝向自我實現運動。一個國家如何才能夠先走一步？如果排除戰爭的可能性，很明顯，最後只能以組織管理的後果而論。

經理人的參與管理策略

　　分析了李克特的調查研究，我們可以這麼認為，在他所研究的環境下，人本管理在實務上最適合企業健康發展的。換句話來說，人本管理比起其他模式的管理更好，因為它行之有效。在部分的實驗如李克特實驗，都在比較經理人的好壞。所謂好與壞，都是以生產力、員工的滿足感、低流動率、低病假率、低缺席率、低勞工問題等方面來衡量。

　　現在，我們可以用一個簡單但很實用的科學方法來處理，就是利用漸進式的精煉與純化方式，反覆地挑選，從好的人選中挑出最好的人選。我在進行自尊與情感安全的人格測驗時所採用的也是類似的方法。首先我利用現有的資料，盡力挑出最有安全感與最沒有安全感的兩組人，然後盡可能分析這兩組人。相互比較之後，列出情感安全與不安全的性格特徵，提出更完善的定義。

　　接下來，我利用這些經過修正的新定義再次檢視我所挑選的對象，再重新篩選。測試結果表明，原本沒有安全感的人，他們並不是真的完全沒有安全感；同樣的，有安全感的人也不是完全有安全感，而原先未入選的人可能是其中的一組。

　　當新的組合產生後，再利用同樣的方法和程序，不斷地修改定義和性格特徵的描述。如此不斷地重複，所得出的結果會越來越精確。這有點像瑪麗‧居禮（Marie Curie）提煉瀝青鈾礦渣最後發現鐳的過程一樣。

　　現在，我們開始務實地進行檢測，進而建構一個環環相扣的網路：

在以美國社會為研究環境的背景下，最優秀的經理人應該比差勁的經理人有更健全的健康心理。李克特的研究實驗數據足夠充分說明此項。

· 優秀的經理人應該能夠增強員工的心理健康。通常他們會以兩種方式來實現此項目標：一是滿足員工對安全需求、歸屬需求、情感關係、與非正式團體的友好關係、尊榮需求、自尊需求等基本的需求。另外一種方式就是滿足他們的真、美、善、公平、完美以及法律等較高層次的動機或需求。從提供員工一個較高層次、較健全的心理發展開始做起，人本管理制度就可以同時讓員工獲得基本的和較高層次的需求滿足感。

· 員工的心理越健全，就越能從人本管理中獲益，越能提升心理的健全程度。這與頓悟治療法的情形相似。在頓悟治療法中，獲得益處最大的人是最健康的人，因為他們最堅強、最不敏感、最不偏執、最不多疑。越健康的人，就越能承受焦慮、壓力、責任、沮喪的負擔以及對自尊的威脅，甚至會善於用以上情緒強化自己的心靈。心理較不健全或有神經質的人，若處於壓力之下很可能會因此而崩潰。

這可以用來解釋我的「大陸分離」原則。所謂大陸分離原則，指的是將不同性質的員工分開，好的管理系統只會吸引並留住優秀的人，差勁的管理系統只會吸引不健全的人。我以此原則解釋以下的事實：人們如果太軟弱以致無法承受痛苦的威脅，壓力就會使他們崩潰；如果他們足夠堅強，完全有能力應付壓力。當他們度過這段壓力期以後，心靈會堅強很多。

這項原則亦適用於戰場的外科手術選擇。有太多病人等著醫治，醫生可能會放棄傷勢最嚴重的病人，將他有限的時間分給最有可能康復的病人。當然，這樣的做法似乎有些無情和殘酷，但這就是戰場的殘酷現實。一位只有 5 小時的醫生，如果他將全部的時間花在急救一名存活機會渺茫的傷員身上，那將是非常愚蠢的事。如果他將這 5 小時花在其他 50 位有可能康復的

第二章　企業領導的管理動態模式

傷員身上，這是最明智的抉擇，但他必須是最健康的人。

當我們朝向開明管理政策、開明經理人、開明員工和開明企業的目標邁進時，就是朝向綜效的結果前進。達到社會綜效也就是達成開明管理、開明經理人、開明員工和開明組織的目標。員工與環境之間有同化作用，彼此會互相影響，相互之間也會有所回饋。員工越同化，他越能察覺世界同化作用。世界越同化就越能促進員工的內化。員工內心的綜效意識越強，越能強化他人、社會、組織和團隊的綜效程度。

員工和團體之間互為因果關係，團隊與社會之間也互為因果關係。更完善的員工會使他所處的團隊變得更完善；更完善的團隊會提升其中的員工。同樣，社會亦是如此，他們彼此相互影響，就如約翰·沃夫岡·馮·歌德（Johann Wolfgang von Goethe）所說：「如果世上每一個人都能自動清理他的前院，那麼地球就會非常乾淨。」也可以這麼說，每一個人對於他所接觸的任何人，都有心理治療與心理病態的雙重影響，而且二者具有此消彼長的趨勢。

心理健康和 Y 理論比起 X 理論或獨裁管理，能創造出更健康的員工，更受人喜愛、尊敬、仁慈和利他性格的員工。在我所認識的人際關係網中，我覺得，民主社會環境下成長的人較受全世界的喜愛；而德國人，尤其是在過去獨裁環境下成長的德國人，就非常受人厭惡；納粹分子最不受世人歡迎。至於蘇聯觀光客和外交官在中立國的受歡迎程度，目前沒有資料可查證。因此，我可以這樣說，任何有關管理、組織以及企業理論的討論，包括來自教授、研究者和哲學家的討論，都不應該忽視管理模式所產生的結果。

那些在心理上更健康的、靠 Y 理論生活的人，以及在好的環境中成為最好經理人的人，就是那些會自發地使自身變得有綜效能力的人，他們會創建一個綜效的環境給他們管理的那些人（可以看看對綜效效果更完備的論述，可為了這個目的，應該強調有限量的善與無限量的善的教條之間的不同；還

要強調作為一種理論的綜效和雙向排斥及作為一種理論的興趣之間的對立）。

在這裡，我們又有一個相關性的網路。社會越綜效，生產效率就越高；經理人越好，組織內員工的心理健康水準就越高等等。因而也就有更好的企業。然後經過參與，每個變量的決定因素就越好。比如：更好社會的決定因素也就會越好，就好像一個好的教育體制，接著一切就越好，任何能夠提高人的心理健康水準的東西都能夠有助於改善社會，改善經理人，改善領導人，改善企業、生產效率等等。

我試著把所有這些相互關係的網路放進一個單獨的關係之中，因為它們是可以檢測的，是可以確定的，或者說是可以確證的，而且是會用科學化的方式來重新詮釋，而不是以哲學的方式來描述它。

我認為，任何報告出來的特徵，也就是可以在自我實現的人當中找到的東西，或者在心理治療中的成功產品，或者以別的任何方式發現在心理學上更健康的人當中找到的東西，都是可以預測的。也就是說，在更好的經理人當中找到它們的可能性，遠遠高過差勁的經理人（在這裡，更好和更差都是以實用主義的結果，就是生產效率等的結果而言的）。當然，事情也有可能是這樣的，更好和更差的人應該以人性的發展來衡量，如在心理健康、自我實現等方面來定義。

把上述討論到的所有管理政策和組織理論以及領導政策等放到更大的一個環境裡面——一個社區、一個國家，而且我會說，甚至放在全世界裡面，在不同的環境所產生的結果是有所不同的。但一般來說，我們有可能會講，管理理論可以大致強調兩個產品，兩個後果：一個是經濟上的效率、產品的品質、利潤情況等；另一個就是人性的產品，也就是工人的心理健康，他們朝向自我實現移動，他們的安全感、歸屬感、忠誠感、愛的能力、自尊等的增強。

在國際舞臺上，特別是在有冷戰的背景下，人性的產品占據著非常重要的位置。我認為，之所以會是這樣一種情況，從整體上來說，不再會有一場

第二章 企業領導的管理動態模式

「熱戰」，不再會有原子彈扔下來了。還有這樣的一些可能，即軍事僵局會持續下去，因為雙方都很害怕它不會持續下去。如果是第一種可能情況，那立即就會產生這樣一個後果 —— 軍事會成為第二重要的東西。他們所做的一切就是保持一種同步的操作 —— 跟上時尚，實際上是防止他們的物質被利用掉。說得坦白一點，事實上，軍事主要的功能是防止戰爭，而不是發動戰爭。

如果是這樣的話，就必須讓大眾思維有所改變，特別是考慮到蘇聯與美國之間的敵對關係。在這個關係中，他們能夠保持平衡的可能性是微乎其微的，其中一個遲早會走到前面去。可是，一個國家如何才能走到前面去呢？很明顯，那將是按照這兩種管理政策的後果而言。一方面是更好的，從這個方面來說，美國遠遠超前於蘇聯，而蘇聯生產的東西卻不是如此。可是，另外一方面卻是人性的產品，這一點是同樣重要的，從長期的觀點看，甚至還是更重要的。

問題的關鍵在於，誰會更加受到中立國的愛，受到中立國的尊敬，蘇聯還是美國？除了用人們作為在全世界的旅遊者所看到的個人觀點，除了人們在媒體上看到的在美國發生的情況以外，這一點應該如何評判？事實上，這一點除了冷戰的勝利將會被能夠產生出更好的人類的那一個國家贏得以外，還能夠說明什麼問題呢？

在李克特所報告的對權威型管理以及參與型管理進行的摩斯實驗中，生產效率的上升比在權威型制度下稍低一些。可是，接著，李克特又指出一點，各種人性變量都在參與型管理中得到了改善，但卻沒有包括在會計制度裡。在這種就國際事務和冷戰以及由管理轉變出來的人進行的討論中，應該將人性產品包括進去。

我很快將要專門拿出一部分時間來考慮這個問題。我們的會計制度是多麼愚蠢，它們幾乎把所有重要的人事、心理、政治、教育等不可觸摸因素拋

置腦後。但不管怎麼說，在我即將要談到的這種「道德經濟學」中，在這種「道德會計」中，從長期的觀點看，這是巨大的人力成本，就是從長期的目標來看，它對生產效率是如此巨大的一個代價，也是對我在這裡談到的政治因素如此之大的一個代價，正確的會計制度將會顯示，權威型的制度是絕對不正常的，甚至有時會犧牲生產力。

我們可以採用正統的實驗設計，因為所有的變因都是可控制的。例如：透過心理治療、敏感度訓練、團體治療或其他形式的治療，應該有可能改變傾聽能力（這也是心理健康的特質之一）。

團體治療是指同一時間內對數人進行治療。此種團體就是一個社會實況的縮影，可以協助人從認識別人與自己的過程中，學習如何解決生活上的問題。如此我們才可了解這項變因，是否確實會造成較高的生產力或較好的人格。例如：我們可以假設：好的傾聽能力可以降低病假次數、提升產品品質。我們可以提出上百項類似的明確假設。

……無論是世上最頑固的人，還是最心軟的人，都會從以上的資料中得出相同的結論：具有民主性格的經理人，能幫助企業創造較高的利潤，也能使員工更快樂、更健康。

優秀經理人的人格特質

現在，我們來詳細了解一下達夫對優等雞所做的實驗，以及關於優秀主管的新理論。在雞研究所中，優等雞在各方面都占盡優勢，它們有較漂亮的羽毛和雞冠，所下的蛋的營養價值也相對高，它們的社群等級較高。如果將其放在食物豐富的野地時，它們能以其自由意志選擇對健康有益的食物。

在這裡，我們還發現，如果將這些優等雞所選取的食物餵食次等雞時，這些次等雞各方面的情況也會有所改善。牠們的體態也會隨之增加，蛋的品

第二章　企業領導的管理動態模式

質也有所提高，在社群中的等級跟著提高，有更多與異性接觸的能力。但是與具有優勢的雞相比較，牠們各方面的情形還都達不到更高的層次，大約只能提升 50%。

最早關於管理者的研究就是採取類似的自然觀察法，在李克特的著作中或在吉姆·克拉克（Jim Clark）或其他學者的研究中，他們發現某一部門的經濟面表現較另一部門好，即有較高的生產力或較低的流動率，他們試著找出造成這種優勢的因素。幾乎在所有案例中都表明，具有某種人格特質的主管或經理人是成功的關鍵因素。這些優秀主管較民主、具同情心、較友善、樂於助人、較忠誠等。

這些資訊都是根據實用主義的原則得出的，而不是事先假設的，更不是根據政治的立場得出的，無論是世上最頑固的人，還是最心軟的人，都會從以上的資料中得出相同的結論：具有民主性格的經理人，能幫助企業創造較高的利潤，也能使員工更快樂、更健康。

但據我所知，有一點仍未被證實，那就是優秀經理人的行為與態度是否可以被平庸的經理人複製或學習，或是被強迫執行。從實用主義的角度來看，平庸的經理人得出與優秀經理人相同的結果。不過優秀經理人的行為是出於本能，並未事先參考過什麼，只是其個性的自然表現而已，而平庸經理人卻是憑藉外在的改變。

這項猜測也許對也許不對，這還需要進一步驗證。第一種情況，它的結果可能和達夫實驗的結果類似，強迫平庸的經理人採取優秀經理人的行為與態度，也許可以使情況獲得改善，但無法完全達到優秀經理人的程度。第二種情況，可能完全沒有作用，因為優秀經理人的天生個性是關鍵所在。最後一種可能的結果就是，平庸的經理人變得和優秀經理人一樣好。不過，一切仍須進一步的探索。因為那些東西也許是可以治療的，也許是與生俱來的，

對此我們沒有資料加以證實。

不過，這又引發以下的問題：個性、行為與表達力之間的關係。我們可以說，平庸的經理人的特質——獨裁、敵意、虐待等，都是一種可被醫治的心理病態，而非本能的、天生的或人類既有的特質，但我們仍不能確定這是否屬實。

調查研究表明，平庸經理人的性格都是由於習慣成自然的生活過程塑造出來的，因此也可以透過好的工作、心理治療或教育獲得治癒，但這仍需要證實。

此外，所有好的人格特質都是人類既有的，至少是天生的，但在成長的過程中會逐漸消失。換句話說，由於不適當的對待，以致人性產生邪惡回應，這是第三勢力心理學家都普遍同意的觀點。然而，一切都未得到科學的驗證，因此未能成為人人必信的原則。

如果此項假設是確鑿無疑的話，我們可以告訴平庸經理人是何種原因造成他們的平庸，並說明優秀經理人的優秀以及相關的研究資料，或許可以激發他們心中隱藏的良好性格，讓他們自然而然地成就更好的性格，成為更好的經理人，產生更好的經濟效益，或是為所有人創造更高層次的幸福與自我實現。我必須再強調一次，我們必須透過更多的研究和更嚴謹的理論解釋，才能對以上的各種可能性做出最正確的評判。

傾聽是所有的人際溝通技巧中最被低估的部分，但實際上，優秀的經理人都更喜歡傾聽他人的談話而不是自顧自地在那裡滔滔不絕，或許這也是上帝賜予我們兩隻耳朵的同時僅賜予我們一張嘴巴的原因所在。

經理人的傾聽藝術特質

在我們接受學校教育的整個過程中，我們被教導怎樣閱讀、寫作和談話——然而，從來沒有人教導我們怎樣去傾聽。傾聽是所有的人際溝通技巧中最被低估的部分，但實際上，優秀的經理人都更喜歡傾聽他人的談話而不是自顧自地在那裡滔滔不絕，或許這也是上帝賜予我們兩只耳朵的同時僅賜予我們一張嘴巴的原因所在。

極為成功的經理人同時也是優秀的傾聽者。有這樣一位經理人，他被一家大企業聘用擔任銷售經理人。但是，他對企業具體的推銷品牌和推銷業務絕對是一竅不通。當推銷人員到他那裡去匯報工作並徵求建議時，他什麼答覆都無法提供，因為他自己一無所知！然而，這個人的確是一個懂得如何傾聽的高手，不管手下的推銷員問他什麼問題，他都會回答說：「你自己認為你應該怎麼做呢？」那些人自然就會說出他們的想法和解決方案，他接著就點頭表示同意，然後他們就滿意地離開了。他們都認為他是一個優秀的銷售經理人。

他教會了我們這一無價的傾聽技巧，而且我一直都在運用這一技巧。有一次，一個美容顧問跑來向我傾訴她的婚姻問題。她問我對她是否和丈夫離婚一事有何建議。由於我壓根不認識她的丈夫，對於她也並不熟悉，因而根本無從提供什麼建議。我所能做的就是認真傾聽，不時地點頭，並問：「你認為你應該怎麼辦呢？」在整個談話的過程中，我對她重複了好幾次這個問題，而每次她都會告訴我她自己認為她應該怎麼做。第二天，我收到了一束美麗的鮮花，附帶一張可愛的小紙條，感謝我為她提供良好建議。大約在一年之後，她寫信告訴我她現在的婚姻生活是多麼的幸福美滿，並再一次將其歸功於我提供的金玉良言！

在我所聽到的問題中，有許多是並不需要真正地提供建議或解決辦法的。我在面對它們時所採用的唯一方法就是仔細專注地傾聽，讓滿懷憂傷、

心事重重的當事人自由自在地暢所欲言。只要我有足夠的耐心聆聽他們的長篇傾訴，通常他們都會在談話的過程中自己找到解決辦法的。

幾年前，我的一位朋友以相當優惠的價格收購了一家小型的製造企業。企業的前任老闆說：「真高興卸掉了這個包袱，我的那些僱員們變得咄咄逼人，他們對我這些年的所作所為徹底不滿。他們想要透過投票的方式成立一個工會，我可不想跟這些打算加入工會的人打交道。」

在收購了這家企業並走馬上任之後，我的朋友召集手下的全部員工進行了一次開誠布公的座談。「我希望你們中的每個人都快樂，」他對員工說：「告訴我，我應該怎麼做來達成這個目的。」結果表明，他所需要做的只是提供一些簡單細微的便利設施：現代化的衛生設備，存物間放更大的鏡子，娛樂場地的自動販賣機。這些就是員工所要的全部東西。結果大家自然都可以想到：工會壓根就不必再投票成立，所有的人現在都很滿意。員工們真正需要的只不過是有個認真傾聽他們說話的人。

傾聽是一門藝術。傾聽技巧的第一個原則就是在對方談話時聚精會神、全神貫注地聆聽。當某個人到我的辦公室來和我談話時，我絕對不允許任何事情分散我的注意力。如果我是在一個喧譁嘈雜的房間裡和人談話，我會想方設法讓對方感覺到我們是在場的唯一兩個人，我會把一切干擾都置之度外。

在交談中，我的雙眼會直盯著對方。即便此時有一個持槍的暴徒突然闖進房間，我或許也不會注意到的。集中注意力是必要的，因為我們的精力不集中的話，我們就會神遊天外、心不在焉。

我們每個人都看到過一群喜歡開玩笑的人聚集到一起互相交流故事，還沒等第一個人講完他的笑話，另一個人已經截住了他。沒有誰在認真傾聽他人的笑話，因為他們都在忙於準備下一個笑話。在我們正常的談話過程中，有時候也會出現這種現象，因為他在等待開口的機會，他事實上根本沒有注意我們在說什麼。

第二章　企業領導的管理動態模式

通常如果在談話過程中出現停頓的話，人們會感到緊張不安，他們會認為自己有必要趕緊打破僵局，找到一個話題。事實上，如果他們保持安靜的話，說不定另外一個人就能梳理思路或者是提供補充資訊。有些時候，談話雙方都保持一段時間的安靜是很有助益的 —— 可以靜下心來進行思索。被短暫的沉默打斷的談話是一種使人愉快的調劑。事實上，一刻都不停歇的談話很可能意味著發生了某些嚴重的事故。

有許多經理人都犯了這樣一個錯誤，他們在自己和員工之間建立了一種正式古板的老闆－僱員關係 —— 就像老師和學生之間的關係一樣。儘管老師通常是站在全班學生面前並且絕大部分時間都是他在講話，而一位優秀的老師同時還知道怎麼樣專心致志地傾聽學生的談話。一位優秀的經理人也是如此，如果為了在下屬面前扮演一種權威性角色就建立一種對立性關係，無法想像有效的溝通能夠就此實現，結果只能是：沒有人會聽你說話！

顯而易見，你所作的決策的心態取決於你對自己所在企業的基本狀況和問題的掌握，這也是為什麼在一個經理人的事業生涯中資訊收集具有如此重要意義的原因。

經理人獲取資訊的途徑

在經理人所承擔的繁重的工作職責中，相當一部分就是分配各種各樣的資源：人力資源、金錢和資本等等。但是，我們在這一時段到下一時段所分配的最重要的資源則是我們自己的時間。在我看來，一個人怎麼樣運用他自己的時間，是他身為一個領導者和眾人榜樣的最重要的一面。

經理人必須在同一時間關心許多不同的事務，他的精力和注意力需要隨時轉移到那些能夠最大限度地增加他所在組織的產出的事務上。換句話說，他應當置身那些他的槓桿作用能夠發揮最大作用的地方。

經理人不得不將一天中的大量時間花費在獲取各種各樣的資訊上。在按照常規途徑審閱標準的報告和備忘錄的同時，他還透過其他一些特殊手段來獲取資訊。他和形形色色的人談話，我的談話對象包括了企業內部和企業外部的，其他企業的經理人們，財務分析專家以及新聞界人士。例如：顧客的抱怨和不滿就是資訊的一種重要來源。這同樣也包括了他們內部的顧客。

對於優秀的經理人來說，最為有用的那類資訊（我猜測也是對所有的經理人們最具價值的那類資訊），是來自於一瞬即逝的、通常是不經意的談話之中，其中有相當一部分是透過電話進行的。這些資訊通常能夠比任何書面的資訊都更迅捷地達到經理人那裡。而一般來說，資訊越及時，它的價值就越高。

這樣一來，書面報告還會起什麼作用呢？它們顯然無法提供及時的資訊，它們所起的作用就是構成一個數據檔案。這種數據檔案就像一個安全網，囊括了所有你可能遺漏的資訊，並在組織遇到特殊問題時可提供參考作用。

除此之外，書面報告還有另外一個功能。在構思和撰寫書面報告的過程中，作者的思維必須比進行口頭表達時更為嚴謹，語言必須比口頭表達的語言更為精確。這就迫使作者在界定和處理難點問題時強制自己的思維和行動

第二章　企業領導的管理動態模式

遵守一定的規範，從而相應地鍛鍊和提高這方面的能力，而這正是書面報告的價值所在。書面報告更多地可以被看作是自我訓練的一種媒體，而不是傳達資訊的一種載體。撰寫書面報告是非常重要的，而閱讀它則未必那麼重要。

在獲取資訊的諸多途徑中，有一種經常被絕大多數經理人們所忽視的非常有效的途徑，那就是視察企業內部的某個特定地方，並觀察一下那裡正在發生的一切。想像一下，當某個下屬到經理人的辦公室時發生的情形。當來訪者坐下來之後，必定會先有一套這個社會所特有的世俗的繁文縟節。儘管彼此交流的資訊的核心要點只需用兩分鐘就能闡明，但會談卻經常需要耗費半個小時，甚至會更長。但是，如果是經理人來到某個特定的地方找到某位員工，假如他需要和這位員工交流的資訊在兩分鐘內就可完成，那麼他在這兩分鐘的交談後可以輕而易舉地打住，繼續去做其他的事。

顯而易見，你所作的決策的心態取決於你對自己所在企業的基本狀況和問題的掌握。這也是為什麼在一個經理人的事業生涯中資訊收集具有如此重要意義的原因所在。其他的活動 —— 傳遞資訊，做出決策，以及成為你的下屬們的榜樣 —— 同樣也是建立在你所擁有的資訊的基礎上的。簡而言之，資訊收集是所有其他的管理工作的基礎。

辦公室是對事件施加微妙影響的一個重要場所，你或許經常在辦公室做這樣一些事情，諸如給你的工作夥伴打電話建議他以某種方式做出某個決定，或者是派人送去一張紙條或備忘錄告訴他你對某個特定情境的看法，或者是在口頭交談中提供某個建議或者某個判斷。

在所有這些情況下，你或許都是在有意無意地推動他做出某個你所傾向的行動。但是，你並沒有發布某項指示或命令。然而，儘管如此，你的行為卻比純粹的傳遞資訊能夠施加更大的影響。讓我們把這稱之為「輕推式管理」，因為透過這一方式，你可以有效地推動一個員工或一個團體朝著你所

喜歡的方向前進。這是一種我們自始至終都在運用的極其重要的管理方式，有必要將它和那種導致明確清楚的指示途徑的決策方法仔細地區分開來。事實上，在我們所做出的每一個決定的背後，或許需要進行幾十次的推動。

最後，在我們的工作中還有一個我們必須考慮的微妙的問題。當我們採取行動，承擔自認為是屬於職責範圍內的工作時，我們為所在組織的其他人員充當了一個榜樣的角色 —— 包括我們的下屬，我們的同事，甚至包括了我們的上級。關於經理人怎麼樣才能成為一個優秀的領導者這一點，已經有了太多的言論和太多的著述。問題在於，沒有哪項單獨的管理活動可以說是包括了所有領導能力的，並且，也不存在任何可資借鑑的絕對典型。價值標準和行動準則並不是透過談話和備忘錄就可以輕而易舉地傳達的，唯有透過切實具體的行動，並且是為眾人一目了然的行動，才能有效地達成傳送的目的。

千萬不要認為我對領導能力的這種描述僅僅適用於大型的組織。對於一家規模很小的企業的保險代理商來說，當他連續不斷地在電話裡和私人朋友交談時，他實際上就是向他們傳輸了一套有關企業內所有為他工作的員工可被容許的行為的價值準則。而一個在午餐後微帶醉意地回到辦公室的律師同樣也是在傳達相對的資訊。另一方面，一家企業的主管，不論這是家大企業還是小企業，如果他嚴肅認真地從事了自己的工作，那他就等於是向所有的同事們灌輸了最重要的管理價值。

新式企業管理（理想管理）最大的優點是，無論你的重點在於何者，只要對人性發展最有利，結果都是一樣的 —— 對人性發展有利的事，亦能有助於創造利潤及製造好產品。

存在型領導的領導魅力

為了更好地說明這個論點，我們就可以把它與達夫優等雞的選擇作一比較，所謂優等就是擁有較好的選擇。從我讀過的管理書籍中，從沒有一個作者膽敢面對在民主政治裡造成極有爭議的一項事實：某些人在特定的技巧和能力上比其他人較占優勢。在基本環境中，有人生理上與生俱來較其他人具有優勢。依據特曼（美國心理學家，發現現今被廣泛使用的史丹佛 - 比奈智力量表 。1921 年，他針對天才兒童進行長期的綜合研究計畫，依據他的研究資料可證明，天才兒童往往比一般兒童要健康、穩定 ）的研究顯示，某些重要的特徵彼此之間有正相關。

例如：在智力上較有優勢的人，其他方面也較有優勢；有些因為生理上的健康而被特別挑選的人，在其他方面也較占有優勢。這種普遍性優勢能用來解釋為什麼有些人的運氣一直很不好，而為什麼有些人的運氣一直都很好。

現在，假設把達夫的實驗原理移用到企業管理和工作上，那結果是很令人驚奇不已的。假設我們尋求一位存在型領導人，換句話說，選擇在遺傳基因或天生的生理機制上占有優勢的人，使得他們在某些特定工作上可以成為優秀的功能性領導人 —— 他們可能是智商最高的一群人，那麼，就會產生幾種假設，其中之一就是他們可能生下來就是如此。當然這需要長時間的查證。他們的優越性包括智商、體質、生理能力、活力和體力、自我力量諸方面等，都與遺傳或天生有關。

除此之外，又有一個不容忽視的問題 —— 對這樣的人怎麼辦，如何與這類人相處。不可否認的，這些天生優秀的人以後必將成為社會的最頂層，就像奶油會聚集在牛奶的上層一樣。因為這些優秀人士在各方面的表現都很傑出。也就是說，若在某一領導手下他是最優秀的人才，那麼在另一個領導手下，他也較有機會成為最優秀的人才。

　　可是這無疑與前面提到的功能性領導構成了矛盾，即使承認優等的或是同等的領導都是天生的，那麼社會該如何處理這樣的情況？該如何使其與民主社會相結合？而且，這樣的情況也會引發所謂的「反向價值」，如尼采式的怨恨，對優秀人才的怨恨，對傑出人才表現的嫉妒，對比我們漂亮而有智慧的人的敵意與仇視等。除非居於劣勢的人能真正地尊敬具有優勢的人，或至少沒有怨恨和攻擊，否則社會將因此而癱瘓。

　　此外，優秀的人才必須能夠自由選擇，並且能被其他的人選擇，否則沒有哪一個企業與社會能正常運作。這是到達理想狀況的必要條件。每位員工必須能夠客觀地觀察他人的智商高低以及身體的強壯，並對他人說：「你比我能力強，所以對於這項工作，你比我更適合。」而在此過程中是在沒有怨言的情況下做好的，即沒有任何的怨恨、自尊的失落感或摧毀感。

　　正是這個世人都不願提及或不願承認的問題，使整個社會上的人都淹在水裡了，這是極大的諷刺。比如說，投票權是我們每個人都擁有的，但是，有 10% 至 20% 的人事實上根本就沒有投票權，例如：監獄或精神收容所裡的人，心智慧力較弱的人，身體殘缺以至於終生以醫院為家的人，必須依賴他人照顧的老人，無助的身心障礙者等。至少有 10% 的人需要我們告訴他們做什麼，需要我們像寵物一般地撫養他們。此外我們還必須知道，有 2% 的人是技術性的心智薄弱，也就是說，50 人中有 1 人不能正常謀生，沒有自理能力。

　　同時，這個問題又導致了另一個問題的產生。在社會中，有些表現傑出的人會有愧疚感。有很多人因為不敢展現自己的才能而變成「失敗者」，之所以這樣說是因為他們感到非常困擾，有罪惡感，太過自私，太粗魯，心裡承受太多的壓力。我們對這些失敗者 —— 或者更好的說法應該是「不敢贏的人」 —— 的研究或分析實在不足。如果我們對民主社會的領導藝術有著更深入地研究，就能對他們有更多的了解。

第二章　企業領導的管理動態模式

　　現在，又產生了另一個問題。從大體上講，同時也是社會所希望的，每位員工都有能力投票，即擁有完整的投票權。但是在正常的工業環境中，這並不是一個好的想法，因為在競爭的環境下，簡單實用的優勢和生產力是決定企業存亡的關鍵因素。例如：因為市場是自由開放的，競爭相當激烈，每一家工廠都必須好好地營運，以免落得倒閉的厄運。因此，實質的優勢是必要的。

　　在此種情況下，人們是不可替換的。事實上，也不應該讓每位員工都有投票權。唯一可行的情形就是在完全沒有競爭的特設環境下，例如西班牙的狀況，因為沒有競爭，所以工廠可以是無效率的。由此可知，在自由選擇、開放競爭的環境下，尋找具有實質優勢的經理人或員工，顯得特別重要。以最有效的方式做事，也有絕對的必要；能夠以最有效的方式做事的人，就能夠壟斷汽車、收音機或其他市場。而沒有這種優勢的人，後果很簡單，經濟上必然會滅亡。

　　作為一個生理上更優越、控制力方面更強的優秀人士，他的自尊、優勢、自傲不可避免，但尺度應以適度為宜。在我們的社會，優勢是被隱藏起來的，沒有人會在企業說自己有多優秀。可是，事實永遠不會被抹掉。隨著心理科學的進步，我們對自己的了解越來越透澈、客觀。我們知道自己的智商有多高，知道自己的個性測試有幾分，知道自己在羅夏克墨漬測驗（由不同形狀的十張墨漬圖構成，原設計人為瑞士精神病理學家赫曼・羅夏克（Hermann Rorschach））的結果，我們可以在公開場合談論自己的缺點，卻不能談論自己的優點。老闆、領導人或成功人士傾向於防衛的姿態。但是在完美而理想的環境下，奶油自然不可避免地升到上層，但反過來問一下，能升到上層的就只有奶油嗎？

　　說到這裡，我不由得越發佩服起印第安黑腳族的處世哲學，他們把財富和技術、聰明才智之間的相互關係處理得完美無缺。財富代表員工的能力，在理想的社會情況下也本應如此。成功、財富以及地位與實質的能力、技術

94

以及才華，完美地結合在一起。

事實上，所謂良好的社會，就是所有位居上層的優秀人才，值得如此崇高的地位。所有被選為高級主管的人是最適當的人選，所有最優秀的人才都應該被選為高級主管。例如：在企業中，每位員工都盡量避免炫耀。但是黑腳族印第安人就不同了，他們會宣揚自己的優秀，但這不是某種意義上的吹牛，就像我們在名字後加上學位一樣，代表了某種成就。

在每次的大勝利後，印第安黑腳族人通常都會在戰牌上插上一支老鷹的羽毛。我們現代人也有類似的做法，尤其是在軍隊中。士兵通常都會把勳章掛在胸前，以顯示他的戰績彪炳。在法國，如果你是科學院裡一位傑出的院士，他們會把一根紅綬帶披在你身上。我想這種天真無邪的自誇以及自然流露的神情，早就已經深植在人類的天性裡，但最好允許它存在，甚至鼓勵它存在。

不過，這種做法引發一個副作用，就是涉及到領導者與被命令開除或懲罰的人之間關係。我想我們應該面對現實的情況。我們對有權力命令我們的人的態度，與我們對於同類者的態度不一樣，哪怕前者是行使最仁善的一種權利。在某些情況下，對經理人、領導者或是軍隊的將軍而言，最好保持某種程度的孤立，與其所要管理的屬下保持一定的距離，保持客觀而不依賴於他有可能命令的人會好些。這就好比治療師不應和病人有任何報酬或懲罰的關係，也就是說，心理治療師不能像老師一樣給病人打分數，這會影響心理治療的效果。

另外，還有一個問題應引起領導者的普遍關心，即管理者無論何時都不應像其他人那樣表白自己的消極心態。這正如面對危急狀況的船長或是心懷疑懼的將軍和外科醫師，他們不可以表露自己的不安和焦慮，應該把那些令人焦慮的東西深埋在心中。根據一項研究顯示，表露心中的焦慮會降低組織的士氣和信心，會獲得相反效果。

第二章　企業領導的管理動態模式

　　一名好的管理者所必備的條件，應該還包括有能力隱藏任何對組織不利的資訊，他必須自己承擔所有的焦慮、不安和緊張，必須分清開放與傾聽。優秀管理者的一項特質是清楚現狀——能夠明白正在發生什麼事情。他必須隨時張開耳朵，吸收來自各方的資訊。他也必須自己去體驗那份必要的緊張。但這與公開揭露自己的內心感受不一樣。

　　領導者應該具備的優點之一，就是人們可以有自己的辦法。隱含的一層意思就是，領導者應該具備自己獨特的方法，也就是說他應有自己的處事方法，並且能享受這種快感。我們假設存在型領導人能享受並培養存在價值。擁有自己的方法的意思是，他有能力把一件需要做的事情做好並在快樂的世界中把它做好。如果我是一名存在型領導人，我會因為從事一件好工作或是看到一件好工作被完成、建立一個良好而有效率的組織、製造好的產品等而感到快樂無比。這就是高層次的工作本能，在未來的社會中會越來越重要。

　　在理想狀況下，存在型領導人必須是佛洛姆所謂的健康的自私者。假設存在型領導人能夠依循自己的衝動，做自己喜歡做以及本能上想要做的事，避開會使自己憤怒的事，努力討好自己、滿足自己，那麼世界將因此而獲得改善。因為能討好他的事也可以改善世界，使他憤怒的事就會摧毀存在價值。這就是完美的綜效狀態，他可以依循自己的喜好做想要做的事，並以此來表明這是改善世界的最好方法。

　　假設有一家企業是大家共同擁有的，共有 3,000 人。那麼這 3,000 人會選擇哪一種管理模式呢？換句話說，哪一種管理模式能滿足所有人的各種利益呢？我們假設所有人都是聰明而健康的。我認為，他們一定會選擇人本管理原則；他們一定會僱用或挑選存在型領導人，如果他們需要一名領導者；而且他們會成為存在型追隨者。無論從哪方面講，他們都會客觀地接受指令。從企業生產效率上講，他們會內化組織計畫的目標，追求自私的利益，

著重於生產力、利潤、組織發展的提升；從個人的發展角度講，他們追求個人發展、成長、自我實現以及快樂的工作環境。

當然，要想保持組織完整地存在並且具有很好的發展遠景，最好的辦法就是要擁有最佳的管理模式、社會組織和允許個人成長的環境。每件事都必須符合邏輯並且能夠有秩序地運作。因為所有人都有能力成為將軍。所以，絕對有必要建立一個良好的環境，讓他們能享受自己的工作，享受生活。

新式企業管理最大的優點（理想管理）是，無論你的重點在於何者，只要對人性發展最有利，結果都是一樣的。對人性發展有利的事，亦有助於創造利潤及製造好產品。對個人自我實現有利的事情，亦有助於製造好的汽車；對製造好汽車、擁有高效率工廠有利的事，亦對員工的發展有利。從長期來講，無論從何種角度考慮，實行理想管理絕對是有必要的。

民主式管理的新教條與現實環境的狀況之間存在著對比。但論述最明顯的莫過於天尼堡在 1961 年寫在一本管理書籍中的一段話，他說：「經理人對員工的信任各有不同，包括在特定時間對某些員工的信任，每位經理人也各不相同。」天尼堡還指出，經理人對他人信任度的差異，就好比經理人的性格特質人人不同一樣。但這也引發了一個實際的問題：「誰最適合處理這個問題？」某些信任是很實際的行為，但也有一些信任非常不切實際。例如：信任精神病患者或偏執狂就是一件愚蠢的事。任何強調信任所有人的論述都是不切實際的。

此外，還應提出另一個問題，經理人的指導性格也有所差異。有些經理人對於指示工作得心應手，解決問題和發布命令對他們來說，是易如反掌之事。有些經理人則比較喜歡團隊工作，他們會與屬下共同分擔責任。這不僅是性格上的差異，還牽涉到環境的因素。某些情況需要指示型領導人，例如船長、軍艦或軍隊的指揮官；有些情況則需要一位團隊型領導者。兩種領導

第二章　企業領導的管理動態模式

人都存在於現實環境中，我們必須依客觀環境需要選擇適當的領導人，但我們不能因此就認為命令型領導人是不民主的。有些人天生的性格就是如此，所以我們必須了解它並接受它，使其在最有利的環境下，發揮最大的效用。事實上，最大的危險則在於教條主義的不切實際性。

現在，我必須說明一件我們還沒有討論的事情，在這裡，我有必要特別指出高度指示型領導者的心理特徵：具有強烈的完形動機。如果環境缺乏完善──秩序混亂、缺少美感，他們會比其他人更容易感到惱怒。這種人會把牆上骯髒的部分弄潔淨、美觀。他更希望世界變得完美，而且這種需要會比別人更加強烈。事實上，這也許是擁有權力的最好報酬。這種人願意承擔權力所帶來的麻煩、責任、挑戰和自我犧牲。也只有這樣，他們才能有權力消除非理性的不完整以及彌補潔淨、安全的缺乏。

除此之外，我們還要考慮到性格上的支配慾望。對於支配力的定義，許多學領導理論的研究生也提不出完整的論述。他們針對動物的研究（尤其是猴子和黑猩猩）也了解不多。除了其他的決定因素之外，支配欲確實是決定性格的主要因素。每個人生來對於控制、拖延、被動與主動的需求，以及生氣或逃跑的傾向各不相同。他們也必須清楚腎上腺素（Epinephrine）與非腎上腺素的生理學知識。只此一項因素，就足以決定一個人是傾向還擊還是逃跑，或者主動還是被動。

如果拋開或忽視生理優勢的負面變因，單純討論領導的影響因素，這是不切實際的。一般來說，領導人在所有應具備的性格上均占有優勢。為了符合現實的客觀需求，領導者必須比他的追隨者更有效率、更有能力、更有才華，只有具備了這種條件才能獲得較實質的成功。天尼堡特別強調，優越的接受能力是成功領導人的必備條件。相反，盲目的領導者或是無法吸收資訊的領導者，對現況就無法有全盤的了解，也就不可能達到成功。但是高度的

覺察力或是強烈的存在認知力，與心理健康息息相關；也就是說，心理健康與成功的領導之間有著千絲萬縷的連繫。

　　一個權力慾強的人就不適合、不應該擁有權力，因為這種對權力的強烈需求，會讓他濫用權力，最後造成對別人的傷害。

存在型領導的人性韜略

　　我對一些管理著作在領袖方面所倡導的管理理念相當不滿意。例如：麥格雷戈在書裡所說的，多數學者對民主教條有一種虔誠心，而不是依照環境的客觀要求作為領導概念的中心內容討論的。我認為應該使用的方法是，從完善（模範）環境的觀點或是人本管理的情境出發。在此種情況下，各種情境的客觀要求都是絕對的控制力量，而且在這種情形下，根本沒有其他的決定因素。

　　同時，這也回答了下面的問題：在特殊情況下，誰是最好最稱職的領導者？在一個完美的情況下，假設團體裡的每一位員工，對於自我和他人以及每個人的技巧、才華和能力都有完整的認知，對於任何問題的相關細節，也都有單純的存在認知。假定所有人都有健康的人格，這樣就不會有人過於敏感或感覺被侮辱，也沒有人的自我過於脆弱，以至於必須使用某些手段彌補性格上的缺陷，如謊言和禮數等。假定所有的工作、問題和目的都已被每位員工內化，也就是說，工作或責任不再與自我分離，不再存在於個人之外，個人強烈地認同這份工作，這份工作已成為自我的一部分。

　　在這裡，我們可以舉一個很好的例子。假若我是一個心理學家，假若我非常熱愛心理學，假若我天生就是要當一名心理學家，那麼，我就能從工作中獲得很大的滿足感。因此，一旦想像自己不再是一個心理學家，生命將會變得毫無意義，就會變成另外一個不一樣的人。如果沒有這份工作，我就不

第二章　企業領導的管理動態模式

是一個完整的人。這種對工作以及使命的認同感，就是存在心理學的觀點。也許很多人都還沒準備好接受它，所以我最好是想出一個比較容易溝通的方法。其實它超越了工作和娛樂、員工與勞力、自我和非心理現實之間的對立。工作、假期以及使命的概念成了自我不可或缺的一部分。

如果精神真的昇華到了這種完善境界，條件也達到了客觀要求，那麼所謂的存在型領導，從功能性的角度來看，這跟印第安黑腳族所特有的領導文化是一樣的。也就好比一群年輕人所組成的籃球隊，擁有良好的團隊精神，沒有個人英雄主義。

黑腳族捨棄總體權力型領導人（例如：美國總統，每件事都要管），他們寧可依據不同需要選擇功能型的領導人：在戰爭時期，就應該挑選一名大家公認最擅長作戰的領導人；在股票市場暴跌的時期，就必須挑選一位能提升股價的領導人。每種情況下所需的領導才能不同，這是非常有道理的，也是非常符合邏輯和理性的。事實上，每個人的能力和長處都不一樣。我們不可能期待最擅長舉辦太陽舞節慶的人，同時也是出任加拿大政治代表的最佳人選。

黑腳族人對他們自己以及對其他族人的想法非常客觀，他們了解彼此的才能，總是能針對某一件特定的任務，挑選出最符合條件的人選，完全不去考慮他在其他工作上的表現是否良好。我們可以把它稱為功能性的領導方式，或者稱它為存在型領導。它滿足了客觀環境的客觀要求，符合總體的與心理面的現實。

印第安黑腳族的存在型領導還有一個特別之處，就是若非經由族人針對特定情況所挑選出來的人，就不具有任何權力。也就是說，在通常的情況下，他無權影響任何人或命令任何人；只有在特殊的情形下，特定的一批人有意給他行使權威，他才有權力指揮其他人。領導人與團隊之間形成一種給予和奉獻的關係，因此被挑選出的領導人客觀地認為自己是此份工作的最佳

人選，團隊也客觀地認為他是這份工作的不二人選。他們擁有相同的目的，領導人就像是團隊的護理員，發出訊號，協調團隊成員朝向共同的目標邁進，他不能亂發號施令、濫用權力，試圖控制或影響其他人。

事實上，存在型領導人是被眾人推舉為團隊的僕人，負責組織團隊，在正確的時間、地點發出正確的訊號。在非必要的情形下，印第安黑腳族人絕不會刻意挑選領導人。在某些情況，沒有組織的團隊同樣能運作得很好。

在此等情況下，團隊與領導人之間的關係與我在其他管理著作中所看到的相差甚大。例如：在黑腳族的存在型團隊中，團隊成員面對領導人的態度是感激而非怨恨。他們很明白，團隊之所以交予領導人這份重責大任，是因為他恰好是最適合的人選。而領導人自己也很清楚，在客觀的環境下，他是最適合此份工作的人選，出於心中的責任感，不論喜歡還是不喜歡，他都會盡全力去完成這份工作。

這和美國的政治情況區別很大，在美國政治制度中，美國人傾向於選擇他們自己。例如：大部分的人都是自己主動出來參加角逐。如果這個人擁有強烈的想要成為州長的野心，他就會公開對外宣告：「我要做某州州長。」接著就會舉辦一連串的競選活動，和其他也想競選州長的候選人相互對抗競爭，這就產生了競選活動以及激烈的對抗。從存在心理學的觀點來看，這是一個非常不適當的做法，也是非常危險的做法。

這些做法之所以有著很大的危險性，因為它把權力留給那些追逐名利的人。在美國，這些自行出來競選的人，只是想要擁有控制別人的權力慾，而不見得是最勝任的人選，他可能一點也不謙虛，不需要別人催促他就站出來角逐心中想要的權力。或者，就像我在一些有關領導階層的文章中所提的，一個權力慾強的人就不適合、不應該擁有權力，因為這種對權力的強烈需求，會讓他濫用權力，最後造成對別人的傷害。

第二章　企業領導的管理動態模式

或者說，他如此地渴望權力只是為了滿足自己的私慾。也許人們或他自己並不自覺，不過一旦他被推選為領袖，就會忘記所有客觀條件的要求，當初的競選諾言大都會成為美麗的童話。因為他只是單純地為自己著想，只是為了一己之私才出來競逐這個職位的。

與此相反，我們推選出的存在型領導是被公認能幫忙解決實際問題的最佳人選，可以成功完成人們所交付的任務。換句話說，他是一個對客觀環境的客觀要求最有察覺能力的人，可以把自己變成「沒有自我」的人，完全為他人著想。這樣的人心理比較健康，不會命令他人或控制他人的生活，也不會一心一意想要成為人們的上司。他並沒有刻意地想要滿足自我的私慾，他只是一個被大家找來解決困難的人；他覺得這是他的責任，覺得是在幫別人一個忙，而不是像現在大部分的政治人物，都是自己站出來角逐心裡想要的職位，追逐權力慾望；這種注重得失、沽名釣譽的人，不應該被賦予權力。

最佳的權力賦予對象，是一點也不喜歡、不享受權利的人，因為他不會濫用權力，不會假公濟私或把它拿來當作炫耀的戰利品，更不是為了滿足自己的私慾。這些也是匱乏型領導者的動機（擁有很強的領袖慾），他們否定和忽略團隊、環境和工作的實際要求。如果一個人完全沒有想要當領導人的慾望，就是最適當的領導人選。反過來說，如果一個人一天到晚就迷在當官上，那對他來講是很危險的，我們也應該懷疑他到底是否勝任這份工作。

簡單說來，存在型領導者和匱乏型領導者之間的本質區別在於，前者是別人賦予其權力，而後者屬於自行尋求權力；前者被賦予把工作做好的權力，而後者是在尋找超過他人之上的權力。

存在型權力是指做應該做的事，完成應該完成的事，把應該負責的事妥善完美地處理好。更明確地說，存在型權力是可以促進、保護以及強化所有的存在價值，包括真、善、美、公正、完美、秩序等。存在型權力可以使我們的世界變得更美好，讓我們的世界更接近完美。

　　簡單地說，在完形動機中，把所有扭曲的事物都改正過來，把未完成的事都完成。例如：我們可以將牆上的扭曲圖畫抹平。對大部分人來說，看到扭曲的圖畫會令他們感到一陣惱怒，因此忍不住要去將它修正。這種修正的動作就是一種滿足。扭曲的圖畫是刺激的觸媒。人喜歡把事情做好，把房間整理乾淨，把一切弄整齊，把事情做完，在沒有秩序的地方引入秩序，完成應該完成的。

　　實際上，無論是誰，都或多或少、或強或弱地擁有這種傾向，只不過強弱不同罷了。有的人表現得尤為強烈，例如對美學或音樂敏銳的人，若聽到一段彈錯和弦的鋼琴演奏就會無法忍受。

　　有一段約翰尼斯·布拉姆斯（Johannes Brahms，德國鋼琴家、作曲家。他的作品既保有古典音樂的傳統，又富有強烈的浪漫主義色彩。他最有名的作品是西元 1876 年完成的《德意志安魂曲》（*Ein Deutsches Requiem*），被譽為 19 世紀最重要的合唱音樂之一）的趣聞就完全反映這樣的狀況。某人在鋼琴前肆意拔弄，隨意彈幾個音符和弦，彈到一半就不彈了。布拉姆斯就站起來坐到鋼琴前繼續彈下去，事後他說：「我不能讓和弦永遠無法完成。」

　　這種情形，就如同一個合格的家庭主婦隨時都會產生這樣的衝動：想把屋裡的東西全部整理好，把房子打掃乾淨，或吃飯後會立刻想把廚房餐廳整理乾淨。

　　前面說的這些都是生活中的小例子，但很真實，和每一個人的生活習慣相關。我們也可以略過這些簡單的生活細節，把例子延伸到更大的生活層面以及更大的範圍。例如：為了心裡的一股正義感，你會想去矯正社會上不公正、不公平或不實際的現象。其實，我們每個人心裡，對存在價值都有一定程度的敏感度，都有一股衝動想去把不對的事弄對，想去矯正扭曲的現象。

　　《星期六觀察》曾報導了這樣一件事情，有一個人在機場的餐廳點了一盤很貴的牛排，但這塊牛排令他難以下口，所以請服務生將它退回；服務生

第二章　企業領導的管理動態模式

稍後送來另外一盤，但他還是覺得不好，又把它退回去；然後餐廳又送來另一盤，還是不好，又把牛排退回去。就這樣前前後後送了五六次，他還是不滿意牛排的口味，這就是他堅持了正直的原則。

這種情形就是我所謂的正直的憤慨，是一種強烈渴望去做的憤慨衝動。這股衝動常常會激發我們去矯正扭曲的事實、揭發謊言，哪怕受騙的並不是我們自己。人們對於扭曲的事實，特別是對科學家以及學者來講，他們通常會有更強烈的感覺想去矯正，想要知道所有事實的真相。當然，我們可以從以往的歷史中看到很多人為了追求真相，履行諾言而冒險甚至犧牲性命，寧死都不肯撒謊。

對於一些進化得很完善的人 —— 心理要求健康、要求進步的人，世界上有許多不文明的情形，都必須予以修正。若未受到矯正，則會引起憤怒。權力的作用即在於矯正環境，使事情變得更完美、更真實、更完善、更正確、更適合等。

存在價值值得所有心理健康的人追尋。如果我們以這個角度思考，存在型權力是絕對有益的，它與我們過去心中所認知的權力完全不同。我們必須區分什麼是不健康的權力、神經質的權力、匱乏型權力和控制他人的權力，什麼又是把事作對、做好的權力。我們以為權力都是控制他人和自私的。但從心理學角度而言，這是錯誤的認知。

如果我們了解了存在型權力的真正意義，也就了解了存在型領導人必須致力於尋求存在權力，妥善運用其權力以創造存在價值。這與其他管理著作所論述的領導概念極為不同，這是對責任的一種回應。

從上面的客觀分析中可知，我們可以把工作場所中的存在型領導人認為是一位能做好本職工作的領導人，他會把工作做得非常好。若以打獵來說，我會聽命於一位能力比我強的功能性領導人，但是關於出版的事情，我不可

能聽他的。如果有人可以隨意地把我玩弄於股掌間，那麼我一定是一個極其病態的人，當然這個人也有問題。簡單地說，存在型領導人不是那種肆意玩弄人的上司，他並不想扭曲任何人。

除此之外，還有一大批存在型追隨者需要講一講，我們可以遵循定義存在型領導者的方法，來定義存在型追隨者。存在型追隨者希望一切都能圓滿解決，他知道另一人比他更適合擔任領導人的工作。因此可以說，存在型追隨者更希望存在型領導人成為他們的領導人。

不同的客觀情形需用不同的方法解決，也就需要不同的決策領導人。例如：我們可以採用民主的投標方式，選出一位領導人，賦予他極大的權力，甚至控制生死大權。因為在某種特殊情況下需要這種類型領導人，如在救生艇上、軍隊中。在這類情況中，命令是果斷的，不需要任何的道歉或交際手腕。

存在型領導人發布命令時不會感到罪惡，也不覺得自己是在利用權力優勢，更不會因此而慌了手腳。如果他的工作是宣布無期徒刑或死刑，他也必須干他的工作，他不會因此而崩潰。存在型領導在客觀環境下所做的客觀要求。當然在某些環境下，需要另一種完全不同的領導人。

雖然我認為整個工業界必須施行參與式管理，參與式管理的經理人也較符合客觀環境的要求。但有時候確實需要強硬而獨裁的領導人，而且必須專注於環境的客觀要求，不要太在意別人的敵意，不會因不受歡迎而感到沮喪。被所有人喜愛的領導人絕不是一位好的領導人。領導人必須勇於說「不」，要有果斷力，要有勇氣抗爭。只要客觀環境需要，就必須採取強硬的態度，傷害他人，對人開火或給予痛苦。我們也可以這麼說，在大部分情況下，領導人不可軟弱，他不能受到畏懼的驅使，他必須有足夠的勇氣來適應這個環境。

第二章　企業領導的管理動態模式

　　從這個角度講，有某些神經質的人，是勝任不了領導者這個職位的。例如在一般的情況下，一心一意只想追求安全感的人，就不可能成為一個稱職的老闆。因為他不會對他人施行強硬手段，他寧願擁有安全感，也不願解決問題、增加生產力和創作力，他只想安安穩穩地過日子；簡單地說，他太容易受傷了。同樣，對一個渴望擁有愛的人，他的所作所為都是為了要贏得所有人對他的愛與關懷，他希望受到別人的歡迎，被欣賞，被感謝，像這樣的人無法忍受失去愛或把愛分給別人，所以他不會是一位好的領導人。

　　理想上而言，一位堅強的領導人，就是那種在基本需求上獲得滿足的人，如安全、歸屬、愛與被愛、榮耀與尊敬、自信與自尊等願望。大多數情況下，當一個人越接近自我實現，他就越能成為一位好的領導人。

　　同樣，因為社會對存在型追隨者的個性要求與對存在型領導的要求一致，所以存在型追隨者同樣可成為存在型領導。這使我想起一句標語：「每個人都是將軍。」在理想的或完美的環境下，只要他被認為最適合這份工作，都可成為特定功能的領導者。他能夠控制大局，發號施令，衡量各種狀況。在一個民主社會下，每個人都應該是將軍，應該都有能力當老闆，或至少在某些情況下可以做一位領導者。也就是說，他應該有能力評價存在價值，擁有正義感，發掘事情真相，追求真、善、美。每個人都應該有堅實的肩膀去承擔重責大任，並且享受其中，而不是把這種責任當成是一種負擔或無法負荷的責任。

　　此外，還有一點要求，也是一個稱職的領導者所應具備的先決條件，即他要能從他人的成長與自我實現中獲得滿足。也就是說，他應該像家長或者父親一樣。至於父親的定義，與一位好上司的定義相同，他必須在各方面都很堅強，擁有支持妻子與小孩的責任，必要時必須給予孩子處罰，因為愛與嚴厲同樣重要；當他看到小孩順利成長，妻子更為成熟，達到自我實現的目

標時，就會感到滿足。這也是好的經理人應該有的態度。但是優秀的經理人還必須是一位優秀的存在型追隨者，也就是在必要時，他必須承擔上司的責任，但如果有一位更好的功能性領導者出現時，他就必須退居次位並享受其中，如同他擔任領導者一樣表現突起。

但是要想成為一個優越的父親，領導者還應做到這一點：他察覺出現實的要求時，就可能成為暫時不受孩子歡迎的人物。也就是說，有些時候他必須有勇氣對小孩說「不」，自我約束，反駁小孩的意見；當小孩沒有衝勁也沒有能力去做一件事時，他必須擺出嚴厲的一面；他能了解延後滿足的重要，並有能力延後滿足。小孩的衝動與無力延後滿足，是不好的現象。勇於對子女說不的父親，通常比較不受孩子的歡迎，不過他必須忍受這種事實，因為從長期來看，真相、誠實、忠實、公正以及客觀都將會贏得最後的勝利，贏得別人衷心的讚賞。所以在這種情況下，有人即使不受歡迎，不被人關愛、被嘲笑、被攻擊，仍能看透客觀環境，並且做出適當的回應，而非只顧一時的滿足感而已。

我覺得，如果以社會制度的例證來看科學，那是一種「無領導者」的環境，更好的說法也許是每一個科學家都是一個領導者。

我認為，新的管理理論以及新的管理教條，其理論架構的重心必須從領導者身上轉移至特定問題或環境的客觀需求上，後者才是決定領導與追隨策略的關鍵因素。

存在型領導的務實之道

　　通常會出現一種特別的現實狀況，它會使民主性格的人感到不適應。事實上，一個特定的人會比他的同事占有實質的優勢。這種情況使人無法看清環境的真正需求，無法判斷何種管理模式符合客觀要求。例如：參與式管理模式在這幾種情況下是不可能發生的，即使要實行，代價也會相當高昂。一群由智商為 120 的人所組成的團隊與一位智商有 160 的領導人，如果讓員工討論出解決的方案——比起智商較平均的一組，過程會較為困難。因為優勢者會因此而不耐煩，為了控制自己的衝動，身體所承擔的壓力會非常大。同一水準的問題，他也許很快就能找出解決策略，但是其他人卻得花上大半天的時間，他又必須忍住不說，這對他來說，實在是一大折磨。

　　另一個是意識層面的問題，每個人都會覺察出智商的不平等。於是，漸漸地就會出現這樣一種傾向，智商較低的人就會習慣於等待智商高的人給予答案。換句話說，他再也不願花費心力，因為這樣毫無用處也毫無意義。他們為何要花三天的力氣，去解決一個高智商者三分鐘內就能解決的問題？智商較低的人會變得非常被動。他們可能覺得自己很笨、沒有能力，但事實卻並非如此。

　　另外，還會產生一些間接的後果，智商較低的人會不由自主地對智商高的人產生無意識的不滿、敵意與怨恨。一個人越沒有了解到真實的狀況，就越可能產生反向怨恨。內心感覺自己愚笨的人在努力提高自己，但仍覺得自己很笨，為了保護自己的自尊，就產生了敵意與怨恨。我認為，越了解情況的人，就越不會產生反向怨恨和敵意，也就不會形成壓制和防衛心態以保護自尊的必要，至少只需要較少的壓抑和防禦機制來保護自尊。

　　再一個值得注意的就是時間和時間區段的問題。在需要立刻做出決定的情況下，優勢者必須快速地、直接地、不加討論地做出決定。在特殊情況

下，則應直接下達命令，無任何解釋。如果時間區段較長，例如創辦可以維持 50 年或 100 年的事業，尤其是優勢者逝世之後仍能生存的事業，就必須實行人本式管理政策，給予更多的解釋，察覺更多的事實，作更仔細的討論，並共同達成協議。從長遠目標來講，這也是長期訓練優秀經理人和領導人的方法。

我假設優良的管理有兩大目標。一是生產力與利潤目標，這時比較需要獨裁式的管理；一是個性發展目標，例如訓練未來可能的經理人和領導者，這時就必須運用討論和參與式的管理模式，放棄直接而獨裁的上司。簡單而言，人本式管理只有在環境理想、人們心理健康的情形下才有可能實行。如果我們的社會是和平的、統一的，沒有任何危急發生，我們可以耐心地提高人類心理健康，這時就需要參與式管理，而且此種管理模式會更受人歡迎。

在某些人格具有優勢的員工上也會發生同樣的情形，尤其是自我力量，即對於不安憂鬱和氣憤有超乎常人的忍受力。如果老闆比他的下屬有較強的自我力量，就會發生上述高智商領導人的情形。這樣的經理人不需要經常地解釋和參與，自然就會承擔所有的事情，因為他很清楚地認識到，自己比其他人更有能力處理某個問題。

現在就以我對偏熱狂領導者所作的研究進行分析，以了解像阿道夫·希特勒（Adolf Hitler）、約瑟夫·史達林（Joseph Jughashvili Stalin）、約瑟夫·麥卡錫（Joseph McCarthy）參議員（注釋：美國共和黨政治家、檢察官。在第二次世界大戰中服役後，1945 年當選參議員，1950 年初他信口指控有 250 名共產黨黨員滲透到美國國務院。1953 年成為權力很大的常設調查小組委員會主席。這種迫害行為當時被稱為「麥卡錫主義」）、或類似的人物，為何能吸引眾多的追隨者？

偏執獨裁者如此吸引人，其中一個原因是他們有果斷力，對自我的確定絕不猶豫，清楚自己要什麼，知道誰是對的誰是錯的。當某國的人民失去了

第二章 企業領導的管理動態模式

身分的認同，沒有真實的自我，無法分辨對與錯、好與壞，不知道自己要什麼，就比較容易崇拜和追隨那些清楚自己所需的領導人。民主性格的領導人或非獨裁性格的領導人的忍受力較強，較願意承認自己不是全知者。因此，對於教育程度低的人們來說，有果斷力的偏執獨裁者就比較吸引人，他能撫平追隨者心中的不安。

在這裡，我們可參考杜妥夫斯基（Fyodor Dostoyevsky）《卡拉馬助夫兄弟》書中大審判官的話、魏斯曼（Wiseman，美國社會學家，根據他的學說，在人口還未急速成長的社會，如中世紀的歐洲和現代的非洲，一般人都是傳統支配的人，個人的前途由氏族或是整個社會來決定。當人口成長還未達到擁擠的程度時，「自我支配」的人占絕大多數，他們在年幼時就由父母決定了前途，生活目標也不會有太多改變。到了極度工業化社會，人口日益密集，開始出現了被「他人支配」的人，他們的前途由年齡、社會等級與他們的相近的同輩來決定，他們的目標也隨著這些人而改變）的「他人支配」人格以及佛洛姆的機器人個性。

有果斷力的人，下了決定後會貫徹到底，努力達到目標。因為他知道自己要什麼，不要什麼；知道自己喜歡什麼，不喜歡什麼。這樣的人通常不會變來變去，也能夠預測，可信任，不易受外界影響，擁有這種個性的人，可以較易地被推為領導者。

在這裡，我有幾句從麥格雷戈的著作裡摘錄的話，他的說法和天尼堡的有些類似：「想想看，如果一個經理人吸引那些自尊低落的人，他認為自己是少數菁英中的一分子，擁有特別的天賦，而大多數人們的資質都有限。」不過，接著我就想反問幾個問題：如果他真的擁有一份不尋常的天賦？如果他真的是少數菁英中的一分子？如果他在某方面真的非常出類拔萃？麥格雷戈並沒有針對這些問題做深入地探討。在這裡我必須特別指出，這種超乎尋

常的優秀表現絕對可以和 Y 理論相容。優秀的經理人對一般人的能力和智商都有較高的期待。這與麥格雷戈的說法並無衝突：

他覺得大部分的人類都具備成長、發展、承擔責任和獲得成就的能力。他覺得自己的部屬都有天賦，能夠協助他履行自己的職責，他也努力創造一個良好的環境，使部屬能完全發揮他們的才能。他不覺得員工愚笨、懶惰、沒有責任心、不誠實，或喜歡和主管、企業相互對抗。他也了解，有一些員工確實很不合作，不過那只是極少數的人。簡單地說，他這個經理人相信 Y 理論的管理原則。

可是，公認的優秀的經理人絕對可以同意所有這些，同時還得承認非比尋常的情形中類似的一些事實。我想關於 X 理論以及 Y 理論之間的差異可以從這個角度作更完整的論述。顯然，這已經不是一項理論，而是一項事實。有實際證據顯示，大多數經理人支持 Y 理論，而不願實行 X 理論。我們幾乎可以把這兩項理論叫做 X 事實以及 Y 事實。

我認為，麥格雷戈堅持用管理和領導概念解釋 Y 理論是不全面和不完善的。例如：他談到支配－從屬關係，他也談到權威原則和命令鏈等。很明顯，這些字眼都不適於描述存在型領導和存在型追隨者，更不適合解釋一個完全整合的團隊。我們最好尋找其他更適合的字眼（目前並不存在），描述存在心理學中的權威和領導特質，但千萬不要以傳統的某種特定權威情境去定義這些詞。

當面對一位倔強而且很難令其完全開放和進行溝通的強人時，領導者為了避免成為權力中心，唯一的方法就是盡量不參與小組討論。顯而易見，如果他占有極大的優勢，就會妨礙溝通的進行。如果他希望每位員工都能發表自己的見解，如果他希望培育他們和他們的能力，那麼他就必須認識到，只有他不在場時，他們才能自由地討論，說出自己的想法。這是經理人展現對部屬的愛、尊敬、信任以及滿意的唯一方法。

第二章　企業領導的管理動態模式

　　但是領導人也不能完全不參與小組的討論，只是在某些條件下盡量少參與，否則，這樣的情形有可能對他造成損失。就好比一位美麗的母親能夠為面貌普通的女兒做的一件事，就是當有男孩子在附近時必須避開，不要讓女兒因為母親的美貌而覺得自卑。當然，有智慧、有創意、有才華的父母也知道如何不讓自己的小孩覺得不如他們的父母，避免自己的小孩因此而變得被動、無助。

　　談到這裡，我腦海裡又浮起另一個問題，完成自我實現的父母對小孩而言，往往是種壓力。因為每個人都認為，優秀的人一定會是優秀的父母，而優秀的父母一定會教育出優秀的小孩。依此推斷，對小孩而言，擁有優秀的父母並不一定是一件好事。不稱職的父母會產生某些問題，但優秀的父母同樣也會有種種麻煩，只是問題的性質有所不同而已。

　　在這裡，我也很想提醒強勢的人，不要刻意製造出討論、詢問意見的假象。如果這位強勢的人從頭到尾就知道答案，卻誤導組織員工以為是他們自己發現了答案，通常這樣的結果只會產生更深的怨恨，不會產生任何作用。當然，這是關於人性和存在的問題，而且在理論上至今沒有什麼可行的解決方法。天生占有優勢是不公平的、不應該的，人們的確可以怨恨和抱怨命運的不公。但是命運本身就是不平等的，有的人天生體質就很好，而有的人心臟和腎臟卻先天不良。對此，我也無法找到妥善的解決妙計，在這種情況下，即使是誠實和真相也會造成傷害。

　　在十全十美的社會中，這一點也是非常清楚的，即要有能力崇尚、追隨和選擇最佳的領導人，發現最優秀的人才，而且不能有絲毫的敵意或反抗心態存在。所謂的反抗和敵意是在領導過程中以不同的方式所產生的一些變化，所以我們不可能把它分解成許多不同的變因。例如：其中一項變因是階級反抗。軍隊在這方面就處理得很好，因為軍官多來自上流社會或中產階級的家庭，是有教養的紳士；而士兵多半來自低下階層，很難成為紳士。因此

彼此的對立、輕蔑等行為是理所當然的。

即使在高度流動的社會，情況亦是如此。在海軍、空軍、其他大型組織，甚至是全體社會，都需要一本法律之書，像國家的憲法或真正的法律條文一樣詳盡。之所以需要如此，有部分原因是組織中的人口過於龐雜，包括有心理不健全、無能、神經質、瘋狂的、惡毒的、獨裁的和不成熟的人，因此必須制定全面健全的規則，完全不依靠個別法官、船長或將軍的判斷。

在這裡我必須強調，對學習團體人員、Y 理論經理人和特定的美國公民都必須經過特別的挑選。任何有智慧的經理人都不會僱用那些能力不足、個性不良的員工。因此，Y 理論和人本式管理適用於經過人事挑選的環境。

在我看來，哪怕是在已經高度發展的社會中，上層經理人和下層員工之間的階級差異，也說明了彼此的利益和敵意的不同。此外還包括強勢、弱勢、優勢、劣勢和支配、從屬等變因，例如：妓女對嫖客的敵意、怨恨和輕視等態度，因為在這樣的情形中，一個人受到另一個人的剝削，或是一個人以為自己被他人剝削。

另外一個因素是主動性格與被動性格。這是科學家對人類腦波的研究、法瑞斯對新生兒的研究、心理學者對易患胃潰瘍性格等研究上發現的，主動與被動或依賴與接收都是與生俱來的性格，也是日後成為領導者或追隨者的關鍵因素。

如果想要人本式管理與領導策略能夠順利地運行，那麼管理者就必須改變自己的管理方式，放棄嚴控屬下的想法，給他們一些自由。只有這樣，屬下才會因為獲得自由以及自我實現而感到愉快。這就是達到自我實現、心理健康的人格特質。健康的人沒有必要以權力壓迫他人，他們並不會因此而感到快樂，更不希望這樣做，除非環境需要。當一個人的心理越來越健康時，或其達到自我實現時，他已完全放棄用權力控制他人的想法，甚至是在不知不覺中，從 X 理論的管理哲學轉移至 Y 理論管理哲學。

第二章　企業領導的管理動態模式

　　我認為，新的管理理論和新的管理教條，其理論架構的重心必須要從領導者身上轉移至特定問題或環境的客觀需求上，後者才是決定領導與追隨策略的關鍵因素。我們重視的是事實、知識和技能，不是溝通、民主、人際關係或舒服的感覺。我們對事實必須有更多的認知，解決問題必須抱實用主義的態度，這是有效實行人本管理的必要條件。也就是說，至少在文化程度足夠高、人們心理足夠健康時，人們支持參與式管理的傾向會更大一些。

　　功能性領導人的才能或能力以及環境的客觀需求重於一切。領導人必須對真相有所覺察，具備創意性的認識，要能看出新的真相，實事求是。當事實說「是」但民眾說「不」時，好的領導人必須不顧民眾的敵意，堅守事實，而不畏懼大眾的敵意。

　　我認為這不會構成什麼障礙，因為大多數人肯定會支持我的看法，同時，這也是大家所希望的。稍有差異之處，不過是重點和理論架構有所不同而已。也許我比其他學者專家更強調這一點，因為我很清楚真正優秀的人不僅會受到景仰，同時也會遭到他人的怨恨，若透過民主表決的形式，他們則不太可能脫穎而出。這就是德懷特・艾森豪（Dwight David Eisenhower）和阿德萊・史蒂文生（Adlai Ewing Stevenson）當年的情形，顯然，資質差的人反而會比優秀的人更容易出頭。史蒂文生是美國優秀的政治家，1952年和1956年兩度被提名為總統候選人，但均敗給艾森豪。為什麼會這樣呢？我想這主要是內心的傾向敵意和怨恨所導致。我們必須意識到，優秀的人雖然能夠受到人們的愛戴與崇拜，但是相對的也會招來很多人的怨恨與仇視。

　　在這裡，我也參考吉斯麗、傑克森和托羅斯針對具有創意的孩童所做的研究。很顯然，有創意的小孩，不僅會遭到同年齡玩伴的排斥，連教導他的老師可能都會覺得他特別聰明，鬼主意特別多，難以駕馭，因而不喜歡他。因此，我們選擇領導人時，不應以受歡迎程度為標準，而應該重視客觀現實

的需要。從實用主義的角度考慮，尋找真正適合的領導人，即使他不受大眾的歡迎也無所謂。

至此，我引用一些德·瑞達麗的研究結果來加以證明。德·瑞達麗的研究對象是 20 位具有創新的心理學家。他們每一個人都曾經有過不快樂的童年，或至少在童年時有過被同齡小朋友排擠的經驗。也許他們都是屬於被大眾拒絕的一群，雖然人們非常仰慕並且渴望擁有和他們一樣的傑出天性與能力，但我懷疑他們任何一個人是否曾經受歡迎過，只是他們的優勢是必要的。我們不喜歡他們，因為他們讓我們覺得不舒服，造成了情感上的分歧對立，心裡產生了衝突矛盾，使我們懷疑自己存在世界上的價值。儘管如此，我們仍然應該學習接受並且肯定他們的價值。我想，除非我們能夠推崇並且接受這些傑出的領導者，否則，就不可能創造出一個良好完美的社會。

任何組織都需要特定的價值觀或者說是組織文化，而且結構單薄的組織在這方面的需求更為強烈。當你在變革中廢棄組織原有的等級體系及支持系統時，組織內的員工不得不改變他們的習慣及期望，否則的話他們就會被變革帶來的壓力壓垮。

成功領導的重要策略

當我試圖總結經驗教訓時，一個很大的感受就是變革創新總是阻力重重、知音寥寥。人們都更喜歡現狀，他們滿足於現有的一切。當變革開始時，過去的好日子在人們心目中就顯得越來越美好，越來越值得留戀。

因此，在你力圖變革時，你不得不做好遭遇巨大抵制的準備。

在某些企業所走過的改革歷程中，漸進的、點滴的革新並沒有發揮太大的成效。如果你的改革力度不夠大、改革步伐不足夠強硬的話，那些作為既得利益者的保守官僚肯定能將你壓垮。

第二章　企業領導的管理動態模式

　　看看溫斯頓·邱吉爾（Winston Churchill）和富蘭克林·羅斯福（Franklin Delano Roosevelt）吧，他們斬釘截鐵地說，「我們必須如此，我們別無選擇」，結果他們真的成功了。

　　推出大膽的、強有力的變革措施，並清晰明白地將其表達給大眾，這是改革的必經之途。如果改革的領導者將員工聲望及所受的愛戴與領導才能混淆起來，如果他在改革過程中拖泥帶水、束手束腳，那麼這樣的改革必定是一事無成。在我看來，無論是在國家的變革還是在企業的革新中，這都是至理真言。

　　另外一個重要經驗是：一時的心慈手軟只能導致日後的貽害無窮。有時你必須強硬地做出一些決定，毫不猶豫地做出一些會得罪人的決定──關閉工廠、裁減冗員、削減開支等等。另一方面，在推行強硬手段的同時，你還必須適時地採用懷柔政策，提倡一些溫和的價值觀，從而做到剛柔並濟。例如：在奇異電氣企業，他們一方面大力裁減冗員，消滅官僚習氣，整頓企業作風，另一方面，當他們談及溫和的價值觀──諸如正直、坦率、公正、面對現實，員工都洗耳恭聽、誠心信服。

　　如果你所在的組織體系臃腫不堪，溫和的價值觀是很難有大的成效的。在一個龐大臃腫的官僚機構中，急切的變革速度和簡單的變革手段，或者是像「訓練方案」這樣的變革方案，顯然都是不可行的。在你進入諸如此類的實質性的變革階段之前，你必須先來做一些困難的結構性工作：整頓組織體系，剷除雜剩的「野草」，刮掉厚厚的「鐵鏽」。

　　任何組織都需要特定的價值觀或者說是組織文化，而且結構單薄的組織在這方面的需求更為強烈。當你在變革中廢棄組織原有的等級體系及支持系統時，組織內的員工不得不改變他們的習慣及期望，否則的話他們就會被變革帶來的壓力壓垮。事實上，我們在工作時都越來越勤奮、越來越高效。但

是，除非在這個過程中我們得到的工作樂趣也越來越多，變革就不可能得以繼續。而組織員工共同的價值觀恰恰是能夠讓人們指引著他們自己度過這一變革歷程的東西。

為了製造變革，克勞頓維利的「訓練方案」的指導精神是很有參考價值的：直接的、面對面的雙向的交流溝通似乎是區別於以往的關鍵所在。處於組織的各個管理層級的人們 —— 不論他們的職位和頭銜如何 —— 都應當有無拘無束地闡述他們意見的機會，同時也應當認真傾聽來自四面八方的意見，並相應地做出自己的判斷。

你必須站到人群前面，一遍又一遍地重申你自己的觀點，不論這個過程是如何的枯燥乏味，你都必須堅持到底，自始至終地毫不動搖。

你必須提煉出你所要闡述的主要觀點，以簡潔凝練而又清晰易懂的形式將其表達出來。不管你的觀點是什麼 —— 我們應當成為同行中數一數二的佼佼者，或者是在困境中掙扎 —— 關閉歇業或轉讓出售，或者是打破各部門之間的森嚴壁壘 —— 你所表達的任何意見都必須是簡潔明了，能夠在雞尾酒會上向一個陌生人解釋清楚的。如果只有那些關心你所在企業的發展，對企業業績有著濃厚興趣的人才能夠理解你的表述，那麼你的觀點顯然存在問題。

此外，我的另一個切身感受是：簡單明瞭同樣適用於評估過程。在實踐中，我們往往是事無鉅細通通加以評估，我們評估一切，結果卻是一無所得。事實上，在企業的運行中需要評估的最重要的三個對象就是顧客的滿意度、員工的滿意度以及流動資金的周轉狀況。如果顧客對企業的滿意度不斷成長，那麼企業所占領的全球市占率也必定是隨之增加。員工滿意度的成長則密切關係著生產效率、品質、對企業的歸屬感以及員工積極性和創造性的發揮。而流動資金的周轉狀況則是整個企業的脈搏 —— 它是企業運行狀況的最關鍵的標誌。

第二章　企業領導的管理動態模式

　　另一個成功的經驗就是透過為員工確定一個略高於他們自身標準的目標，來促進企業整體的發展和產品的更新換代。我們所使用的績效標準是：「力求達到世界最好。」人們總是能想方設法地達到這一目標，或者說在絕大多數狀況下是如此。在明確了自己追求的目標之後，他們全力以赴，臥薪嘗膽，最終美夢成真、心願得償，然後又開始向下一個更艱巨的目標衝刺。這其中的訣竅並不是懲罰那些達不到目標的人，只要他們在原有的基礎上有所進步，你就應該及時地進行褒獎 —— 即便他們還達不到確定的目標。但是，除非你確定一個高於他們自身標準的目標，否則的話你就永遠無法發現他們到底能攀升到哪一高度。

　　當然，跟其他人一樣，在變革的過程中我也會犯錯誤，而且是很多的錯誤，但是，迄今為止我所犯的最大錯誤就是前進的速度沒有更快一點。所謂長痛不如短痛，一步一回頭的徘徊觀望政策和拖泥帶水的權宜之計會比徹底而猛烈的一擊有著更大的害處。當然，你不希望徹底摧毀辛苦營建的一切，你也不希望組織全然改頭換面，這是人之常情；但是，最根本的阻礙因素還是存在於你天性中的弱點：你希望自己不得罪人，你希望自己受到他人愛戴，你希望自己在他人心目中的形象是重情重義、完美無瑕。正因為如此，你沒有以應有的速度前進，這不僅將令你付出慘重的代價，而且大大損害了你的競爭力。

　　任何事情都應當盡可能快地完成。當你在運行類似奇異電氣企業這樣的大機構時，你最初必定是忐忑不安、疑慮重重。你擔憂自己的所作所為會打破原有的平衡，從而令企業蒙受損失。人們通常不會想到領導者會有這類擔憂，但這的確是千真萬確的。任何一個身負管理職責的人在晚上次到家裡躺在床上時，腦海裡總是糾纏著同樣的擔憂：我會不會成為毀滅企業的罪魁禍首？在變革的過程中，切莫一味地追求著更多的支持者站在你這一邊，過於謹慎過於膽怯最終只會導致束手束腳、畏首畏尾。

118

現在既然我們已經擁有了這一槓桿，我真的無法想像如果喪失它的話我們將如何謀求生存。我們就是可以把企業當成一個各種各樣觀點和意見的大試驗場。我們必須找到一種信任和開放的方式分享最佳經驗的機制。例如：彼此的交流也是處於一種良好狀態——但是，在這些一晃而逝的交流中，彼此的所得大部分是限於概念上的，對於雙方來說，想要在膚淺的表層之下進行進一步的探究都有很大的困難。但是，如果每一個企業的部門都派兩名員工去學習快速反應項目，那麼，他們所學到的東西就會深深扎根於腦海之中，既具深度又具廣度。但學習的人並不是旅遊者。當他們返回自己的工作職位並談到快速反應項目時，他們是狂熱的痴迷者，因為他們自己就是這一理念的主人，他們自然會竭盡全力地使之在實踐中發揮作用。

所有的這些機會都明白無誤地展現在我們面前，但是，除非我們裁減掉所有的冗員，拋棄等級觀念，打通組織所有的層級，我們才能夠看到它們。如果在一開始前進的速度能夠更快一點，那麼我們就可以更早一點發現這些機會，而我們所取得的成績也肯定是不同的。

在我看來，提高工作效率的唯一途徑就是讓員工全身心地投入工作並產生工作的熱情。如果員工們懶懶散散地跨進工廠的大門或呵欠連天地走進辦公室，悠閒度日，無所用心，沒有打起全部的精神，那後果是不堪設想的。當然，我的意思並不是非要筋疲力盡或汗流浹背不可，而是要更為精明高效地工作。也就是說，我們必須在生產之前先掌握顧客的需求，而不是像原先那樣毫無針對性地盲目生產，然後將其包裝了事。在這個過程中，你必須明確地意識到自己所處地位和所起作用的重要性。

「訓練方案」的要點在於給予人們更好的工作。當人們發現他們的意見得到重視時，他們的自尊心隨之得到了極大的滿足。他們不再像一個機器人那樣麻木不仁，相反的，他們現在感受到了自己的價值，他們覺得自己是組織不可或缺的一員。

第二章　企業領導的管理動態模式

在我看來，對組織的目標有著認同感的員工必定是高效率的員工。在以往就業機會充裕、不存在外來競爭壓力的環境下，人們可以輕而易舉地找到一份工作。然而隨著時間的推移，境況全然不同了。在激烈的競爭大潮中，人們意識到殘酷的競爭是他們的敵人，而顧客則是確保他們手中的飯碗的唯一保障。他們不喜歡懦弱無能的經理人，因為他們知道，懦弱無能的經理人將使得數百萬人喪失了他們手中的工作。

透過「訓練方案」和消除部門之間戒備森嚴的壁壘，我們應該盡可能從自身企業的人力資源中挖掘智力資本和創新資本，從而提高企業在國際市場中的競爭力。比起募集資金資本來，募集智力資本和創新資本要更為困難，因為前者任何一家實力雄厚的企業在世界任何市場上都可以找到。

在組織中，信任發揮著舉足輕重的作用。對於組織中的員工來說，除非他們確信他們能得到公平同等的對待 —— 不存在任人唯親的現象，任何人都有展示自己才華的機會 —— 否則他們就不會竭盡全力地工作。

我所知道的創造這種員工對組織的信任的唯一途徑就是向所有的員工明白無誤地展示你的價值觀和指導企業發展的大政方針。在隨後的實踐中，你必須言出即行，將自己的言論付諸行動，並持之以恆，但這並不意味著任何人都不得不對你表示同意。

這就是所謂的打破所有的界限和壁壘的含義所在：一種開放式的、彼此信任的意見和觀點的相互溝通和交流。樂於傾聽他人的意見並相互探討乃至爭論，然後取其最佳觀點並付諸實踐。

如果一家企業想要順利地實現既定目標，它就必須奉行這種無界限無壁壘理念。界限和壁壘是一種愚蠢而瘋狂的存在。工會就是另一種壁壘，正如你必須想方設法地跨越那些把你和你的顧客、供應商以及海外的同事們隔離開來的壁壘一樣，你也必須盡其所能地打破和跨越工會這一壁壘。

到目前為止，我們在打破所有的界限和壁壘這一點上還遠未談得上臻於完善。這是一個很宏偉、很高遠的目標，未來等待我們的還有一段很艱辛的歷程，我們必須不斷地重申這一理念，並讓所有的人都能理解，在任何時候只要他們正確行事，那就是做到了打破界限和壁壘。預計再過幾年之後，我們就可以使打破所有的界限和壁壘這一理念內化為人們的自然需求，並在實踐中自然而然地加以貫徹。

誰能精確地知道你什麼時候會離開呢？當這樣的時刻真正到來時，你自然會離去的。

我不斷地對自己發問：「你在接觸新事物嗎？你在什麼時候發現自己精神抖擻、信心百倍？當你置身於新環境時，你是否能很快適應、從容應對、遊刃有餘？」這是對自我的測驗。當你得到的是否定的答案時，你離開的時刻也就到了。

企業的領導者必須對企業的發展有著長遠規劃，並能夠團結和凝聚起所有員工的力量。他或她必須在日益全球化的國際市場競爭中胸有成竹，並從容應對來自世界各地的商界菁英。此外，在和企業內部各個管理層級上的人員打交道時，同樣應當是神定氣閒、不焦不躁，對待所有的顧客都應秉著打破一切界限和壁壘的理念，胸懷坦蕩，開誠布公 —— 不論他們的種族、性別及其他一切條件。他或她必須有著高度的正直誠實，深知顧客才是真正的上帝和一切的關鍵所在，並懂得變革是永遠的，因而不應當對其心懷恐懼，相反的，變革創新應當成為他的喜好。

總之，對於任何人來說，如果他過度專注自我無暇顧及他人，如果他不信奉顧客至上的理念，如果他對變革創新不持一種開放的態度，那他無論如何都不應成為企業的領導者。

最後，有必要指出的是，無論是企業的領導者還是員工，他都必須具備那種對成功和發展永無止境的追求及永不消退的熱情。

第二章　企業領導的管理動態模式

　　在我看來，任何想要在國際舞臺上爭得一席之地的企業，都必須想方設法地挖掘每一位員工的潛力和價值。至於我們能否沿著這條道路成功地到達彼岸，那只有時間能夠證明 —— 但是，我確信這是通往成功的必經之路。

　　如果你沒有無時無刻都在考慮如何使得每一位員工更具價值，那你就沒有了發展的機會。試問還有什麼其他可供選擇的方法？被浪費閒置的智力資源？抑或是缺乏向心力和歸屬感、漫不經心、鬆鬆散散的員工？還是怒氣沖沖、怨聲載道或疲乏厭倦、麻木不仁的勞工？

　　領導者必須有著富於感染力的樂觀主義，以及在面臨困境時堅持不懈的意志力。此外，他還必須渾身洋溢著自信，即便他自己也不確切地知道結果。

領導成功的人文藝術

　　透過觀察和接觸那些在大企業運籌帷幄的領導者發現，他們中的絕大多數人都是解決問題的好手和優秀的決策者，但是，真正堪稱傑出商業大師的卻是屈指可數，而且其中的一些人壓根談不上激勵他們的副手，而是想方設法對部屬實施壓制和打擊。

　　只有優秀的上司才能對任何組織的績效產生神奇的推動作用。

　　對於領導才能，人們也有著諸多的研究。社會科學家們一致認為，領導才能的成功發揮取決於不同的環境。例如：一個在民營企業叱吒風雲、大展宏圖的傑出領袖如果到華盛頓轉任商務大臣，則未必能得心應手、遊刃有餘。此外，那些適合於新成立企業的領導藝術很少能夠在發展成熟的企業內同樣的廣受歡迎。

　　在領導才能和一個人的學術成就之間似乎沒有什麼必然的連繫。激勵一個人成為好學生的那種動機和激勵一個人成為傑出領袖的那種動機屬於完全不同的兩種類型。

在實踐中存在這樣一種傾向，即各大企業和企業往往排斥那些與它們的習俗管理不相容的管理人員。試問有多少企業會提升那些特立獨行之士？又有多少廣告企業會僱傭一個已經是 38 歲，履歷上寫著「失業農夫，曾做過廚師，大學中途輟學」的人？

通常在那些個性中有著強烈的標新立異傾向的管理人員中，我們可以找到最傑出的商業經營者。他們不僅僅不抵制變革創新，而且本身正是變革創新的代表者，沒有一家企業能夠在不變革創新的條件下得以生存發展。

優秀的領導者幾乎總是渾身洋溢著自信。他們永遠不斤斤計較、心胸狹窄，他們也永遠不會畏首畏尾、推諉責任。他們在跌倒之後會勇敢地再站起來 —— 就像美國快遞服務企業的豪爾德‧克拉克在發生沙拉油詐騙案之後鎮定自若地面對挫折，力挽狂瀾一樣。在豪爾德卓越的領導才華下，美國快遞服務企業的股票價格足足狂漲了 14 倍。

優秀的領導者總是狂熱地投入工作。他們並沒有那種畸形的需求，要求自己受到所有人的普遍熱愛。他們有勇氣和決心做出不受歡迎的決定，即開除和解僱那些遊手好閒、業績不佳的員工。格萊斯頓曾經說過：「一位偉大的首相必定也是一個優秀的屠夫。」

某些人擅長於領導大量的人群 —— 不管他們是所在企業的工人還是所在國家的投票者。但是，同樣是這些人，一旦他們身處某個小團體內部時，往往就變成了拙劣無能的領導者。

優秀的領導者都意志堅定、行事果斷。他們能夠披荊斬棘，迎著艱辛勇往直前。他們中的一些人性情古怪、行事怪異。例如：勞埃德‧喬治在兩性關係上混亂不堪。南北戰爭中赫赫有名的格蘭特將軍則嗜酒如命。1863 年 11 月 26 日，《紐約先驅報》就登載了林肯（Abraham Lincoln）總統的原話：「我希望在座的諸位能夠告訴我格蘭特所飲用的那種威士忌的牌子，因為我想送一桶給其他的將軍們。」

第二章　企業領導的管理動態模式

　　溫斯頓·邱吉爾也是一位頑固的貪杯好飲者。他性情怪癖、反覆無常、愛發脾氣，對於手下的工作人員，他習慣於頤指氣使，一點都不體諒別人。他是一個極端的自我本位主義者。然而，他的參謀長在回憶錄中卻寫道：

> 「我總是回憶起我在他身邊工作的那段歲月，那應該說是我一生中最困難、最難受的日子。但是，無論如何，我要感謝上帝給予我這個機會在這樣的一個人身邊工作，並且讓我親眼目睹了這樣一個事實，即在這個星球上有時候的確會有這樣的超人存在。」

　　有些人可能認為獨裁是優秀的領導者們所借助的一種工具，但我卻不這樣認為。事實上，只有在愉快的工作氛圍中，人們才能最為高效地完成他們的工作。對工作的熱情和創新都依賴於我們在生活中得到的樂趣。我一直對查理·白勞爾先生心懷感激，因為他修正了聖保羅對基督教《聖經·新約》中的《哥林多書》（*Epistle to the Corinthians*）所作的第一使徒書中的第十三章：如果一個人將畢生的精力用於為自己的銀行增添財富，而他自身沒有品嚐到任何生活的樂趣，那他就是一個道地的傻子和徹底的笨驢。

　　據我所知，所有的優秀的領導者都是一些個性非常複雜的人。麻省理工學院的前校長豪爾德·強森將其形容為是精神能量的一種內在形式，這種內在形式為領導才能披上了一層神祕的面紗。

　　最高效的領導者能夠滿足部下和追隨者的心理需求。例如：如果想要在美國成為一個優秀的領導者，你就必須認識到這個國家的一些獨特背景，她的人民都在民主傳統中長大，對自由獨立有一種很強烈的需求。但是，這種打著民主標誌的美國式領導才能在歐洲則不那麼管用，因為那裡的人們對獨裁專斷有著更多的心理需求。因此，美國的企業往往指派當地人領導它們設在國外的分企業，這正是它們考慮到各地不同的文化背景的明智之處。

　　如果最高領導者從來都不讓他的副手分享領導權限，這顯然會阻礙企業的發展。事實上，企業內部存在的領導中心越多，企業的力量就越為強大。

想要成為一名優秀的下屬，那也是一種藝術。英國將領馬爾伯勒公爵（Duke of Marlborough）曾經在西班牙王位繼承戰爭中統率英荷聯軍擊敗法王路易十四。在一次重大戰役的前夕，馬爾伯勒公爵出去勘察地形。當時他和他的下屬們都騎在馬背上，突然，公爵的手套掉到了地上。他的參謀長卡德甘立刻翻身下馬，撿起了手套並將它交給公爵。在場的其他人員都認為這只不過是卡德甘的一種禮貌舉動。在當天的稍後時刻，馬爾伯勒公爵發布了他最後的命令：「卡德甘，把一批槍枝放到我掉手套的地方。」

「我早就已經這樣做了。」卡德甘回答道。他早就已經揣摩到了馬爾伯勒公爵的意圖，並預見執行了他的命令。卡德甘就是屬於那種能夠使領導工作輕而易舉的下屬。在現實生活中我也曾經碰到過這樣的組織者和員工。

在我所認識的優秀的領導者中，絕大多數都有著那種能夠用他們的言語來激勵和鼓舞人們的才能。如果你本人無法寫出鼓舞人心的演講稿，那就借助於捉刀者，但必須是借助於高明的捉刀者。羅斯福就聘請詩人阿契博得‧麥克列許（Archibald MacLeish）以及劇作家羅伯特‧謝爾伍德（Robert E. Sherwood）和加傑‧羅森曼恩為自己寫稿。這就是為什麼他的演講比美國有史以來除約翰‧甘迺迪之外的所有其他總統要更為激動人心的原因所在，而後者也是借助於優秀的捉刀者。

演講藝術一流的執行總裁可謂是寥寥無幾。無論演講稿出自哪位名家的手筆，執行總裁在演講時通常是結結巴巴、拙劣無比。然而，這種演講技巧卻是可以透過後天習得的。在我們生活的世界中，所有重要的政治家都高薪聘請專家指導他們進行演講技巧的訓練。

然而，對領導才能有著深刻見地的當屬菲爾德‧馬歇爾‧蒙哥馬利（Field Marshall Montgomery）：

第二章　企業領導的管理動態模式

領導者必須有著富於感染力的樂觀主義，以及在面臨困境時堅持不懈的意志力。此外，他還必須渾身洋溢著自信，即便他自己也不確切地知道結果。

對領導能力的最後測試是你在參加完一個有他在場的會議之後的感覺。你是否感覺到自己情緒高漲，滿腔自信？

挑選一些優秀的人才和你共同起步，向他們展示和介紹規章制度，和你的僱員保持密切溝通，用各種方式對他們進行有效激勵，在他們取得成就時給予豐厚的回報，只要你切實做到了這些，那成功必定是指日可待。

良好管理的金科玉律

無論在什麼時候，一提及管理話題，所有的人 —— 包括企業看門人在內的所有的人 —— 似乎都認為這其中必定有某些神祕的奧妙。談論管理的書就和談論減肥的書一樣數不勝數 —— 或許我可以在這裡附加一句，談論成功的書也是如此。說不定哪天在哪裡，我們就可以找到一本談論如何進行柚子樹種植管理的書。

鋪天蓋地的減肥書對我們有什麼用處呢？事實上，它們所介紹的一切都等同於廢話，除非你牢牢記住這一點：不要吃太多。這仍然是控制和減輕體重的唯一途徑。如果你不尊奉一些簡單樸素的原理的話，連篇累牘地去看所有那些書本又有何益處呢？

管理同樣也是這個道理，如果你想像一下十個穿著系有別針的斑紋狀衣服的小孩坐在幼兒園教室的後排玩積木遊戲的情景，你就不難得到企業生活的一幅大致畫面。參加一個會議的成人會做任何事情 —— 絕對是任何事情 —— 來避免當眾出醜。如果某員工對談到的某個話題一無所知，他就會即興發揮、臨時亂扯，完全像一個小孩那樣。他不是坦率地說，「老闆，我會

很快給你一個答覆的，我現在還不確切地知道答案」，相反的，他會想方設法地掩飾自己的無知。他擔心如果自己承認不知道答案的話，老闆就會認為他不如其他的工作夥伴聰明，正如幼兒園的小朋友害怕老師會責罰自己從而不被允許午睡一樣。結果就是，他會面紅耳赤地侷促不安，就像一個白痴那樣胡言亂語。

只有企業的老闆才能帶動全體員工樹立這樣一種坦誠直言的風氣，才能讓人們無拘無束地說出這些神奇的話語「我不知道」，「但我會努力去尋求答案的」。歸根結柢，商業活動不過是各種各樣的人與人之間的關係。就像某位員工和另外一員工交換筆記一樣：「這是我在做的工作。你正在做什麼工作？我是否能給你提供什麼幫助 —— 你能幫助我嗎？」

每次我一談及這個話題，我就覺得自己像是一個五歲的孩子。人們總是對我說：「但是肯定有某些神祕的東西吧。肯定存在一個金科玉律吧。」但事實上的確不存在什麼神祕的成分。一切都非常簡單：挑選一些優秀的人才和你共同起步，向他們展示和介紹規章制度，和你的僱員保持密切溝通，用各種方式對他們進行有效激勵，在他們取得成就時給予豐厚的回報，只要你切實做到了這些，那成功必定是指日可待。

商業圈中的人士對兩個管理話題一直是爭論不休。其中的一個話題就是相對於一線生產人員（或者說是務實者）而言的辦公室職員（或者說是計畫者）所起的作用。另一個話題則是相對於獨裁式統治而言建立在一致同意基礎上的管理模式。

先來談第一個話題。如果用最精簡的詞語來進行概括，所謂的辦公室職員就是對老闆工作提供支持的員工。我指的並不是那些送咖啡的勤雜工，而是為老闆的決策提供各種資訊的人員。對於每一位經理人來說，他或她必須對自己回答的一個重要問題是：我在運行自己的組織時到底需要多少職員？

第二章　企業領導的管理動態模式

在某些企業中，通常一個優秀的祕書就可以勝任所有工作了。例如在福特汽車企業中，或許是因為福特家族的心理狀態，或許是因為哈佛商學院的傳統，總之你的計畫和分析不得不細緻到無以復加的地步。

在你採取某個行動之前，你不得不仔細考察所有的細節，認真研究所有的因素，以確保萬無一失。我認為這是一種嚴重的犯罪。福特汽車企業充斥了如此多的職員，它甚至還有一種專門的特級職員，企業的策略規劃和分析職員 —— 他們負責監督所有的其他職員。

我不在乎福特或其他人運用這種體制取得了如何輝煌的成功；這樣一種工作環境是無法給大企業帶來良好聲譽的。在運行一段時間之後，這樣的一些企業必定會發現自己在吸引年輕有為、積極進取的有志之士加入企業方面困難重重，因為當你面對鋪天蓋地的事後品頭論足時，直覺管理和本能是根本沒有立足之地的。

克萊斯勒（Chrysler）汽車企業面臨的問題則恰恰相反。那裡的職員人數少得近乎荒誕，那些經理人們是如此野心勃勃，幹勁沖天，他們常常在上司有所發覺並進行干預之前就已經造成了數百萬美元的損失。坦率地說，這個企業領導手下能做事的職員人數是如此之少，這種狀況有時候令人都感到害怕。

我個人的感覺是如果我的員工會犯錯的話，我寧願它是因為人員過於精幹而不是因為過於臃腫，因為在人員精幹的條件下我們的決策速度正變得越來越快。當然，如果你非常缺乏人手的話，你在進行重大決策時就會像上緊了的發條般神經緊張，因為沒有人幫你收集足夠的資訊，除了今日外面的大氣之外，你所知道的屈指可數。但是，這並不意味著你就需要一批龐大的官僚來幫助你在決策過程中面面俱到，使得所有人的意見（尤其是老闆的意見）都被考慮進去。

當決策時機來到時，你不應該拖泥帶水、猶豫觀望。毫無疑問，不可能所有的條件都盡善盡美。事實上，它們中的一些不過是無用的資訊垃圾。你需要從其中進行學習，但千萬不要停止嘗試。世界上那麼多的性格內向者、碌碌無為者、膽小怕事者恐怕都是這樣來的，他們在年輕時遭到過挫折，嘗到過苦頭，或者是因為在一場彈球錦標賽中有過失誤，或者是因為在一次象棋比賽中操之過急，此後他們就成了驚弓之鳥，再也不敢冒一點風險。這種態度絕非生活之道 —— 當然，它也絕非營利之道。

對建立在一致同意基礎上的管理模式的大量紛爭事實上可總結為無關緊要的大驚小怪。這種管理模式的提倡者都是對日本管理模式的極度崇拜者。日本素來以管理中的一致同意或尊重多數人的意見而聞名。不過，我確信我對日本人了解頗多：他們仍然對道格拉斯·麥克阿瑟（Douglas MacArthur）記憶深刻並充滿敬意，並且，他們仍然對天皇頂禮膜拜。在我和他們打交道時，他們對一致同意管理模式大談特談，但是，在這一表象的背後總是隱藏著某個人，由他負責來做出最終的決定。

對於我來說，想像下面這幅畫面是非常荒誕不經的：豐田先生或者是索尼企業的摩利塔先生召集了一個委員會會議並說道：「我們要讓這個組織中的所有人，上至執行總裁下至看門人，都同意這個決議。」日本人的確是重視員工的參與及來自僱員的回饋。他們在傾聽員工的意見這一點上或許的確是比我們做得好。但是，你完全可以打賭一旦情況緊急時，決策的參與範圍肯定侷限於高層的管理人員，而我們卻在這裡耗費時間仿效某種在我看來並不實際存在的東西。

商業結構是其他結構的個體縮影。在 15 世紀時，世界上並不存在企業。不過當時有家庭，有城市政府，省分和軍隊，還有教會，所有的這些團體都有著一種長幼強弱的次序（我們無法找到一個更好的詞）。

第二章　企業領導的管理動態模式

　　為什麼會這樣呢？因為這是避免混亂和無秩序狀態的唯一途徑。否則的話，完全有可能會發生這種事：某員工在某天早上來到你這裡並告訴你說：「我昨天實在厭倦了給那些敞篷車塗紅色的油漆，所以今天我決定把它們全部換成淡藍色。」如果每位員工都如此自行其是的話，那你永遠都做不成任何事情。

　　所以，這種建立在一致同意基礎上的管理模式到底有什麼可崇拜的呢？就它的本質來說，它是非常遲鈍拖沓的。它永遠都不可能大膽冒險。在這種管理模式下，永遠都不存在真正的責任 —— 或者說靈活性。如果一定要找它的優點的話，我想我能找到的唯一優點是這種管理模式意味著方向和目標的連續性。但是，這種連續性很可能會導致沒有個性，而這又是一個問題。不管怎麼說，我不認為這種模式在別的國家能發揮作用。對於我們的企業家來說，從事商業活動的樂趣就在於我們的自由企業制度，而不是最大多數人的最大同意。

　　一些管理專家建議我們應當從日本引進的另外一個做法就是老闆應當態度隨和、平易近人。儘管這種管理哲學聽起來頗為民主，但我不認為它實際可行。假如老闆真的態度隨便、毫無規矩，那他的結局必定只能是跟羅德尼·丁吉菲爾德一樣，他將得不到下屬的任何尊重。

　　當然，另一方面老闆的確也不能過於冷若冰霜、脫離大眾。有一個總裁手下有 20 萬名員工為他工作，每年可以賺取 100 萬美元，他逐漸開始迷信自己的地位和權勢，認為自己永遠英明正確。他忘掉了應該傾聽他人的意見，最終在那群圍繞在身邊的阿諛奉承之徒的花言巧語下忘乎所以，終致慘遭失敗。

　　相對於一人集權式管理而言的授權管理是管理界的又一個熱門話題。哈佛商學院在那裡提倡「授權」，結果一呼百應，人們紛紛付諸實踐。但是，太多的人在他們將權力授予某人之後就只說不做，萬事不管。這也是隆納·

雷根（Ronald Wilson Reagan）為什麼會在伊朗危機中陷入麻煩的原因。

另外一種極端當然就是那些有著強烈統治欲的上司從來不放過任何一件小事，事無巨細，無一遺漏。例如：地產大亨唐納·川普（Donald John Trump）就有親自簽寫組織內任何一張支票的習慣。注意，我說的是任何一張支票。他是一個連每個美分流向了哪裡都要尋根究底的工作狂。非常顯然，這種風格很適合他，但是，在一個大型的組織裡，這種做法肯定會大大降低效率。

最終，你不得不從每種模式中吸取一點經驗。在就你一個人時，你不得不對著鏡子觀察自己，分析一下你的長處和短處。對於那些你得心應手、遊刃有餘的工作，你可以把它們留給自己，而對於那些你一籌莫展、束手無策的工作，授權他人來進行處理。然後，想方設法地向那些你授權的人學習。

希望你懂得如何進行良好的授權。即便你授予工作權限和責任的人是第一流的，你也必須讓他們知道你清楚地記得給了他們什麼，並且，你對他們的一切都瞭如指掌。

福特汽車企業的查利·比切姆（Charlie Beecham）就是一個優秀的授權者。並且，基本上來說，他所選擇的授權對象都是很合適的。如果哪一次我對他的選擇有所異議，他就會反唇相譏說：「哦，你就是我選中的。你到底有什麼可抱怨的？」但是，在他授權之後，他通常會讓手下的人發狂。他並不要求知道所有的一切細節，然而，一旦他踱進你的辦公室，坐到你的安樂椅上，並開口說道：「你到底在搞些什麼？我有三個月沒看到你了，但是你的卡車銷售糟糕透頂。」你就得趕緊小心了。

我把這種管理方式稱為「挑剔式管理」。許多人可能會說：「天哪，我可不希望有人這樣管我。」但是，查利卻由於他極具魅力的個性而在這樣做時不會引起任何人的反感。當他走出你的辦公室時，即便他剛才還對你冷嘲熱諷，你仍然會很高興他來看你了。

第二章　企業領導的管理動態模式

　　你不應該像熱鍋上的螞蟻般坐立不安，從而使得手下的員工甚至連找到洗手間在哪裡的時間都沒有。

　　此外，保持靈活性也是非常重要的。我本不想在這裡引用那句古老的陳腔濫調「管理是一門藝術，而不是一門科學」，但是，這的確是至理名言。某些企業的上司認為他們有一套系統，因而絲毫不關心在什麼位置指派什麼樣的人員。他們會說：「讓我們把 15738 號安排到那個位置。」彷彿他們是在把某個囚犯分配到某個牢房一樣。我想像不出怎麼能這樣進行管理。你必須適應不同人的特性來進行管理，否則的話，失敗將會是不可避免的。

　　人們有時候把商業活動看得過於嚴肅。商業活動並不等同於生活本身：在生活中充滿了悲劇因素，而商業活動則不是，在商業活動中並不存在你無法避免的災難 —— 只要你察覺到它們的到來並相應地採取調整對策。

靈活應變的管理模式

　　在過去的幾年中，有關管理的理論已經有了諸多闡述：X 理論、Y 理論、領導方格模式、目標管理等等。甚至還出現了一本告訴經理人們如何在短短的一分鐘內奇蹟般地學會高超管理技巧的書，就如有一位聖人蒞臨我們的工作場所，只需用手往我們的額頭一指每位員工就茅塞頓開一樣。此外，諸如告訴我們應該怎樣穿著打扮、怎樣整理我們的辦公用具，甚至午餐應該點什麼樣的菜一樣，其他讀物更是形形色色、不勝枚舉。坦率地說，我個人認為這些理論要麼過於深奧，要麼流於言表，它們中的絕大部分都只是一種對時間的浪費。

　　事實上，在實踐中存在三種管理類型。一些人能夠準確地預見到即將發生的變化並加速這一變化的進程。另一些人在變化已經到來時有所察覺，從而可以在還不太遲的時候做出相對的調整。還有一些人從來沒有察覺到發生

的變化，因而他們也壓根不會調整自己。其中，最後的這種類型總是被時代的大潮挾裹而去，或者被日新月異的變化所傾覆，並且，它通常總是涉及了某位傲慢無禮、剛愎自用的領導者，後者我行我素，多年來沿用一套一成不變的陳規舊習，並最終隨同這套陳規舊習被送進了歷史的垃圾堆。永別了，不能靈活應變的管理模型！

一個人的管理風格是那些你所知道並推崇的其他人的管理風格的精粹的融合，在這個基礎上，你最終能形成自己的獨特風格。所謂的管理並不是管理人，而是管理事。你需要的是領導人們。毫無疑問，這是非常正確的。

我從來沒有有意識地想去管理任何人，我只是想方設法地領導他們。

領導能力是一種很難定義的東西。當你被這種能力所包圍或者是你親眼目睹它時，你就會有深切的體會。作為一個領導者的重要內涵存在於你自己的大腦中在想些什麼 —— 你對自己該做些什麼，而不是你對他人該做些什麼。

領導能力的一部分就是不斷冒險，對你自己建立信心。在你的一生中，你不得不多次扮演學徒的角色。假如你能夠給我舉出一個從來不想當學徒的人的例子，我也必定能夠毫不猶豫地告訴你這個人永遠都不會有所作為。如果你想玩高爾夫球，你不得不以學徒的身分來學習如何打球；如果你想進入一個新的團體，你同樣不得不以學徒的身分來學習這個團體的規章制度。那些對自己缺乏信心的人很少有去做學徒的勇氣；他們害怕自己會遭到失敗。但是，也有一些人滿懷信心、毫無顧忌地去嘗試、去創新，並不斷地取得進步。

在實業界，那些缺乏信心的人的身邊通常充斥了一批慣會拍馬屁、阿諛奉承的小人，因為只有這樣才能滿足他們的自大心理。如果我的管理風格是到處支使他人，你可以以你的生命打賭這種作風會在組織上下到處盛行。在管理優良企業，那些才幹卓著、能力一流的人會發現他們的學徒期短暫得令

第二章　企業領導的管理動態模式

人驚訝。只要你具備相當的條件和能力，你就可以在管理層級上迅速地攀升，因為在權力金字塔的頂峰總會有你施展才華的空間。

領導能力是那種把良好的意圖轉變為積極的行動的素養，它能夠將一群散漫的員工組織成一個強大的團隊。無論是在商業活動中還是在政壇風雲中，我早就已經認識到人們熱愛一個高超的領導者。他們喜歡有魄力的舉動。

你的上司必須建立在以身作則的基礎上。你並不高高凌駕於你的職員之上作威作福、發號施令，但是，這也並不意味著你用虛假的表揚和讚譽來為他們打氣。

你可以做某些工作來建立一個組織，這樣的話，領導能力就可以在各個管理層級上發揮作用。

把你的注意力集中在組織目標上，而不是在組織規模上。你不能用規模來衡量一個地方，除非它是一個露天足球場。

想要找到一家規模龐大而運轉高效的企業是非常困難的。我完全知道規模經濟以及與規模隨之而來的諸多優勢。但是，如果你到企業內部深入地考察一下，你就會輕而易舉地發現在大規模組織內商業活動是如何地低效。在絕大多數企業的官僚機構的內部，無所事事的閒散冗員要比正經工作的人還要多。儘管大型企業在建立巨大的裝配線上獨具優勢，但是，它們在調整這些同樣的裝配線並使之適應變化的條件時卻困難重重。

由於和外面真實的世界互相隔離，絕大多數管理人員甚至注意不到正在發生的天翻地覆的巨變，更不用說一些細微的前線變化了。在我們的一些主要企業的高層人士中，真正具備遠見和深刻洞察力的人非常少。「美國人具有一種開拓精神，一種我們不得不將其擊敗的創新精神。」一位日本的官員在 1939 年這樣說，他是在當時認識到了美國式資本主義的真正力量而有此

134

感慨的。然而，時光並沒有流逝多久，在美國的實業界普遍的惰性就取代了創新精神。一旦國外的企業在我們的國土上縱橫馳騁，某些令人感到心痛的東西就清楚明白地揭示在我們面前。

汽車工業就是被官僚的惰性搞垮的一個典型產業。當美國的汽車製造商還侷限於細枝末節的改進調整、安於小成、不思進取時，日本和德國的同行卻在埋頭苦幹、臥薪嘗膽、集中精力研發更先進的汽車，終至後來居上。當發現大勢已去、優勢盡失時，底特律的汽車製造商只能急急如喪家之犬，跑到華盛頓請求救援和保護。規模龐大給它們帶來的所有後果就是應變遲緩、軟弱無力。

我們的目標就是讓盡可能少的人管理盡可能多的資產，相較於規模來說，營利是衡量商業靈敏度的更好的指標。

在領導過程中應忘記年齡界限，這意味著給予年輕人更多的機會。我對年輕人有著特別的偏好，但我同時也認為所謂的年輕是一種精神狀態。我所感興趣的只是一個人是否能勝任他的工作。

年輕人有時候的確是有一點輕率鹵莽，但是，他們通常很有創意，能夠提供一些絕妙的主意，這很好地彌補了他們前面的不足。在挑選員工時看重的應是他們的智力、態度與抱負。根據多年的經驗，我確信一個人可能在 30 歲時就暮氣沉沉、心如死灰，也可以在 70 歲時仍然精力充沛、生龍活虎 —— 這都完全取決於你自己。

在組織中不要拘泥於刻板的規章制度，應盡力創造一種平易隨和的組織氣氛。協商談判是進行商業交易的自然方式。儘管書面文字是保存記錄和記載細節問題的最佳載體，但談話有助於思想的交鋒，並能產生新的觀點。溝通對於一個組織來說至關重要 —— 我所說的並不是那種正式的會議，而是高層決策人員之間經常的談話。不管你們置身何地，談話都應該隨時隨地發生。

第二章　企業領導的管理動態模式

在存在良好溝通的條件下，就不會出現面對意外時的措手不及。我討厭這種情況，因為它令我感覺自己沒有掌控全局。

作為企業的員工，你必須摒除那種和執行總裁持有不同意見的恐懼。企業上上下下的所有員工必須使用同一策略。如果你不贊成某個觀點，要麼是大聲地說出來，要麼是永遠地保持安靜。

避免失誤的方法有千種萬種。但是，迴避災難的最佳途徑是保持順暢的資訊溝通。你並不需要身體力行地做出所有決定。但是，你必須保證廣開言路，集思廣益。如果你的下屬足夠聰明，他們必定會隨時與你保持聯繫，而如果你獲得資訊情報的話，你也就是參與決策的一分子。在這個基礎上，你可以很容易地作為下屬的堅強後盾，並且，它可以有助於消滅事後批評。

你必須遵守遊戲規則。每年我都要對大約 20 所大學的學生進行講演。我對他們的創新意識很感興趣，他們則對我帶給他們的豐富經歷感興趣。在演講中，我所強調的一個最重要的觀點就是他們無須為了在商業中取得成功而採取欺詐手段，甚至也無須放棄他們的原則。我告訴他們追求一門職業和打高爾夫球或網球並沒有本質的不同。如果要靠違犯規則來取勝的話，那未免就勝之不武、毫無意義。他們完全可以在堅持他們所認定的所有原則的基礎上來獲得競爭的勝利。儘管這個道理聽起來很簡單，但是，學生們的確是對這個建議非常欣賞。或許這是因為沒有其他商人告訴過他們無須欺詐也可以取勝。

在石油行業裡，可謂充斥了不遵守規則的誘惑和機會，但是我始終認為這是一種短視。我們立足於長遠的持續發展，如果我們因一時把持不定走了捷徑，那就會毀壞企業歷盡辛苦建立起來的良好聲譽。在企業的內部事務中，同樣應當遵守遊戲規則。

我們一直致力尋找的是能夠完美地完成某項工作的人。當我們找到他們時，他們毫無疑問會得到那份工作。我們不應把所有職責都攬到自己身上或

者是給自己太多的工作負荷，從而使得下屬沒有緊張的壓力感。

當某個人輕叩他的手指或透過其他一些小動作展示出他的個性素養時，不論這種個性素養是好的還是壞的，都不要忘記它。當我回望那些為我工作的員工時，我驚訝地發現我對他們的第一印象和最初評價與最終評價是如此相近。一個優秀的管理人員應當服從自己的直覺。

當然，在僱傭員工時我們會有失誤，在某些時候我們不得不解僱某些人。不過，在出現這種失誤時我會盡可能地多觀察一段時間，以便確定是否別無選擇。至於剩下的工作，不論你信還是不信，要容易多了。當人們無所事事或消極怠工時，周圍的工作夥伴是最為清楚的，此時最佳的選擇就是開除他們。

如果碰到以下三種情況，解僱某員工是非常明智的，在工作時飲酒、偷盜、在各個辦公室間串並建立非正常關係，所有這些都對組織的發展極其有害，更不用說與之相關的惡劣的工作習慣了。

一些人在一個快速運轉的組織體系中往往會感到煩躁不安。他們希望有更多的時間來思考或拖沓延遲。這種風格是行不通的。你不得不思維敏捷、反應迅速，從而避免手裡的工作堆積如山。如果你在這裡不快樂，那就趕緊離開。我無法想像終身都在一個我並不喜歡的工作職位上煎熬。它日復一日、年復一年帶給我和我的家人的厭倦和淚水是無法忍受的。如果要我將時間貢獻給一個我並不喜歡的職位，無論他們提供多麼高薪的待遇，我也寧願回去做自己喜歡的行業。

對一個運轉高效的企業來說，健康的員工體質是一個基本的組成部分，因為它不僅具備經濟效益，同時也極具精神和心理效益。在以後的日子裡，對健康體質的強調將日益增加。對任何關心員工的健康並希望繼續保持競爭力的企業來說，健身中心都是一項重要的財富。

第二章　企業領導的管理動態模式

「一小群健康人士的組合」幾乎可以做任何事情。正如我們的一個員工所說的，「我們就像（第二次世界大戰期間法國反德國法西斯的）抵抗運動的戰士們一般堅強」。

要確保讓盡可能多的員工在企業內部擁有員工股份。當我考察美國的實業界時，非常明顯，一個基本的問題就是企業所有權和控制權的相互分離。如果企業的管理人員和員工持有企業的股份，他們就會傾向於從股東的角度來思考問題和採取行動。而美國非常典型的現象是一家大企業的執行總裁僅擁有很少的一點股份，但他卻對高達幾百億美元的企業資產有著絕對控制權。結果自然而然，負責管理的經理人的目標完全類似於一個官僚的目標。管理的重心是強調更龐大的財政預算和不斷地擴張企業規模，而不是為作為所有者的股東們的利益服務。

並不是任何人都能夠或應該成為實業家，絕大多數人都只能是為另外一個人或企業努力工作。對絕大多數人來說，工作保障是他們非常關心的一個問題，而為一家企業工作或許比為政府工作能夠在這一點上提供更多的安全性。

這種導致如此多的人從事商業活動的對工作保障的需求同時也孕育和發展了一種企業文化，這種企業文化使得我們的組織更像是一個政府機構，而不是商業組織。企業的官僚們最終意識到他們不得不變得更具競爭力，而這就意味著要大量裁減幾個管理層。對所有的員工來說，這無疑是一個好消息，因為他們將第一次看到所謂的堅決果斷是怎麼一回事。

另外的壓力來自於企業家運動（或「創業運動」）。發展趨勢咄咄逼人的年輕人對他們有可能在其間迷失的大型組織堅決持反對態度。

企業從來就不是創立起來滿足員工或管理的所有需求的 —— 它們創立的目標就是為了營利。這是它們的首要目標，同時這也應該是管理的目標。優秀的管理人員都懂得為股東們贏取利潤，並在這個過程中同時為員工和消費者服務。

最後，享受我們的工作並以之為樂。我們的工作或許是很艱辛繁重，但是，沒有人為之頭疼沮喪。我們在工作中得到很大的樂趣。如果我們能夠振作起來，那麼所有的人都能夠振作起來。我們前進的速度很快，這通常意味著發展中的優勢。

當你往裡面移動並切斷對方的退路時，這就和手球式牆球運動一樣。你的對手認為你將要讓球入牆，因而他覺得自己還有一秒鐘的時間調整策略。或許你此時還沒有完全準備好，或許你的腳所在的位置並不是最佳位置；你或許並不是處於在頭頂上擊球的最佳時機，但是，你準確無誤地擊進了球這一事實卻足以毀滅你的對手的如意算盤。在商業活動中，這一道理同樣適用。

許多企業常常是制訂 2 年、5 年或 10 年的發展規劃。而實際上，每隔兩年企業的面貌就會有大的變化。一旦計畫確定下來，我們並不指派專人成立委員會，而是把更多的時間和精力用於研究和討論上；我們不應注重精美的幻燈片展示。我們應該決定我們想要做什麼，然後就全力以赴地去完成它。

人們有時候把商業活動看得過於嚴肅。商業活動並不等同於生活本身：在生活中充滿了悲劇因素，而商業活動則不是，在商業活動中並不存在你無法避免的災難 —— 只要你察覺到它們的到來並相應地採取調整對策。如果你掌握市場的奧祕，那麼你在一個蕭條的市場裡完全可以取得跟在一個繁榮的市場裡同樣的業績。商業活動就像手球式牆球運動一樣，是富有趣味的。

什麼是教導人們成為工程師的正確方法？顯而易見的，我們應該讓他們成為富有創造力的人，至少能夠輕易應付新奇的事物，隨機應變，甚至能夠享受新奇與改變的狀態。教育不再是唯一的學習過程；更重要的是性格訓練或員工的訓練的過程，而且這種情形會越來越普遍。因為我們所談論的是一種人、一種人生觀、一種性格，因此有創意的產品、科技的創新和符合美學的產品與創新，已不再重要。我們必須著重於更有創造力的工作流程、態度和員工，而非財富本身。

打破常規的經營絕招

在我們的社會裡，企業的功能未完全發揮，價值也被過度低估。這些企業家 —— 經理人、整合者、組織者和規劃者 —— 自己低估了本身的價值，認為自己是舊式的剝削者，沒有真正地進入職場，沒有任何的貢獻。因此，他們對自己所獲得的報酬容易產生罪惡感。

產生這樣想法有兩部分原因，一部分原因是與舊的觀念有關，他們以為工作就必須流汗、付出勞力；另一部分原因，可能是誤解了發明的本質。

談到發明，我們都以為它們是靈光乍現的結果，就像是長久的黑暗突然有了光亮，長期的無知變得有知；它代表一個全新的發現，這項發現未曾存在過；但是這樣的想法其實是大錯特錯。事實上，任何一項發明，即使是小說創作，都有它的歷史軌跡。它是分工合作的結果；發明可能來自於突然的集成，也可能是過去已知的零碎、未成形的知識，突然間達成某種程度的整合。這種瞬間的靈感是完形思考的成果，而非無中生有。

如果真是如此，那麼發明與行政設計的區別就變得毫無意義。行政設計或管理上的發明，例如溫徹斯特軍火企業或福特汽車的生產線，都是把一個領域一個領域的知識納入一個整體中，然後產生巨大的作用。

如果我們願意的話，可以將社會性發明與技術性發明分開，但其實沒有太大關係。從某個意義上講，發現一種可以改善妻子與丈夫之間溝通情形的方法，這也算是一種發明。

此外，企業家計畫或前景 —— 也就是認知未實現的需求以及看出對企業家和員工有益的發展方向，這些行為也可以算是一種發明。

問題的關鍵是，我們必須計算創業機會以及企業家數目的多少，區分好而進步的社會與退步的社會。我覺得，每個人應該都會同意這種看法：最有

可能導致社會退化的 100 個人，不是 100 位化學家，也不是 100 位政治家，更不可能是 100 位教授或工程師，而是 100 位企業家。

用這種方式來描述，企業家內心的罪惡感就可能稍微減輕。他們會明白自己相當的重要而且具有關鍵性的地位。

我自己的觀點是，對於企業家的回報，除了金錢的報酬之外，其實還應該有其他的報酬形式。企業家也許值得大筆數額的金錢報酬，但是高額的收入也會為他們自己帶來麻煩。從理論的角度來分析，企業家、組織者或領導者，可以獲得金錢以外的其他報酬。在一個高度協同的社會，例如印第安黑腳族人，領導者的報酬包括獲得眾人給予的榮譽，他走到哪裡都會受到族人熱情的招待以及問候，儘管這些領導者常常身無分文。這就是偉大富人的部分特質 —— 完全的慷慨。一個人財富的多寡應看他能賺得多少並給予多少。

舉個例子來說，英國爵士封號就是一個極尊貴的獎賞。我想也許有一天，我們給予一位偉大領導者或發明者的獎賞，就如同天主教那樣簡單，授予一件灰色長袍，但所具有的心理學上的報酬力量與一筆巨額獎金是沒有什麼差別的，也許更多，這只在於社會對報酬的看法。如果一個人受到大眾的仰慕、尊敬、喜愛、認同、讚賞與歡迎，金錢報酬的多寡也就不再那麼重要了。

假如我說這項原則適用於各種社會、各種生態體系，那麼我的觀點就非常清楚，不會遭到任何的扭曲。所有擔任推動者和協調者角色的人，在任何的社會形態中，都有其必要性與價值存在，即使這會與保持現狀、不改變的需求相互衝突。當然還有其他相關的因素，如社會的綜效程度、剝削程度、階級化程度等。

麥克勒蘭在這一點上論述得非常明確。

經典剖析：萊特與艾莉平探討開明領導特質

　　大衛‧萊特是阿姆德企業執行長，也是美國矽谷高科技行業中的佼佼者。高科技產業屬於轉變快速的產業。而大衛‧萊特非常適合這個轉變快速的產業，他具有高瞻遠矚的眼光，平穩務實的作風，對高競爭、高風險、高快捷有著極強的應變力。

　　林達‧艾莉平則是裴伯利斯學習企業執行長，這是一家異軍突起的網路企業，就像其他數以百計快速發展的美國企業一樣，他們改變了美國的企業版圖。艾莉平是一個資深的企業策略專家以及矽谷地區的領導者之一，從艾莉平身上可以看出未來領導者的特色。

　　在成為美國企業界領導人之前，大衛和林達曾經在同一家企業做事，不過兩個人卻從來沒有真正一起共事過，他們同樣都是個性激進的領導者，並且把對方看成敵人，互不往來。不過，他們在晉升為管理階層之後，作風和以前大不一樣了，他們都深深受到馬斯洛思想的影響。經過轉化工作關係的流程後，他們發現工作環境也跟著改善了許多。

　　林達：我曾上過一門管理發展課程，我的第一堂課以及第一件要求做的事是處理最難共事的員工。當我看到最難共事的員工列表時，發現大衛也名列其中，我記得當時是這樣描述他的：

> 他是一個對領導職務熱情的參與者，他非常討厭我，並曾一度想置我於死地。他沒有一個完整的管理理念，只注重金錢的數量和員工的自我得失。

　　我這個管理課不只是只要求過目一下，還要求處理方案。所以，我下一個功課就是要寫出我要怎樣處理我們之間不友善的關係。事實上，這門課程就是要告訴你可以採取哪些行動，避免採取哪些行動。目的不是要改變他，而是要改善我與他的關係。我做的答案是這樣的：

避免跟他討論有關策略性的問題。

先過濾和他的談話內容，並且盡量把話題設定在「和他身旁有關的事」。

從實務的話題開始。

不要存在太多個人化的想法（不要先入為主）。

這些是我第一次所寫下的一些問題。現在我發現完全誤解了他。我想這種錯誤的判斷經常發生在企業裡。

大衛：關於這一點我不否認，而且我也知道林達不喜歡我，這我早就知道，畢竟我是搞業務的，對這方面很敏感。我可以很快就知道顧客是否喜歡我，這是一種直覺。我一直沒有真正去了解我與林達之間到底出了什麼問題，也沒有時間好好想一想，並不是我不在乎，只是我實在是太忙了。後來我了解不同職位的人，會有不同的想法。因為經常和客戶接觸，你會很快洞察他們心裡的想法，也比較能夠理解人們的立場。我現在正全力向前衝刺，所以必須集中精神。在那個時候，我不知道自己是否要出馬角逐執行長這個職位。

另外有一些企業特別是一些小型企業的領導人有一種「唯我獨尊」的心態，別人只能順從，否則就請離開企業。你在商界中待得越久，就應該越明白，必須對很多情況做出更多的妥協，調整自己的心態。你必須對人以及對這個世界有更多的了解，必須了解每位員工對事情的看法。林達給我的啟發比我自己身旁的老友還要多，我的朋友往往只會跟我說「好，是的，你說得對」。他們跟我很相像。不過，我心裡也明白，如果我希望能在矽谷長久工作下去，就不能只與意見相近的朋友接觸。事實上，企業裡也的確存在著「大衛之友」類似的團體，一直到我開始進行阿姆德企業總裁的角逐活動時，才知道這個組織的存在。

林達：完全如此，因為那些人已完全察覺到這種做法的必要性，如果你是大衛的朋友，就可以繼續在這家企業大展拳腳，如果不是的話，可能就得隨時準備離開這家企業。

第二章　企業領導的管理動態模式

大衛：我當時的情形是我以為自己對整個情況都有所了解了，可是，當我知道林達對我的態度後，我一下子猛醒過來，我感到非常困惑。我在想，她是不是上帝賜給我的恩賜，激發我不同角度思考，促使我改變對事情的看法，或者應該對她的態度感到不安，提防她可能對自己做出攻擊。因為很明顯地可以感覺到，這個人真的不支持你，不喜歡你，這種感覺就好像是，你突然間接獲得一些不一樣的東西。

當我與林達面對面交談時，我仍不忘提醒自己，面前的這個女人擁有與他人不同的見解觀點，不是個平常人，當雙方真正開始交談，我就知道她真是老天給我的一項恩賜。她在財務方面的知識非常完整，而且比較善於策略性思考（到今天都還是如此），她可以從不同的角度看事情。

林達：善用策略很重要，它可以使你能夠傾聽到各階層人的不同心聲，促進你多角度思考問題，要求你挑選某項領域有特殊專長和知識的人才，它使你免除了高處不勝寒的境況。當你處在企業的高層時，情況和你作為一個中級主管時完全不一樣。如果你只是一名中級主管，就有機會和很多人交換意見，可以趁機吸收到很多不一樣的知識。但在辛苦爬到高位以後，你身旁的人無法給你任何的忠告。

大衛：不錯，應該是這樣。其實，我發覺我真的很喜歡林達，同時，我認為她也應該喜歡我。因為雙方的關係明顯地得到改善，所以激發了我們一起工作的動力，並且以很積極的方式進行。

林達：領導者各有各的領導作用，而我這個領導者所起的作用主要是推動作用，我努力和每個人坦誠相見，互相交換意見。就像很多突然間崛起的新興企業一樣，我目前也面臨到一些危機。我們曾經舉辦了一種腦力激盪的會議，花了好幾個小時演練各種可能發生的情節以及應對的策略。在會議過了幾天以後，我開始質疑自己的管理方式是否應該更專制一點，因為我正面臨前所未有的危機。雖然我不相信獨裁管理的效用，但是先前的管理模式在

當時卻使我陷入了危機。當時我發現，當企業發生危機時，就必須回頭實行獨裁管理。不過，現在我認為危急情況不適合實行獨裁式管理，它已經沒有任何的生存空間。

在那次會議後，每位員工都自動告訴我目前所採取的行動，讓我知道最新的狀況。如果實行獨裁式管理，就無法激勵企業以外的重要相關人士採取行動。

大衛：獨裁管理只代表一個方向，但並沒有必要去控制或命令你的員工。

林達：是的，我完全同意。但是，在過去如果企業發生了危機，我認為如果有一個做事果斷的獨裁者，則會很快處理好整個混亂局面，有了一次經驗後，我開始思考獨裁管理的必要性。我和一些極優秀的人一起工作，他們真正改變了我的認知。我覺得管理還包括招攬好的人才，而不只是找來一些所謂的專家。這些好的人才喜歡發表內心的意見，不以自我為中心。

我曾經和 3 到 4 位前總裁開過會，他們每個人都拋開了自我主義。一位好的團隊成員和舊有的模式有所不同，重要的是你必須與其他員工有良好的互動，成為團隊的一分子，而不是盲目地順從。這是力量與意願的整合，願意傾聽和參與，而非要求絕對正確。這與我們以前的運作方式有很大的不同。

大衛：這是以前我所信奉的制度。不過毫無疑問的，現在的做法已經不一樣了。我想你看到了在矽谷工作的這些人。這是一個非常成功的優化組合。思科企業的約翰·錢伯斯可能就是我們現在談論的這類人，他是一個心態相當平衡的人，了解他自己來自何處，想要做什麼；只要覺得有必要，他很樂意讓別人成為領導者，帶領他。

以前人們特別看重知識，認為知識就是力量，而現今到處都是知識，但如果你想做一個販賣知識的經紀人，我想你很快就會戰死沙場，在經濟市場

第二章　企業領導的管理動態模式

上消失得無影無蹤。你會搞不清楚自己身處何地。因此，我認為現今的執行長角色也應該跟隨實際的環境做些調整，但是本質上還是不應該改變自己的風格，只要改變你扮演的角色就可以了。有時候你必須扮演士兵，而有時候你必須扮演一名班長，有時候只要坐在課堂上聽別人講話就可以了，不管你是國家議員、科學家或會計師，或是一家企業的執行長或是專案經理人，這些都沒有多大關係，重要的是你是這家企業的一分子，彼此都為一個共同的目標在奮鬥。

當我把這些想法、見解整理出頭緒並寫出來時，我心裡越加明朗。這個過程讓和我一起工作的員工認識到，我和他們擁有同樣的追求價值和方向。

林達：員工的覺悟是個很難解決的問題，相對而言，企業的盈虧反而是一項很容易解決的問題，因為管理者必須花更多的時間，激勵員工徹底執行企業的目標，並全心投入工作，激發他們的創作能力，對企業做出最大的貢獻。

大衛：我認為，企業團體不應帶有政治色彩或像是一個政府單位，它應該擔負起改善世界的角色。企業領導人都應該把了解人的問題看作了解企業本身。當我們繼續利用科技教育人們以及學習新東西的同時，也必須關心並且把焦點放在窮人的身上，尤其是第三世界。因為科技是無國界的，我們是全球性的，是一體的，如果沒有基礎建設和價值，將不可避免地造成全球性的問題。關於人這項「軟性」議題，對我們居住的世界是越來越重要。

第三章　塑造企業形象的行銷模式

現代行銷中，推銷產品是普通層次的行銷，它只注重於財富累積。推銷服務是較高層次的行銷，它不僅僅只是關心企業自身的利益，同時還關心如何從某一方面改善消費者的生活。推銷觀念是行銷的高層內容，透過行銷使顧客接受一種觀念，改變顧客一種態度，致使顧客建立起不易消除的印象。其實，塑造企業形象就是建立一種適合企業特色的行銷模式。

管理系統為你的管理心願能夠在實踐中付諸實施提供了最佳途徑——這也是你的企業擴大規模及市場占有額、增加長期營利的最佳途徑，此外，它還提供了有效管理的延續性和持久性。一旦將其轉變為實際行動，那種管理心願和管理理念能夠為任何企業帶來源源不竭的利潤，而且隨著眾多企業的發展壯大，自然可以為國家創造出無限巨大的國民財富。

—— 馬斯洛

目光遠大，開闊眼界，建立整體性的邏輯思維，把事件的前因後果都考慮到，這是開明的業務員必須做到的。原因在於，如果你希望能與顧客維持長久的關係，就必須改變顧客與業務員的關係。

推銷策略的核心理念

　　企業在常人眼中，總是在追求一個永久的健康發展，以及在經營上的持久性，那推銷員與顧客的定義則須重新認識。現在對推銷員與顧客的關係往往被認為是欺騙者與受騙者，不是顧客瞞哄推銷員，就是推銷員欺詐顧客，我們常常談論誰受到欺騙，誰受到剝削，誰被占便宜。有時候顧客被認為是一隻溫順的綿羊，任由聰明的蚊子或水蛭吸食，換句話說，顧客被視為一隻寄主型的生靈，天生就是被人利用的。

　　推銷員在人們心目中造成的定勢，就是追求在短期內產生效益的一種人，也就是說，推銷員是一個但求今天、不問明朝的人。業務人員希望在最短的時間內，取得最大成果，快速獲得成功。他在最短的時間內把商品出手，而沒有太多的時間思考下星期將有什麼情況發生；他也不會思考企業未來會有什麼變化，其他部門的銷售情況如何，或市場將發生怎樣的演變，他只關心現在：他不僅眼光短淺，同時視野狹窄。這就是目前大家所公認的推銷員典型。他最重要的目的就是銷售產品，在任何情況下都是一樣，不論產品有多糟，環境有多壞，均能銷售出去，這就是所謂的優秀的、成功的推銷員。

　　不過，一個企業如果要追求連續經營，就要首先考慮到所需推銷員的類型以及需要他們與顧客如何相處的策略。首先，推銷員的眼光要放得長遠，視野要夠寬闊；他考慮事件的因果關係，建立整體性的思考邏輯。

　　如果你希望與顧客保持長久的關係，就必須改變企業與顧客之間的關係。我們不妨設想一下，顧客所要的是最好的產品，如果他們是聰明的、理性的、有道德的，他們會以合理的方式選擇物美價廉、真實可信的產品，在他們做出選擇時，會考慮推銷員的道德感與可信任度。如果他發現自己被騙或察覺情況不如他所想像中的好，就會轉變態度。

　　說到這點，我想起以前與我合作過的一家小工廠的老闆。那時我怕麻

煩，每一次供應商把貨運到工廠來時，我都跟他們講，我不想花時間檢驗，我完全徹底地信任他們。我說會下單給他們但是不想驗貨，如果他欺騙了我，那我會做一些補救措施，然後把錢要回來，當然，從此以後也不會和他們有任何往來，欺騙我的廠商也會喪失與我合作的機會，也失去我們僅供參考以及對他們的信任。

但這些想法後來竟不幸變成了現實。有一次，某家供應商送來一批品質不合格的產品，我把貨退回去，也把錢要了回來，並且告訴該推銷員不必再送貨給我。不管他把價格壓得多麼低，我都不會再接受他的任何一件產品。後來他不斷努力以低於一般行情的價格，想吸引我再回去買他的東西，不過，我還是斷然拒絕占這種便宜，從此以後，沒有買過他任何一件商品，再也沒有和他打過任何交道。

其實，是他自己用他拙劣的欺詐破壞了和我的商業友情，這樣的行為不但會失去了客戶，而且必將導致企業的破產。他完全聽不進我的忠告。長期下來，這名推銷員將會摧毀他公司的信譽，因為我們是長期發展的企業，所以這一點就變得更重要，也就是說，「一個心智健全的客戶」不喜歡被玩弄欺騙，如果和他往來的廠商對顧客總是用真誠相待，他心裡自然也會充滿感激，供需雙方的關係也會越來越好，彼此之間的生意往來自然會更加密切。

另外一方面，推銷員應該時刻站到客戶的立場上看待問題，盡自己所能提供最好的服務，推銷員用自己的真誠協助客戶，甚至有時候建議顧客購買競爭對手的產品而不買自己的產品，因為如此一來，會讓他對你產生信任感，如果你企業的產品品質有所改觀，顧客就有可能回頭購買你企業的產品。

推銷員幫助客戶買到好的商品，甚至有時是競爭對手的產品，這是一種美德，但並非每個人都能做到這一點。優秀的推銷員應該把這種行為視為一種正義以及美德的表現。雖然他會因為失去生意而受到損失，不過這都是暫時的現象，長期來看，對他自己或是其他人而言都是有利的（至少以較高程

第三章　塑造企業形象的行銷模式

度的需求以及共同需求的角度而言）。當然，這需要相當程度的客觀性以及超然的態度。

事實上，在社會生活中也能看到這項美德。例如：一位神父如果失去信仰，雖然這是私人的問題，只隱藏在他心裡，但他還是會很有風度地辭去神職。

同樣的情況也發生在政治領域中。政治人物如果不同意政府的做法，就會辭職不做揚長而去。如果良好的情況可以維持一段時間，我們就可以期待這種溫和、客觀以及誠實的美德，希望它會越來越普遍。愛情中當然更不例外。

但要讓一個企業家或推銷員去建議顧客購買競爭對手的產品，恐怕大多數會想不通。不過，我認為，這對於一個健全發展的企業是有益處的。也就是說，在一個健康良好的環境下，這樣的做法長期而言是有利的。安德魯・凱伊曾經嘗試達成這樣的理想狀況，例如：費盡心思去賄賂人家，或是請人吃飯，或是建立虛假的朋友關係，目的只是要引誘他們買你的產品。凱伊曾經自問：「這是什麼樣的生活？如果我必須做一個言不由衷的偽君子，強迫自己去和我不想交往的人做朋友，那我的生活將會變成什麼樣子？如果我連拒絕的權力都沒有，必須被迫和自己不喜歡的人共進午餐，那麼我情願不做生意。」

假如一個推銷員去誤導顧客購買次品，或去賄賂客戶來建立合作，我們就不應再信任他，如果顧客是理性的，這樣的做法會讓他更加懷疑產品的價值。真正好的產品不需要利用這種欺騙的手段，正直的人會對這種賄賂的行為深惡痛絕。

企業都應這樣認為，在良好的市場環境下，最好的產品一定能夠占有市場。應大力提倡合理、公平、開放地競爭。因此，他們對於任何違背這種規則的行為，會感到極為不滿（我們必須舉出更多實例，證明任何對客戶的付出，其實不只是為了客戶，也是為了企業本身）。

因此，開明的推銷員與傳統推銷員具有不同的角色功能，他除了了解自己的產品外，還必須清楚市場的現況、顧客的需求以及產業競爭。事實、公

正、合理與開放都是推銷員應該信奉的。請記住，這不只是道德上的考驗，更重要的是它能為企業帶來長期的利益。

不過，我們最好以綜效的角度，整理出最後的結論：一方面，當環境與人性發展達到高度的綜效性時，自私與無私、員工利益與大眾利益不再相互對立或排斥，而是相互融合為一體。另一方面，我們可以說，推銷員必須是誠實的人，可被信任或相信的，而且是溫文爾雅的。

最後還要特別強調一點，也是在其他相關書籍裡沒有提到過的，推銷員必須具備銷售以外的能力。一名好的推銷員就等於是企業的耳目，就像是企業的外交大使一樣。任何一家企業都應該定期對客戶做出回饋，關心市場的需求，了解市場的滿意度。業務人員就是負責蒐集市場資訊，以及對客戶做出回應以及回饋的人。他如同企業的副總裁，除了銷售外，還必須負責未來產品的創新與開發。

推銷員、公關人員、對外代表或是行銷人員，不管如何稱謂（推銷員的名稱不是很恰當），必須具備企業內部每一位員工的角色功能，當條件允許時，某一項功能特別重要：例如：他是負責未來產品創新的副總裁，但同時也是負責產品銷售的推銷員。

把自己變為操縱者是開明的推銷員應堅決摒棄的念頭，這是看待未來行銷者的另一個方法。傳統的業務人員，都把自己想像成一位操縱者，一位心理學家，可以隱瞞重要的資訊和真相。但是，開明的推銷員和行銷人員則公開所有資訊，誠實地告知事實真相。這樣的做法需要一定的勇氣。並且，現今的推銷員恰恰缺乏這樣的性格。因此未來開明企業必須以各種方式積極培訓推銷員，並僱用具備特定個性的人擔任推銷員的工作。

應該購買最好的產品，獎勵最優秀的人。各種干擾因素只能使美德、正義、真理和效率歸於失敗，因此必須把各種干擾因素降低最低點，直到完全消失。

第三章　塑造企業形象的行銷模式

行銷的奇妙衝擊力

只有在理想的狀況下，即產品優良而有價值的前提下，才能談到開明的推銷員和開明的顧客。如果產品品質次劣，Y 理論管理反而對企業有害。只有在環境良好，每個人都信任產品、認同產品並引以為傲的時候，Y 理論才能發揮作用。相反，如果產品不佳，必須用欺騙隱瞞的方式推銷，只有 X 理論型經理人、顧客和推銷員才能適應。如果 X 理論可行，就表示對產品以及顧客的理性態度（假設他沒有能力挑選最好的產品，容易受騙上當）不信任。事實上，當我們了解顧客的理性程度後，就能明白必須採取哪一種管理原則才能成功。低度理性的顧客適用 X 理論，高度理性的顧客則適用 Y 理論。

一家企業如果想要永久經營，維持健康平穩地發展，就必須和客戶建立非操縱性的關係，而不是騙了一次錢，從此和客戶說再見。

市場行銷的新動力

用最短的時間來獲得利潤，只看重短期效益，這是人們對推銷員傳統的印象。他們往往被稱作一個比較「實際」的人，這類型的人剛好和「理論型」的人恰恰相反。意思就是說，前者比較注重短期、狹隘的利益，後者則是著眼於長期而遠大的利益。「實際型」的人，缺乏延後的能力。他需要快速的成功和勝利，這是顯而易見並可以測試的。對他來說，「現在」指的是接下來的數小時或數天；但是對於理論型的人，「現在」則可延長至數年的時間。

我之所以說時間短暫或空間狹隘，是指「實際型」的推銷員，只考慮到最近幾天計畫辦成的事，並且只為此事盡快辦成而絞盡腦汁。但是對於一位理論型的推銷員來說，他會開始預想從此時起，在相同的地點和空間將會發生什麼事。實際型的推銷員根本不注意企業中銷售和工程等其他部門的營

運，也就是說，實際型的推銷員不會展望遠景，思考可能的後果、相關的規範、商品的一貫性與不一貫性或是因果關係。

所謂整體性的思考方式，並非是單向的因果鏈，而是由中心向外擴散的無數個同心圓，或是由數個綜合體所組成的一個整體。理論型的人能夠意識到長期而遠距離的後果，但是實際型的人則很難做到這一點。

或者可以這樣說，只能就具體某件事或某段時期來思考，這是實際型推銷員的一大共性。他總是會被眼前發生的事情所吸引，對看得見、摸得著、聞得到的東西感興趣，對於眼前沒有的、未來可能發生的事情，則不能預先做出反應。

據我看來，不管處於哪種社會形態中，人們在實際性具體性上都有所差異，這就造成人的性格也千差萬別。我認為，當開明管理越受到重視，就越不需要實際而具體型的推銷員。性格的差異性仍需存在，但會明顯減少差距，我們可以妥善運用性格的差異，但是極端的實際性格則很有害，它會造成員工的孤立，對於推銷產品的推銷員來說，反而阻礙他與顧客之間的人際溝通。畢竟，開明社會必須有一定的整合度。原子式可以用來描述非開明社會的情形：分散、支離、低度的整合與運轉。

不過大家都明白，造成這種差異主要是性格上存在差異。我們傾向於對立的特質，描述理論型與實際型人格的不同，一個理論型的人，絕對不會有實際型人格的特質。但是我們從心理健康的人身上發現一項事實，心理健康的人具備所有的特質。心理健康、理論型的人，其實具備了理論型和實際型的特質，能很容易適應環境。屬於實際型的人或推銷員，只是比較實際，但並非任何人都如此。當客觀環境要求時，他仍可以變得較為理論性。性格上的差異只是程度有所不同，而非絕對的有或無。

就算在開明管理的情形下，理論型或實際型的人仍然可以大有作為。我們不應該將實際型的人視為不必要或病態的。我們所要做的是，修正或調整

第三章　塑造企業形象的行銷模式

過於極端或過於對立的特質。從前推銷員從不考慮明天會發生什麼情況，也不願以超然的態度思考，更不會想到他的行為會導致什麼後果。我們所要修正的就是這種刻板印象。

但我又突然想到一點，實際型的推銷員，一般受過去成功的影響較小。對於一般人來說，一年前的成功仍是強化自信的重要因素。但是實際型的推銷員不同，他需要不斷地成功，就像好萊塢的導演所說：「我的最後一部電影才是最成功的。」實際型的推銷員則會說：「我的最後一筆交易才是成功的。」

理想的推銷員，不管面對什麼樣的情況，都能自信地支配和操控顧客，足夠的自尊與自信是推銷員必備的特質。為了化解衝突，從容應付各種各樣的顧客，必須擁有穩固的自信和自尊，相信自己能夠成功。另一方面，推銷員不可以有絲毫的顧慮或遲疑。他們不會虐待自己，渴望贏得勝利，不願成為失敗者，他不願為自己帶來災難，不願受到懲罰，不會因為勝利而感到罪惡，不期望因為勝利而遭受懲罰。這些特質都是可以測試的。

要想測試一個推銷員對他人的欣賞程度，我建議可以利用他的合群度，對企業的熱愛程度以及與陌生人的適應快慢。如果推銷員將自己視為某種麋鹿或是駝鹿，和其他的麋鹿互相打鬥，並且喜歡享受打勝仗的感覺，自然而然的，就越來越缺乏幫助別人的意願，缺乏類似父母兄弟的親情，不具有醫生或心理治療師的人格特質，無法從減輕人痛苦的行為中享受快樂，他們對愛的認同不高，同時對愛的施予也不夠廣泛。

比起其他類型的人，他們幾乎沒有綜效感。這就形成了一種叢林式哲學，而好的推銷員會將其視為一座可愛的叢林，充滿樂趣、良性衝突以及勝利的滋味。這個環境為人所喜愛，他有信心可以在叢林裡打敗其他人，這些人不如他優秀、不如他堅強；也許還帶有一點輕視，因為這些人無法獲得他的認同與喜愛。

要想真正去探討「優秀推銷員」這個議題，則必須首先了解到，X理論

與 Y 理論管理都需要不同性格的人。優秀的 X 理論推銷員與優秀的 Y 理論推銷員不同。當然,這在選擇人員或選擇對人員的培訓都是重要的。優秀的 Y 理論推銷員能意識到他與企業的連帶性,更能認同企業以及企業內所有的人。他將自我認定為企業的大使或代表而非一個獨行俠 —— 只追求自己的利益,他甚至扮演了企業與顧客的溝通橋梁。

在 Y 理論環境中,操控的成分會降低許多。這其中當然有許多因素,最重要的因素是 Y 理論推銷術幾乎強調完全的誠實和坦白。一家企業如果想要永久經營,維持健康平穩的發展,就必須和客戶建立非操縱性的關係,而不是騙了一次錢,從此和客戶說再見。這也是為什麼 Y 理論推銷員必須有較長遠的思考的原因。

其次,Y 理論推銷員必須轉換一種觀點,他一定不會僅僅認為自己是一個勝利的征服者,而應該把自己納入企業這個有機體內,認為自己是企業的感覺器官,從而從顧客身上為企業得到寶貴的回饋資訊。Y 理論推銷員不只是在推銷產品,他更希望能與顧客建立實質的關係,因此推銷員可以蒐集寶貴的顧客資訊,使得企業得以據此改善產品。這時必須改變推銷員與顧客以及推銷員與企業的關係。他具有兩種特定的身分,既是企業內的員工,也是顧客的一分子。如果他將顧客視為易受騙的綿羊,就無法把工作做好。

不可否認,每個顧客都會對不好的產品產生抱怨和拒絕,這就引出了一個共同善意的問題。可是,推銷員和企業只能從一些良好意願的客戶那裡得到這些東西。其實他們不是抱怨,而是提出正面的建議,協助企業製造更好的產品。有些顧客超越應有的責任,竭盡心力協助推銷員或企業。例如:一家地區性電臺公布要進行一項調查,讓聽眾說出他們喜歡或不喜歡的節目,他們解釋這樣的做法,為了更好地銷售廣告時段。其實這已經超越了它應有的職責,但卻讓人們對這家電臺產生好感。這種顧客與推銷員的關係即是非叢林式的。

第三章　塑造企業形象的行銷模式

　　從長遠性角度考慮，我就自然而然意識到，在管理政策上應該運用機體論。經過長時間理論和實驗的證明，如果人們以長期的觀點思考，例如一世紀，那麼就能保證企業的長期成長。如果要迅速理解人本管理的特質，你可以問經理人：「你希望死後企業還繼續發展下去嗎？」如果他想要移交給兒子或孫子，那麼他的行事作風，與其他不在乎自己死後會發生什麼事的人就完全不同。具備長遠思考的人，與顧客的關係是建立在誠實、坦率、善意、公開以及統一的基礎之上。

　　機體論運用到實際中確有這種效果。在良好的環境中，假如一個人能認清企業與社區、城市、國家和世界之間的相關連繫，就不會只注重短期效益，長遠思考也是其決策的一個主要因素。有些企業將自己視為完全獨立的實體，不屬於任何人，也不與任何事物有關連，甚至與所有人相互對立。他們欺騙那些短暫停留、而且永不再來的觀光客。對於那些具體思考、注重短期效益的人來說，觀光客要好騙多了。但是如果希望企業能永久經營，並與社會建立良好的關係，就不應該成為上述的大騙徒。

　　與此類似，全新整合性的法律概念與現有法律制度也存在差異。現今的法律採用二段或三段式辯論的方式，或是被告與原告二者之間的辯論，正義、真相等等已不重要，他們在乎的是如何利用規則贏得勝利。但是在整合度更高的社會，被告與原告仍然存在，除了為自己爭取最好的權利外，他們更重視的是伸張正義、公開事實真相。

　　即使在開明的條件下，我們仍需要好的推銷員（為了強調全新的態度和角色功能，也許我們可以稱他們為行銷人員）。在任何情況下，一位優秀的行銷人員一定會竭盡全力，介紹自己產品優點，而且採取完全中立的立場。我們可以說，這樣的做法才能真正產生效用。在任何的社會體制中，甚至是社會主義或資本主義，都必須有人說明某項產品的優點和必要性。如果他們能夠真正理解其中的道理，就會將權力下放，對於特定工廠的管理給予一定

的自治權。

賄賂和欺詐行為，是為 Y 理論推銷術所不齒的。這不僅僅是道德上的考驗（當員工或組織越健康，道德將是越來越重要的激勵因素），還有實用主義的考驗。企業與顧客之間必須建立善意、信任和整合的關係。如果我發現受到推銷員的欺騙，今後就不願再與這名推銷員或企業有任何的往來。長期而言，欺騙的行為是得不償失的，特別在一個人認為心理方面的報酬和懲罰與財務方面同等重要時。從這個角度來看，詐騙他人的金錢實在沒有必要。考慮罪惡感、羞恥心和內心衝突，不僅有實際的需求，在理論上也有相當的必要性。換句話說，不論是頭腦精明型或是和善型的推銷員都必須做到這一點。

有時有些差勁的客戶可能會離 Y 理論的推銷員而去，但開明的企業應該果斷地放棄他們，不要為這點損失而惋惜，這些客戶沒有忠誠度可言，他們只會不斷欺騙和哄人。除非在某些特殊的情況下，企業真的很需要這樣的交易，否則最好不要與這些顧客有任何的牽涉，這樣才是明智之舉。因為就長期來說，圖一時半刻的利潤是相當愚蠢的。另一方面，Y 理論強調的誠實推銷，能夠吸引真正優秀的顧客，這群顧客有一定的忠誠度，是可信任的。在這裡，很適合應用半透膜理論 —— 只保留好的物質，將不好的物質排除在外。

所有這些考慮都會引發選擇的問題：管理層選擇最佳推銷員，但推銷員與客戶之間則是雙向選擇的關係。但誰是最好的選擇人，誰是最優秀的人事管理者？通常我們認為，較健康的人是較佳的選擇人，因為他們能做出較客觀的判斷，能確實了解客觀環境的要求。至於神經質的個人，比較傾向依照自己的主觀需求的滿足來挑選員工。我們可以這麼說，心理健康的人視野比較開闊，他們的思考在時間上和空間上較為長遠和客觀；換句話說，他們是更實用主義的人，如果將時間的長遠性都考慮在內的話，他們更容易取得成功。

第三章　塑造企業形象的行銷模式

管理系統為你的管理心願能夠在實踐中付諸實施提供了最佳途徑 —— 這也是你的企業擴大規模及市場占有額、增加長期營利的最佳途徑，此外，它還提供了有效管理的延續性和持久性。一旦將其轉變為實際行動，那種管理心願和管理理念能夠為任何企業帶來源源不竭的利潤，而且隨著眾多企業的發展壯大，自然可以為國家創造出無限巨大的國民財富。

企業行銷的根本方略

激發人們工作積極性的最佳途徑，任何一家有志於獲得最大限度成功的企業都或多或少地需要領導技巧。

幸運的是，商業領導能力的本質以及縱深地發展這種領導能力所需借助的工具決定了那些管理系統有序的企業能夠更容易地滿足這一需求。只要再加上一定量的領導技巧，這樣的企業就能變得更為成功，並且，只要是存在管理意願的地方，管理系統幾乎會自動地培育和滋養出這種領導技巧。

既然只需一點微弱的競爭優勢就可以使得一家企業獲得穩固堅實的成功，那麼在制定商業策略時就無須非得確立堅不可摧的競爭地位。這樣的競爭優勢既不必要也不普遍。再說，即便獲得的市場霸主地位也不是一蹴而就的，而是從最初的微弱的競爭優勢起步，經由系統化管理逐步得以穩固強化的。

影響商業成功的因素可謂數不勝數，有許多企業儘管沒有廣泛重視領導技巧，也依舊獲得了成功。但整體來說，在發展領導技巧這一點上確立遠大的目標是明智之舉，因為一個企業所擁有的內涵和價值越多，它通常就越能成功。

儘管領導能力在企業的所有管理層級都受到歡迎，但是，執行總裁以及那些直接向他匯報工作的高層管理人員具備這種能力尤為重要。在任何企業，處於關鍵地位的領導者的數目都不是太多。而在一家大型企業裡，關鍵領導者的比例可能是非常小的。

當我們從抽象意義上理解「領導能力」時，我們通常會聯想到諸如林肯或溫斯頓‧邱吉爾這樣的政治家 —— 他們可以透過洞察人們的需要和動機，估量他們的能力和才幹，清晰明白地向人們闡述需要達到的目標，並激勵人們為達到目標而做出必要的努力和犧牲，從而帶領和引導大眾獲得偉大的成功、取得不朽的業績。從這個意義上來說，領導能力似乎是某種帶有神祕色彩的東西，不過普通人似乎很難獲得它。

但是，我個人認為商業領導能力 —— 這也是我們在這裡探討的唯一類型 —— 並不需要出類拔萃或非同尋常的素養，尤其在管理系統有序的企業裡更是如此。假定有一個熱衷於管理的執行總裁，絕大多數管理系統有序的企業都可以吸引相當一大批才幹卓越的人才，並從中挑選和培養企業獲得成功所需要的領導者。當然，這一切並不是完全自動發生的，但是，只要系統發揮作用，基本上都不成問題。

我之所以會堅信這一點主要是基於兩個原因。首先，一個管理系統有序的企業並不真正依賴於具備鼓動力的領導者的個人領導才能，儘管這種領導才能永遠受到歡迎。各種各樣的系統因素會為置身於商業活動中的人們提供行動指南。即使不存在一個渾身散發著精神魅力的領導者的個人指令，個人的經濟利益和情感動機也會促使著他遵循這些指南。既然他知道應該做些什麼，系統之下的自制機制會推動著他如此行動，而系統諸因素之間的互動作用將會進一步激勵著他的行動。

其次，相較於那些偉大的政治領導才能，商業領導能力並沒有那麼高標準的要求。政治家必須喚醒和激勵人們去做不同尋常的事情；而商業領導者只需鼓勵人們為維持生計做好他們的本職工作。當然，這並不意味著在商業活動中不需要做出犧牲。但是，比起那些基於公民義務的犧牲來說，商業犧牲通常包括了更多的以及更顯而易見的自我利益的成分。事實上，真正鼓動人心的政治家往往能夠引導大眾把他們的自我利益放在一邊。而商業領導能

第三章　塑造企業形象的行銷模式

力儘管也能夠將人們的動機提升到更高層次，但卻很少需要面對這種挑戰。

下面，只需考察一下商業領導者所需要的素養，我們就可以發現具備這些素養的人通常可以在管理系統有序的企業內找到。

對領導能力的任何一種基本分析都強調了正直的重要性。正如獲得諾貝爾文學獎的美國婦女賽珍珠（Pearl Sydenstricker Buck）所說：「正直是那種貫穿整個身體和靈魂的誠實，它不僅僅展現在思想中同時也展現在行動中，因而這樣的人是完全誠實的人。」我把這種正直擺在構成領導能力的諸因素中的首位。人們不會追隨一個他們不信任的人。但是，正直這種素養在人群中分布廣泛、到處可見。

作為一個商業領導者，他必須擁有一個智力健全但並不一定出類拔萃的大腦；具備相當程度的想像力、創新性以及持久的工作熱情；富於成就感；以及理解他人的思想和觀點的相對的能力。同樣，這些基本的素養在人群中也並不罕見。

因此，在現實生活中具備有效的商業領導能力所必須的所有素養的員工可謂數不勝數。然而，真正領導有方的人卻少得可憐，因為他們並不知道怎麼樣去領導他人。作為高高在上、手握大權的高層管理人員，他們慣於頤指氣使、發號施令，他們沒有能夠創造一種建設性的工作態度。由於存在種種管理不善的現象，他們所在的企業由此失去了挖掘和培養員工的自我控制、自我指導能力的大好機會。

有利於商業領導者成長的因素。在美國的商業活動中，有利於發展領導技巧的最主要的三個社會因素：

首先是一個自由的社會。在自由社會，任何人都可以期望達到與他的個人才能及個人抱負相適應的商業領導能力的任何層級，正如他可以期望在政府或其他任何領域達到任何領導地位一樣。因此，自由社會的這種在員工表現和業績的基礎上進行篩選和培養的政策的確有助於鼓勵人們奮發努力，力

爭成為優秀的領導者或經理人。

其次是普遍教育。一方面，我們這個社會對一個人的基本教育程度有一種比較高標準的要求，另一方面，社會為所有的具備才幹的有志之士提供了廣泛的接受高等教育的機會，這兩者的結合有助於為商業領域以及其他領域培養和發展領導技巧。

最後是自由企業體系。極具競爭性的營利虧損體系對企業所有層級上的領導者都大有裨益。幸運的是，至少是在美國絕大多數人仍然認為對員工、股東以及普遍意義上的大眾來說，營利是衡量商業成功的重要標準。因此，商業領導能力的孕育和培養只需透過讓企業中所有的人都意識到長期的營利是企業成功與否的唯一的最佳標準以及企業決策和行動的最佳指南。事實上，營利虧損體系不僅僅有助於發展領導技巧，而且還可以透過為員工的自我指導和自我控制提供準則和指南，從而減少對領導技巧的需求。

然而，在實踐中有許多商業領導者沒有有效地利用這一神奇的管理和領導工具，這種現象普遍得令人驚訝。例如：有許多人寧願使用產量、規模或知名度作為衡量企業成功與否的標準。另一些人壓根沒有有效地利用營利這一最佳的衡量標準。事實上，這是一種強有力的、切實有效的管理和領導工具，並且對每一位商業領導都是助益無窮的。

在美國，除了以上這些有助於培養和發展商業領導技巧的有利因素之外，一家管理系統有序的企業還具備另外兩個獨特的優勢：第一，管理系統可以減少對領導技巧的需求；第二，管理系統在培養領導能力並將其切實有效地付諸實踐的過程中可以提供獨特的幫助。

管理系統是怎樣減少對領導技巧的需求的：在探討領導能力時，通用汽車企業董事長西蒙·努森說：領導者就是「一個負有使命的人」。在一家管理系統有序的企業裡，由於管理目標和策略都是管理中確定的成分，因而領導者的使命也是明確無誤的。無論是高層的經理人還是其他各個層級的管理

第三章　塑造企業形象的行銷模式

人員，在他們面前都有確切的策略計畫。領導者的使命並不依賴於某個單獨的員工，因為企業的管理系統可以聚集眾多人的努力，使他們為達成增加企業的產量、市占率、營利以及確保有效管理的連續性這一共同目標而群策群力、精誠團結。

同樣的，這一原理也適用於其他的管理過程。由於管理系統提供了所有的指南，因而組織中的員工都知道應該做什麼以及怎麼樣快速高效地完成工作。對指令、懲罰以及建議的需求隨之降低，而企業相應地也朝著員工自我管理這一激勵機制的最終目標邁近了一步。

管理系統有序的企業通常能夠持續不斷地搜尋人才，並採取穩定持久的措施來培養和激勵人才。人才本身的素養越優秀，他所需要的外部激勵也就越少。在管理系統提供了行動指南的基礎上，達到組織員工的自我指導、自我控制和自我管理是我們的最終目標。

最後，在組成管理系統的各個管理過程的相互作用下，各個管理過程之間傾向於彼此支持，由此減少了對領導者的激勵作用的需求。例如：如果管理哲學要求在事實的基礎上決策，那麼，各個管理層級的經理人們在客觀條件發生變化及新的事實得以發現或揭露時，就可以自由地改變他們的計畫或方案。在政策確定和明確授權的條件下，他們可以自主地做出決定，而無須等待來自上級的指令或領導。

因此，在管理系統內部，某一管理過程下的行動和其他管理過程下的行動相互作用，從而鞏固和強化了所有包括在內的行動和過程。並且，人們由此更傾向於依賴系統，對員工的指導、態度以及權力的依賴性則隨之降低。因此，在企業內部，一旦系統得以建立並得到組織員工的認同和理解，這家管理系統有序的企業事實上也就變得更容易進行管理。

管理系統是如何有助於發展領導技巧的？即使管理系統有序的企業在獲

得成功的過程中相較於其他企業對領導技巧有較低的要求，管理系統還是有助於發展領導技巧的。之所以如此，原因就在於管理系統有序的企業的領導者更知道怎麼樣成為一個優秀的領導者。

在一個管理系統有序的企業裡，領導過程沒有任何神祕性可言。處於各個管理層級的領導者只需要採取必要的措施來構建、闡明、支持和運作系統。這些措施本身就構成了足以確保企業成功運轉的領導能力。除此之外，領導者個人透過高超的策略、必要的冒險、科學的管理或者恰當的激勵所能達到的績效就僅僅受制於他本人的能力及抱負。管理系統就像一根槓桿一樣，有助於他個人能力的施展，從而使得他所擁有的全部才華更加閃光。在領導者固有的基本素養的基礎上，管理系統的存在使得他如虎添翼。

下面讓我們來歸納一下管理系統是如何為商業領導能力提供指導作用和槓桿作用的：

首先，系統化的決定。對於任何企業、單元或部門的首腦來說，他們想要使商業活動系統化的決定本身就是一種具體的領導行動。然而，這是一種輕鬆的、特殊的步驟 —— 一種使管理的意願在爭取獲得企業成功的過程中切實有效的具體途徑。

在做出使商業活動系統化的決定時，管理人員必須對自己做出兩項承諾：第一，保持管理的意願；第二，把自己的大部分時間用於構建、維持、解釋和支持管理系統，並使之在實踐中切實發揮作用。這就意味著他將比以往花費較少的時間在日常操作性的決策上。他將不得不脫離日常細枝末節的瑣事，並在壓力之下進入嶄新的領導者角色。

其次，企業的經營哲學。明確或塑造一種控制「我們做事的方法」的企業經營哲學本身也是一種具體的領導行動，因為它包括了建立一種基於事實基礎之上的決策途徑以及灌輸一種更為急切的競爭緊迫感。

第三章　塑造企業形象的行銷模式

再次，策略規劃及管理計畫。擴大產量及市場占有額的領導理念可以透過要求制定具體的策略規劃及管理計畫而獲得，這些策略規劃及管理計畫必須能夠為以下問題提供特定的答案：我們應該涉入哪種商業活動？顧客為什麼會購買我們的產品或服務？有哪些問題是需要解決的？我們面臨什麼樣的投資機會？

領導理念是獲得真正的競爭優勢的為數不多的途徑之一，但是，高層的管理人員並不需要親自來提供這種理念，他可以借助於特定的手段來刺激他人產生這種理念，具體來說，就是要求他們提供可選擇的策略目標及相對的管理策略，並堅持由他們自己處理工作中因外部因素而遇到的任何問題。

第四，行動指南。管理系統的構建需要先行制訂一系列的行動指南：組織規劃、政策、標準、步驟、程序、管理計畫以及相對的管理資訊。這些行動指南當然是提供領導能力的具體途徑。當它們為組織員工所熟悉並付諸實踐時，毫無疑問會促進組織員工的自我管理。

第五，人事領導能力。任何組織性單元的首腦都可以透過搜尋才幹卓越的人才來提供和補充重要的領導能力。在此基礎上，他所需做的就是確保為培養和激勵這些人才準備好相對的計畫和方案，從而使得他們成為推動組織發展的合格的管理人員和高級經理人。

那些深諳企業的經營哲學、在企業的管理系統內受過訓練、並有資格成為優秀的管理人員的才幹卓越之士能夠賦予任何企業獨一無二的競爭優勢，這種競爭優勢是很難為同行所複製的。因此，透過在這種系統的組成部分上投入足夠的時間，高層的管理人員提供了領導能力。

第六，系統闡述。當系統建立之後，必須對它進行清晰明白的闡述——至少應將它傳達給管理人員和高層經理人，但最好是傳達給組織中的每個員工。領導者至少應和關鍵的管理人員在口頭上商議和探討系統的具體事宜，

以便確信他們理解了系統的所有成分以及它們彼此之間是如何互相作用的。如果系統想要引導人們的行動，前提條件必須是被引導的人們能夠理解和明白系統——他們對系統的理解越深刻，系統所發揮的引導作用就越充分。因此，領導者應當把系統的所有組成成分用書面文字形式表述出來。譬如說用小冊子的形式闡明整個系統及各個組成部分的關係，強調它們各自的重要性，並清楚地描述它們彼此之間的互動作用。

但是，這種總括的表述僅僅是系統闡述的初步工作。在此之後，所有的管理資訊的交流和溝通（不論它們是口頭的還是書面的）都應該和管理系統中的具體行動緊緊連繫在一起。除非是和系統明確連繫在一起，任何指令、建議、規則、回報或其他的激勵行動都不應該輕易採取。讓我們做這個吧。它和系統緊密相關，並和其他的組成部分互相作用。

組織的系統在建立之後，除非它被有意識地加以運用並得到人們的信奉，否則它還是不可能有實際的效用的。領導者必須持續不斷地在他所有的書面和口頭溝通中重申系統的觀念，包括系統是什麼，它是如何運作的，為什麼它會有助於管理工作等等。想要透過系統實施有效管理的意願必須建立在兩個前提基礎上：構建一個高效的管理系統的意願；持續不斷地闡明支持這一系統的決心。

第七，系統支持。毀滅一個管理系統的最佳途徑就是干擾違犯它，次佳途徑則是忽略漠視它。因此，作為領導者，必須透過以身作則地尊奉系統以及激勵和要求他人重視系統來對其表示支持。

對系統的支持和對系統的闡述是緊密連繫在一起的。透過以身作則、身體力行地尊奉系統以及向他人解釋如此做的意義所在，領導者必須以自身樹立一個良好榜樣，並以一種最為強有力的方式巧妙地達到了向組織員工闡述系統的目標。並且，他還可以借助於訓練下屬和他採取同樣的行為，從而形

第三章　塑造企業形象的行銷模式

成一股不僅僅能刺激領導能力的培養而且還可以使得對領導能力的需求最小化的強勁的管理趨勢。

關於系統對管理的重要意義的最佳表達：「企業所取得的持續穩固的傑出業績應當歸功於所有的男職員和女職員所做出的個人的和群體的不懈努力及貢獻。

在這裡我要明確指出的是，我並不同意那種男職員比女職員天生優人一等的說法。假如進行單純的個人比較，每位員工所具備的能力或許和其他絕大多數大企業的員工沒有任何區別。

導致他們不同於其他人的真正原因在於那種我們把他們組織起來的方式，正是這種方式造就了他們這個群體的卓越之處。換句話說，更重要的是組織起來的群體所煥發的無限力量，而不是這個群體中每個具體的組成成分所具備的能量。

每一個企業都是一個由許多不同的成分所組成的強大的集合體……它的基本組織結構充分考慮到了組成成分的這種廣泛多樣性。它在具體操作和職責上的分權體制以及統一政策和協調控制上的集中體制使得整個組織有可能達到平衡……一方面，員工有著充分的行動自由和工作自主性，另一方面，這種自由和自主並不是絕對的，而是受到了相對的引導和限制。

在這樣的一個組織中工作，員工不僅僅獨立地自主行動，而且彼此之間形成了一種良好的合作態勢。每個人在提高他自身的工作績效的同時，都能夠而且通常的確是增加了那些與他一起工作的合作夥伴的工作績效 —— 這種良性的互動使得他們這個小團體整體工作績效要遠遠高於單獨的員工的工作績效之和。

尋常的男女員工組織到一起，卻能夠取得不尋常的業績，其原因是多種多樣的：員工對組織的認同感和歸屬感、豐厚的金錢回報、無限的發展機遇和員工的滿意度；此外，還包括渴望出類拔萃、功成名就的強烈慾望，對組

織及工作夥伴的忠誠感，以及這些和其他各種動機的所有可能的組合。

第八，建設性的工作態度。企業上上下下的交流溝通及培訓工作的部分任務就在於給組織中的每個員工都灌輸一種有關企業對社會所作貢獻的價值和意義所在的信仰，培養一種對組織的歸屬感和參與感，至少是對處於管理地位的人員及更高層的經理人來說，讓他們理解自己在組織中的重要地位並明白他們的努力對整個組織的發展有著何等深遠的意義。這是領導能力的一種無形的、不可捉摸的行動，但是，同樣的，系統為之提供了堅實的支持。

第九，機會和問題。一個有效的管理系統會清楚地向我們揭示能夠捕捉的機遇和需要解決的問題。如果系統在這方面應對失靈的話，領導者將不得不插手幫助。尤其需要著重指出的是，他必須迅捷、公正、堅定地處理好人事問題。

第十，處理非常事故。有的時候，系統在運行中會出現障礙從而功能紊亂，在這種情況下，領導者必須做好自己動手的準備，選擇好最適合某種特定情境的催化劑和激發因素。系統仍然會對他的行動給予支持性的槓桿作用。

即使是在系統運轉正常時 —— 這是它在絕大多數時間裡都應該處於的狀態 —— 管理人員也可以添加員工的遠見和洞察力、熱忱、熱情、靈感、忠告或者是任何形式或任何程度的其他光輝。只要他在這樣做時沒有過多地干擾系統，他的行為就會有助於企業的成功。不過，在一家管理系統有序的企業裡，領導能力事實上很少需要這些不同尋常的才能。

管理系統為你的管理心願能夠在實踐中付諸實施提供了最佳途徑 —— 這也是你的企業擴大規模及市場占有額、增加長期營利的最佳途徑，此外，它還提供了有效管理的延續性和持久性。一旦將其轉變為實際行動，那種管理心願和管理理念能夠為任何企業帶來源源不竭的利潤，而且隨著眾多企業的發展壯大，自然可以為國家創造出無限巨大的國民財富。

第三章　塑造企業形象的行銷模式

　　成功企業的第一要義不是企業家的價值判斷，而是顧客的判斷，企業長期獲利的關鍵，在於該企業是否具備由顧客角度認知的素養。只有高品質的服務，才能保證企業獲得長久的顧客支持，永立不敗之地。

迎合顧客需要的特色行銷

　　顧客是企業的生命之泉，企業必須提供高品質的服務來滿足或超過現有的、新的內部顧客和外部顧客的要求和願望。創建以服務為宗旨的企業，能獲得更多的市場額。提供比競爭對手更多的價值，並為其工作的每個人建立一個保證利益、保證健康、保證發展的工作環境。這是每個成功企業以顧客為中心的企業服務宗旨和原則。同時，這個宗旨要讓企業中的每一個成員心領神會。

　　企業的天職是提供良好的產品與服務。按照以往的劃分，製造業提供產品，服務業提供服務。但是，當今世界發展的一個明顯趨勢是製造業與服務業的混合。這種混合首先表現在企業既提供產品也提供服務，例如美國電話電報公司服務營業收入占總收入的一半以上（因而在傳統劃分中被列為服務業）。更重要的是產品與服務的密不可分性，例如國際商用機器公司（IBM）就公開表示自己不是電腦製造業，而是「提供全面服務的服務業」。

　　但不管怎樣，服務意識是企業生存的一個關鍵，除非你想放棄顧客，否則不要放棄服務。服務是一種神聖而充滿魔力的東西，品質與服務是一個企業的生命所繫，將品質與服務融入產品，就獲得蓬勃旺盛的生機和無限廣闊的市場，就能贏得全世界顧客的青睞。無數事實告訴你，傑出的服務是企業經營致勝的利器。

　　服務展現的是企業和顧客之間的平等，展現的是一種雙贏式的平等合作關係。服務的熱忱來自於從理性上對顧客的尊重。因為，企業的生存和發展

都源於交換。顧客用他們的錢換取企業的產品和服務，顧客是企業的生命之泉，失去顧客的企業，是無法生存下去的，因此，顧客是尊貴的，是至上的。

你只有用良好的服務才能獲得顧客，才能為你的企業，你的產品，你的經營贏得聲譽。

企業的天職是提供良好的產品與服務，而服務不僅是產品銷售的過程，也是把客戶的意見回饋回企業的過程。顧客的需要就是企業的服務內容，產品必須有市場，同時，還要及時根據市場的新需求來改善產品，提高品質或開發新產品。顧客的需求往往是企業不斷開拓、更新的堅強力量。

因此，不要把服務僅僅簡單地定位於產品的售後服務。要想贏得顧客，服務無處不在。

應該潛心關心顧客的心理，根據顧客的心理變化來設計和改進自己的產品，提供自己的服務。

一切為每個顧客著想，不惜花大量時間以迎合顧客需求，使顧客獲得最終滿意，這套貌似簡單的工作原則，卻抓住企業經營的根本性的東西。僱員是生產者，生產出產品，顧客是消費者，付出的是貨幣，生產者和消費者勞動價值的交換，就給企業帶來了利潤。而迎合顧客需要更為根本，因為，沒有顧客，沒有消費者，無論多麼優質的產品，也不可能產生經營者期望的效益。

以顧客至上是服務的最高宗旨，這個宗旨的核心是：服務、服務、再服務，它不能只作為一種口號或理念存在，它應該是堅定不移地盡善盡美地為顧客提供滿意的服務。

成功企業的第一要義不是企業家的價值判斷，而是顧客的判斷，企業長期獲利的關鍵，在於該企業是否具備由顧客角度認知的品質。只有高品質的服務，才能保證企業獲得長久的顧客支持，永立不敗之地。

第三章　塑造企業形象的行銷模式

　　我們要理解這樣一個道理：以顧客為中心、以服務為動力、以服務品質為重點的企業，出發點和落腳點都必須放在滿足顧客需要和向顧客提供超值服務上。要盡自己所能，透過制定正確的服務策略和合適的制度，把目標變成現實，並讓全體員工把你的經營理念正確無誤地傳達給顧客。

　　企業為顧客的服務應該是沒有止境的，應該是無所不在的，把服務作為走向成功的通行證。

　　促銷成功令人嚮往，但並不是高不可攀。因為它主要是要處理好促銷者與顧客的關係。讓顧客滿意是成功的基本條件，處理好促銷者的目的與手段是關鍵。

建立新時代的行銷新體系

　　在買方市場日益形成的文明社會裡，銷售的地位將更加顯赫。正確的行銷觀就是不落後於時代所提出的要求，適應社會發展，能夠直接和間接地帶來效益的新的銷售與生產關係。企業如果跟不上社會發展的步伐，就無法實現產品的價值，無法使生產目的獲得實現，造成生產得越多，浪費也嚴重。我們現實中不少企業開工不足，積壓嚴重的一個重要原因也就是沒有因勢而動，沒有及時形成正確的行銷觀念。正確的行銷觀念是不斷變化的，需要企業不斷地更新觀念。正確的行銷觀集中反映在正確的行銷決策和對市場的重視中，如果決策失誤，忽視市場，那麼就會形成巨大浪費、誤入歧途。

　　「猶太」，即非常優秀之意。猶太人雖歷經滅族之災，而能在幾乎是不毛之地建立起已開發國家。以其智慧聞名，以精於商道，善於行銷著稱於世。企業要特別注意學習猶太人的聰明，即創造並盡快利用最先進的技術，建立高效率的行銷體系。由於未來的市場上，跨國公司增多、地區集團經濟發展、國家對大公司的支持與引導等使得競爭的規模增大，強度提高，如果企

業不及時地高起點地設置自身發展的行銷網路，那麼就要被激烈的競爭所淘汰。實質上也是被自己的「遲鈍」炒了「魷魚」。

萬事萬物都有自身的發展規律。推銷必須解決一個問題，即商品為顧客接受的「時間延滯」問題。即一種商品一開始並不為顧客所接受、承認，但由於其自身的特點、使用性的展示和表現有個時間性問題，所以一定不要被顧客一時的冷淡所困惑，相反，掌握住商品的「延滯」規律和顧客的心理接受規律，機會就在一點一滴的努力中。所以，只要掌握住行銷規律，那麼市場處處有機會，時時有發展。

促銷成功令人嚮往，但並不是高不可攀。因為它主要是要處理好促銷者與顧客的關係。讓顧客滿意是成功的基本條件，處理好促銷者的目的與手段是關鍵。對成功的促銷者來說，包括言語、舉止、態度等外在技巧都需要內在的支撐，而內在的支撐實際上就是正確地掌握銷售的雙重功能，既要滿足顧客需要，又要實現自身的利益和價值。這不是太複雜的事情，關鍵是要抓到其相互影響和相互作用的環節。這樣複雜就會變為簡單，神祕就會變為平常，「嚮往」就會成為現實。

推銷絕不僅僅是透過對顧客的滿足，而更在於對顧客購買需求、消費興趣的創造性啟動和引導。這是推銷學一個起碼的道理，也是一條重要的原則。因此有志於推銷工作的人們無不注意創造各種各樣的方法、藝術來實踐這條原則，開闢成功的推銷之路。在行銷活動中，實在低廉的價格策略，對廣告宣傳的重視，聘請專家進行指導、舉辦講座、做廣告企劃等公共活動，反對牟取暴利，把得到的盈餘進行回饋，讓顧客、零售商、職工共同分享利益，這些都是富有遠見的高明之舉。正是這些高明之舉，使顧客產生了購物衝動，也造就了推銷者的輝煌。

經典剖析：安妮·羅賓森的獨特經營

安妮·羅賓森（Anne Robinson）以少量的資金，用車庫做辦公室，和人共同創辦唱片企業。她憑藉對音樂、設計和圖像的無比熱愛，從而製作音樂，引起音樂市場的很大震撼。音樂市場的成功是以星期計算的，但第一張唱片在很多年以後依然暢銷不衰。

我在音樂界的成功經驗，多少印證了馬斯洛的觀點：「一個新手往往能看到專家所忽視的東西。所以，千萬不要害怕犯錯和天真。」就是因為我們不懂唱片業，所以沒有按規矩做事。

馬斯洛認為，自我實現是一項艱巨的工作，因為那還包括外在日常世界的召喚，而不只是來自內心的呼喊。一個人永遠處在變化之中，如果你是全身心地投入在現實生活中，你就不會有結束的時候，你不斷地吸收新的資訊，培養新的經驗，並且將它們融入自己的工作以及思想中。

羅賓森從經營開始所獲得的經驗是：一開始我們默默無聞，然而企業持續經營了六七年，其中有幾年的時間，我們沒有任何競爭對手。同時我們知道以後一定會有人超越我們、模仿和複製我們的創意。我們也知道，消費者有一天會對我們感到厭倦，將注意力轉移到其他的新生事物上。

我們所製作的音樂，激發人們深層的人性和哲學性情緒，有人聽了感到無比的幸福和崇敬，有人則厭惡到極點，我必須知道為何會有如此的情況。當你製造一項產品時，你是在表現某種非常個人的東西，可以引發人們的個人情緒，這就是你存在的目的。我必須做我擅長的工作，對這份事業我必須投入全部的情感，否則這就不是我的真理，我會因此而覺得自己只是操控消費者，但音樂是無法控制的。

而且，我們曾經多次遇到這樣一種情況，有人以我們從來沒想過的方式詮釋我們的音樂，我們有時會把事情處理得很好，有時卻很糟糕。我們按照

自己的想法去創作，但別人的回應卻是我們從沒有想像過的。他們將我們的作品變成另一種面貌，是我們從未想過的，甚至是無法接受的，這時候，就必須努力地去協調兩者之間的差異。

我們的作品試圖產生理性和感性的回應，至於那些厭惡我們音樂的消費者，我會覺得他們真正聽過我們的音樂，並認為有理由評論說不喜歡。相反，我們也接觸過一些人，他們的反應就讓人覺得驚訝。比方說，我曾經收到一位在地獄天使工作的聽眾來信。我記得，他一開頭就寫：「我是地獄天使的員工，不應該喜歡你們的音樂，但是我真的很喜歡。」

對於羅賓森成功經驗總結，我很高興能協助人們打開心門、喚醒內心的靈魂。我想很多人都是渾渾噩噩地生活；老實說，我並不在乎他們會去哪裡尋找刺激，將自己從睡夢中搖醒，但我的目標是喚醒他們。我想這就是馬斯洛的目標，透過他的理念可以為人們打開一扇智慧門。

假如某位員工的思考、目標或目的與你完全相反，你就很難說服他，改變他的想法。但同時你必須說：「我的上帝，你終於醒了，你開始在思考了。」這使我的工作變得更有價值。

你可以說你是一位科學家，是一位生意人，不過一旦你全心投入正在做的工作，就會滿懷工作的熱情，和工作之間沒有任何距離。你必須不斷地自問：「我的研究方向正確嗎？當我在聽音樂時，我是在用心聽嗎？我是否用誠實的心去做一件事？」我想馬斯洛博士最大的優點是：他總是以內心的信仰系統測試科學理論。這不只是 A 加 B 等於 C，而是：我看見，所以我相信。

對於羅賓森，令人難以忘懷的是，裡面的員工都是滿懷熱情而且全身心地投入工作。羅賓森的這種企業文化，已經成為哈佛大學的教學教材，也被很多的財經書籍以及媒體公開報導，之所以會產生這種驚人的力量，我想這是我把內心的堅定信念和工作相結合所產生的結果。如果我創造一個充分授權的工作環境，員工就會全心全意地做好工作。當一個企業成長這樣大的規

第三章　塑造企業形象的行銷模式

模時，領導者都會希望員工具有遠見和誠實的態度。

回顧過去，我想員工都會有這種感覺，我們所做的音樂和其他業者不太一樣。員工知道自己做的音樂對人們有意義。我強烈地感覺到，自己做的任何一件事都有長遠的價值。我想這裡的員工以信念為榮，產品反映出我們的價值，不只是員工，我想我們所有的創作者、供應商也都擁有相同的經營理念。

後來和大集團合併以後，我內心產生過很大的波動，我有多套計畫，並且設定了最後的財務底線，我明白自己必須努力在這個新的企業框架下，維持原來的經營理念，否則會失去應用的價值。

第四章　員工自我實現的奮鬥模式

　　人是企業成長和發展的核心，沒有人就不可能成就事業。企業如何促使員工的動機更加強烈，如何激發員工潛在的內驅力，如何使員工為實現目標而努力奮鬥？這是企業領導者高度重視的問題。那麼如何激發企業員工的活力呢？是讓員工分享企業的利潤，還是利用精神激勵法？總之，必須建立一套員工自我價值實現的奮鬥模式。

　　世上每個人都有天生的需求，渴望更高的價值需求；就像我們一出生，每天都需要吃一些含鋅含鎂的食物一樣。其實，我們追求更高層次價值以及動機的需求，是與生俱來的。每個人對美、真實、公正等價值都有本能的需求。如果我們可以接受這樣的思想，那麼關鍵問題就不會是：「什麼力量引發創造？」而是：為何並非每個人都有創造力？

—— 馬斯洛

　　雖說自己已經得到認同感，但如果能從他人處得到一些肯定或回饋，將會有更大的幫助。也就是說，如果企業內充滿景仰的氛圍，並使其成為企業文化的一部分，將會極大地激發員工的潛能。

第四章　員工自我實現的奮鬥模式

探察真正的自我價值

在我看了弗格森（Ferguson）在《加州管理評論》（*California Management Review*）所發表的文章後，某些觀點就變得更明確。當我開始比較這些具有羅夏克測驗、投射測驗和非結構性測驗特徵的團體時，我發現非結構式的心理分析和這些團隊有某種連繫。此外，這也與道家的順意無為思想——放任萬物依照自己的方式自由發展——有關。

這也與羅傑斯的觀點類似，我現在可以清楚地知道它為什麼能造成這樣的結果。所有這些類似的理論使我更了解學習團體，我可以把他們與我所知的理論性知識結合在一起，我想建議在這個領域的人，他們也應該做同樣的事。我在此特別向他們指出一點，他們好像都忽略了一項事實，那就是非結構性團體已經在許多不同的領域中展示出不可低估的力量。

在這種情況下，我重新回想魏泰默爾強調非結構性思考的主張，而且我發現這種主張在薛李維實驗和艾殊實驗中得到支持。

在這種想法的促使下，我比較了心理分析所採取的自由聯想與羅夏克測驗中非結構性墨點所產生的影響以後，結果我發現，當世界變得有結構性、有組織、有秩序時，人們就會傾向於調整自己去適應這個團隊。布蘭迪斯心理研究所採取道教思想與消極主義式教學，使我從中了解到，缺乏結構和順意無為精神會激發人類隱含的心靈力量，使人們朝向自我實現的目標發展。但是我也意識到，缺乏結構的團隊會暴露出員工的弱點——例如缺少才華。簡單地說，非結構性環境要麼令人打破結構，要麼產生結構。

接著我也發現，在我們這種教學環境下失敗的人，在傳統的研究所可能會有很好的表現，他們不停地上課，不斷地考試、累積分數，生活在一個有組織、強調權威的環境中，他們不必主動去爭取什麼，而是等著別人去告訴他們做哪些事。之後我才恍然明白，其實我們研究所的環境對那些失敗者而

言，也是有益的，因為他們在 20 歲 —— 而非等到 40 歲 —— 就清楚地知道自己對心理學沒有太大的興趣，也不適合成為一名懷抱熱誠的知識分子。

　　類似的事情在無組織性的團體之中也會發生。如果一直有人告訴你做什麼或怎麼做，生活對你來說也許會變得容易許多，你永遠也不會發覺自己的弱點，更無法看出自己的優點。在我關於心理治療的研究中，我得出一個結論：在抽離塑造行為的外部因素後，人們的行為將會受到內部心理因素的影響。因此，如果要觀察出哪些是內部心理因素，最好的途徑就是排除外部因素，例如外部結構。這就是羅夏克測驗的目的。這也是我在愛羅湖所觀察到的實況（馬斯洛曾受天尼堡之邀，前往南加州大學愛羅湖會議中心，拜訪當地的學習團體）。我自己寫道：

> 這是通往心靈世界和心靈知識的大門。透過對內心的體驗而達成（而不是只靠演說或閱讀），經由他人的回饋，讓我們意識到自己的心靈，協助我們以一種較為有序的方式，體驗內心的變化。這種轉向內心探索、意識內部經驗的過程，只有在非結構環境中才能變成現實。

　　我們來分析一個較普通的例子，某些婦女會時常發生這種情形，特別是在一個家長制的情形之中時。例如說嫁給一個大男子主義的男人的婦女，幾十年以來，她一直是個「好太太」，非常盡責地做好每一件要她去做的事，天天為家事奔波，撫育小孩，照顧丈夫。不幸的災難突然降臨到她的身上，她丈夫死了，或者她和丈夫離婚了，也可能是她離開了丈夫。不管怎麼說，對她自己以及周圍的人來說，這些事情發生得太突然，完全出乎預料之外，而她也完全變成另一個人 —— 展現出難以置信的才華。

　　例如：我認識一個婦女，在她接近 50 歲時成為一個優秀的畫家，而在此之前，她並不知道自己擁有這方面的才能，也沒有任何想提筆畫畫的衝動。這就好比一旦你點燃打火機或是靈感被觸動，原來隱藏在內心的潛能就會蹦出來。對許多寡婦以及離婚婦女而言，在經歷震驚以及恐懼以後，反而會覺

第四章　員工自我實現的奮鬥模式

得有一種解脫束縛的輕鬆感覺，發現自己被囚禁了很多年，不斷地自我放棄、自我犧牲，總是以丈夫、孩子、家庭為中心，完全忽略了自己。這是一個非常典型的例子，可以清楚地想像非結構性組織運作流程。組織就像個蓋子、抑制器，如果你讓一個人時刻不停地工作，他就不會有時間坐下來靜靜思考，隱藏在他意識深層的潛能也就沒有機會發揮作用。

　　我現在有必要說一下，我對類似團體的第一印象，真的是充滿驚訝和震撼。這些人憑著內心的直覺，自由自在地高談闊論。而在學習團體中，通常在經過一到兩年的治療後，我才能與患者有如此隨意的交談。這對我的感觸非常大，我開始重新思考自己的方法。我必須重新調整自己對團體互動的態度，以及過去認為不斷地交談是無效率的想法。過去從心理治療的角度分析，我們認為性格的改變必須花費兩到三年的時間。但是事實證明，根本不需要如此長的時間。這是我在觀念上的重要轉變。

　　人際關係與社交團體關係是影響心靈、社會和人際行為的重要因素，是我思維方式的另一項轉變。一個人必須經由對當下情境的客觀認知而意識到自己的神經質傾向或是原始歷程傾向，而非透過對個人基因或成長歷程的探究而分析出來的。所謂原始歷程是指人格結構中屬於本我層面的內在本能性活動。本我層面的活動是潛意識的，是受唯樂主義支配的。在本我之上則是自我層面，自我層面的活動稱為次級歷程。過去心理分析師覺得員工內心的意念是影響行為的重要因素，但是這些團體的表現讓我們明白，社會上人與人的互動才是影響人際行為以及自我覺醒的重要因素。

　　雖說自己已經得到認同感，但如果能從其他人身上得到一些肯定和回饋，將會有更大的幫助，甚至可以了解自己對他們的影響有多大，以及他們如何看待自己。也就是說，如果企業內充滿景仰的氛圍，並使其成為企業文化的一部分，將會極大地激發員工的潛能。這也有助於我明白自己是一位被動者或支配者。

這也正是我所說的發現真正的自我來表達的一個意思，就是一個人到底是如何的一種人。總體來說，現行的社會情況對行為的影響較大，個人的心靈相形之下就變得不太重要。至於個人的成長歷程，已在不知不覺中存在於個人的心靈深處，因此也不是重要的影響因素。因為這些團隊學員並沒有探察個人的成長歷程和心靈態度，一樣能有好的結果。

每一個人都有自由、義務或權力對每一個同胞表露自己，並誠實而溫和地告訴對方所給予我們的印象。這樣的行為可以將人民緊密地連結在一起，使個人的心理更為健康、團隊更為完善，也是為了創建更美好的世界。

追求自我認同的訓練模式

我認為，對於心理治療與自我改進和追求自我認同之間的關係，一定要重新定義。關係複雜多變，但最有效的方式是，開始的幾個星期以學習團體的形式治療，隨後進行個人治療，一段時間後再回到學習團體。不論採取何種方式，傳統的佛洛伊德式心理分析都會受到衝擊。我對憑藉個人心理治療達成學習團體的某些成效抱懷疑態度，可它卻永遠也不會在個別的心理分析中出現。我們從其他人身上得到的比我們單從一個人身上所得到的要多，不論這個人是否具有主動性格。

關於自我的認知，有大部分是來自於他人。這些人能夠敏銳地覺察我們的特質，並流暢地表述他們的觀察所得，他們知道如何避免引起他人的敵意，因此在批評與指責的同時並不會激起對方太大的防衛心。我們認為所有關於追求自我認同的探討的人 —— 威爾斯、佛洛姆和荷妮等人 —— 都未曾注意到，周圍的人會將他們對我們的印象回饋給我們，使我們更加了解自我。

這使我想起了自己曾經建議在愛羅湖的一些人，若要達到最快速的自我治療目的，可以試著用一種古老的業餘治療方式：拍下我們工作時的影像，

第四章　員工自我實現的奮鬥模式

然後討論分析這些照片，可以讓我們了解自己真正的面貌——不僅僅是認識到我們看起來像什麼，我們的人格或是外在的特徵，而是了解真正的自我、自我的認同。當然這種做法潛藏著危險，就像蘇利文（美國精神病專家，他提出一種以人際關係為基礎的精神病理學理論。他相信焦慮以及其他精神病症源於員工與其周圍環境間的基本衝突。他將精神分裂解釋成幼兒期人際關係出現障礙的結果，透過適當的心理治療這些行為障礙的根源可以被認知和清除）一樣錯誤地認為自我只是一堆可怕的鏡中倒影而已。不過我認為這種錯誤是很容易避免的，因為擁有穩固自我認同的人，不會對自己產生錯誤的認知或投射，儘管很多人同意那些觀點。

也許這可以用來測試自我的強度，就像艾殊的實驗，眾人都同意一項與事實不相符的陳述。在這種情況下，3個人中通常有2人不相信自己的眼睛。也許我們可以利用其他形式的訓練，教導個人何時該相信自己的眼睛，何時又該信任他人的判斷。

誠實訓練或是自發訓練也就是所謂的天真的認知以及行為的訓練。我還想到另一種說法，就是親密訓練。我時常意識到，當一個人比較不害怕受到傷害時，就會試圖解除防備，卸下偽裝的面具。事實上，這樣的行為是一種友善親近的訊號，希望對方也能如此回應；對方也會說出以下的話，表示一種友善：「你的祕密並沒有想像中的可怕。」或是說：「你認為自己是一個很愚笨、很沒趣的人，但是你卻給人一種深刻印象，覺得你很有意思，讓人不禁想要結識你。」

正如勒溫（德國社會學家，以行為場學說著名。他主張人的行為應視為一個連續統一體的一部分，每個人的行為與常模有不等的偏離，而每個人對自己與對環境的認知之間有所差距。為了充分認知和預知人的行為，因此必須考慮人在活動時的整體心理場或「生活空間」。生活空間中所有事件的

整體，在任何時候都決定著行為）和托曼所說，與世界上其他任何一個國家的人民相比，美國人更需要心理治療師，因為他們幾乎不知道如何與人親近。和歐洲人相比，美國人並沒有親密的朋友關係，也可以這麼說，他們沒有深交的好朋友能幫助他們分擔自己的喜怒哀樂。我基本上同意這個觀點。美國人幾乎沒有密友可以吐露心事，表達內心的感受，發洩自己的煩惱。心理治療師、學習團體或心理分析的目的，就是要改善這樣的情況。勒溫在很早以前就進行美國人與歐洲人性格比較的研究，我相信還有其他人注意到這一點。

舉個例子來說，就其他兩個我所了解的文化 —— 墨西哥人和印第安黑腳族人。我很羨慕他們彼此之間存在的親密友誼。我必須承認一點，無論在什麼時候，任何人問我有沒有知心朋友，我的答案都是我沒有真正的知心朋友，雖然我一直渴望擁有親密的友誼。當然可以透過很多方式來建立這樣的友誼。事實上，我也有很多好朋友，也能和他們聊起我的生活情況。不過無論如何，卻沒有任何一個朋友可以像我和我的心理治療師那樣親近。這就是為什麼我們必須要花費 20 ～ 25 美元的鐘點費的原因，目的只是希望有人能靜靜地傾聽我們說話，做出適當的回應，讓我們盡情宣洩自己的情緒，就像跟一個我們所信任的人交談。這個人不會令我們害怕，不會傷害我們，更不會利用我們的弱點。

假如以整體文化的角度來考慮的話，我會延伸這種自我揭露的原則。換句話說，試圖誠實、與人親近、表露自我的努力，其實是有正面意義的。沒有了恐懼，心中的恐慌自動消失；當我們不必再隱瞞自己時，我們的擔心和害怕都自動消失了，感覺自由多了。關於心理健全的概念，還包括表達愛的能力以及表達意見的自由，不論是好的或壞的都必須說出。真正開明的人，會自由而誠實地對待他人，尤其是小孩，並坦白地說出自己內心的想法，例

第四章　員工自我實現的奮鬥模式

如「這件事值得你去做好」，或者「這不是你該做的事」，又或者「你的行為讓我感到傷心、失望」等。

這又讓我憶起布魯德夫所主張的原則，他認為基督教對愛的定義，其中的一條就是對任何人都誠實以待。他認為不應該對社會有任何的懷疑之心。這也是我從一個牧師卡姆那裡所了解到的。顯而易見的，他認為作為一個牧師，就有一種責任和義務——必須完全坦誠地對待每一個人，即使對方有可能因此受到傷害也是一樣。所以，如果覺得某人是一個不好的老師——他總是不停地喃喃自語，你就有責任說出對他的看法，如果任他繼續犯錯，就不是真正愛他，而是將他推入地獄。如果你真正愛一個人，就必須指正對方的錯誤，並有足夠的勇氣承擔傷害對方的後果。

事實上，在美國我們通常都不會這樣做。我們只有在忍無可忍的情況下，才會批評別人。就美國人而言，一般人對愛的定義，並不包括批評人家或給予對方正確的指點。不過，如果這種煞風景的事實的回饋發生的話，它會滋生兩個方向的愛。換句話說，被他坦誠批判的人，心裡可能會一時覺得受傷害，但是當他因此而受益時，對你唯一的感覺只能是感激不已。例如：如果我真正犯了錯誤，如果你覺得我夠堅強、有足夠的能力、夠客觀，因此可以坦然無諱地糾正我，這對我意味著一種尊敬。只有那些認為我很敏感、脆弱、不堪一擊、害怕傷害我的人，才不敢說出事情的真相。

我還記得，當我在研究所授課時，曾經因為學生從來不反駁我的觀點而覺得很生氣，因為我覺得那是一種侮辱。我最後的結論是很想問他們：「天啊，你們這些人是怎麼看待我的呢？難道你們覺得我是一個沒有能力和度量接受辯論或反對意見的人？」後來我告訴他們我心中的想法，情況果然改善了許多，他們變得勇於提出意見並和我辯論，我心裡覺得好過多了，當然也很感謝他們。

　　探討親密訓練的議題，主要是希望能從另一種角度觀察並解釋這個團體。若從誠實、多樣的體驗和自由表達的角度去思考問題，得到的結果又會有所差異。每種角度都有它的優點，因此我們必須從各個不同的角度去看待事情，然後將其整合，最後構築全部理論。

　　為了繼續這種進步管理的學習團體，我有必要說明一下 1938 ～ 1939 年在布魯克林學院（Brooklyn College）所進行的團體治療實驗。若從社會、哲學、開明原則和改善世界的角度而言，自我揭露和親密關係不但有助於個人與團隊的發展，更有助於發展良好的個人關係。我從員工治療的實驗中，也發現許多案例，足以證明這種自由必須納入美國規定的基本自由權利中。每一個人都有自由、義務或權力對每一個同胞表露自己，並誠實而溫和地告訴對方所給予我們的印象。這樣的行為可以將全國人民緊密地連結在一起，使個人的心理更為健康、團隊更為完善；也是為了創建更美好的世界。

　　當然，這裡也出現了一些問題，一些我無法解答的問題，也許是沒有任何人知道答案的問題。舉個例子說明一下，這些學習團體的學生都是自願付一大筆錢，來到一個很舒適的環境，一起上課進行訓練，企圖創造出一個最好的結果。在我的印象中，這些負責訓練的專家和企業領導人都是高級菁英，他們的能力都很強，都是具備非凡氣質的成功人士。如果我們進行的是一個小規模的指導項目訓練，再沒有一個組合比它更適合了。

　　我還記得當時布魯克林學院有一小群熱心人士，共同開了一門社會科學概論的課程，內容包括心理學、社會學、人類學等等。最初上課的學生表示這是他們上過最有趣的課程，每個學生都很喜歡這個課程，也覺得收穫很大。於是校方就把這堂課變為大一的必修課。很快出現了嚴重的師資不足的問題 —— 符合要求的指導老師嚴重缺乏。最後，這門課也變得毫無價值。原因很簡單，第一班是由四五個經過挑選的訓練員來授課，他們都是擔任這項

第四章　員工自我實現的奮鬥模式

工作的最佳人選。但隨著學生越來越多，所需要的訓練員也擴增到 50 至 60 個，不過並不是每一個人都適合這個工作，當然，布魯克林學院根本沒有那麼多的人可以勝任這份工作。由於這些不適任、沒有能力的人加入訓練員行列，教學品質受到影響，進而摧毀了原來很精彩的一門課程。

在類似的團體中，我們需要的指導者必須受過訓練，而且具有某種人格特質。他們必須似慈母般 ── 願意幫助大家庭中的任何一員，因為幫助人而感到快樂，但並非世上每個人都具有這種特質。

對於那些具有強迫性格的人，我們應該怎麼做？對於有精神分裂症的人，我們應該怎麼做？對於某些心理不健康的患者，想要加入該團體卻把事情搞砸，我們又應該怎麼做？這個團體和學生本身，屬於社會的高級知識分子，對於那些只能接受具體思考的大眾而言，我們該如何做？他們無法接受這樣的課程內容，如果再繼續下去，也不會得到任何好處，只是在浪費時間。但是如果是顧及全世界共同進步的角度思考，而不是為了訓練一群社會菁英中的菁英，也許可以嘗試這樣的實驗。

同樣，個別的心理治療對改善整個世界也是有幫助的，理由很簡單。由於沒有足夠數量的心理分析師，而少量的學習團體對於整體社會的影響而言，就像是汪洋中的一小滴水，產生不了太大的作用。但是無論如何，我們還是可以把這種實驗原則延伸到其他方面，把其運用在更多的情境中。例如學校裡的年輕人理念，到現在為止，我還未遇到過年輕人差勁到無法接受這樣的教導的情況。

在工作中花費體力和腦力與遊戲和休息一樣自然，一般人並不是本能地討厭工作。究竟工作是一種滿足（因而被自發地完成）還是一種懲罰（因而被盡量避免），取決於可以人為控制的條件。

184

自我成長的有效途徑

我們可以從自我實現的人那裡看到，適宜工作環境的態度就是最理想的工作態度。這些高度進化的員工將工作融入自我的定義中，工作已成了自我的一部分，而這個自我是員工對自己定義下的自我。工作具有心理治療以及心理內化的功用，也使人們成功地邁向自我實現。

從某種程度上來說，這是一種因果關係，例如：有一群優秀的人在良好的組織中工作，而工作可以進一步提高他們的素養。改善了人的自身就能改善整個產業，並進一步改善產業內的員工，如此循環不斷。簡單地說，正確管理人類的工作、生活以及謀生方式，可以成功地改善人類以及這個世界，而且從這個意義上講，這也是一種達到商業理想境界、創造財富的方式。

很久以前，我就放棄透過個別的心理治療來改善企業組織或改善整個社會的觀點。因為那是不符合實際的。事實上，這在人數上也是無法辦到的（尤其有很多人並不適合作個別治療），於是我寄望以教育的方式，將尤賽琴式的理想目標擴及整個人類。

後來我想到將個人心理治療視為最基本的研究資料，並將其應用到教育機構以完全地改善人類全體。但不久以後，我猛然驚醒，教育雖然非常重要，但更重要的是個人的工作生活，因為每個人都必須工作。如果能把心理學、心理治療、社會心理等等應用到我們的經濟生活之中，那麼運用人本管理原則改善整個人類將不再是紙上談兵。

顯然，這是極有可能實現的。我在第一次接觸管理理論以及人本管理策略時，其實就已經看出人本管理本身存在著非常先進的論述形式，並朝向開明、綜效的方向健康發展。就單純改善品質、改善勞資關係、改善對於具備創造力員工的管理等方面來說，很多人都發現第三勢力（指人本心理學，其目的是促進員工成長，達成自我實現以及造福社會）確實發揮了不可低估的作用。

第四章　員工自我實現的奮鬥模式

比方說，我們直覺地認為彼得·杜拉克對人性的論述與第三勢力的內容非常相近，他是憑藉對工業和管理現況的調查研究而做出結論。實際上，他對專業的社會科學或心理學一竅不通，但彼得·杜拉克對人性的了解絕不亞於羅傑斯（美國心理學家，首創非指導式諮商，又稱為受輔者中心治療法或當事人中心治療法。強調在心理治療的過程中，治療者只傾聽當事人支持與鼓勵，讓他自行說出心理的困擾。

羅傑斯的主張改變了傳統治療者和當事人的對立關係，使治療者和當事人處於平等的地位，以激發當事人自我成長和自我實現的潛能）或佛洛姆（德國心理學家和社會哲學家。他認為員工的性格深受社會文化的影響，有什麼樣的社會，就會塑造出什麼樣的性格。他指出人有五大需求：相屬需求、超越需求、生存需求、統合需求和定向需求，這是個人健康發展的基本，但是社會體系無法同時滿足這些需求，因此彼此之間便產生了衝突。

此外，他認為有五種不同類型的性格：依賴性格、掠奪性格、囤積性格、市場性格和生產性格。具備生產性格的人具創造性、自主性，是最健康的性格），因此，顯而易見的是，不久的將來，工業實況必將成為研究人類心理學、高度人性發展以及理想生態學的實驗室。但之前我犯了一個錯誤，以為工業心理學（屬於應用心理學的一支，主要是運用心理學的理論與方法，研究工作者的行為和心理，從而解決問題、提升生產效率）只是簡單地運用社會心理學說所得出的知識。但事實卻完全相反，那才是知識的源泉，它代替了實驗室，甚至比真正的實驗室更為有效。

當然，相反的情況也是無庸置疑的，並且超過彼得·杜拉克的理論。那裡面隱藏著許多珍貴的研究資料可以應用於經濟活動中。我想彼得·杜拉克和同事可能是看到科學心理學就置之不理。其實不難發現，有些騙人的玩意以及沒有意義的論調，對複雜的人性來說確實是毫無價值的，但丟掉這些心理學理論，等於是把裡面珍貴的資訊也一起拋棄了。

長期以來，我一直還存有很高的道德理想，試圖將科學和人性、道德目標結合在一起，努力改善人類及整個社會。在我看來，工業心理學開啟了新的研究方向：代表新的資料來源，內容豐富的數據來源。同時也為我先前以實際探索所得出的假設和理論提供了實證的基礎。另一方面，它還像一間全新的生活實驗室，讓我可以不斷進行探索、研究，認識古典心理學所隱藏的一些問題，例如：學習、動機、情緒、思想以及行動等等。

這也正好使我回答了迪克·法爾森的提問，他曾問道：「為什麼你對這些東西如此感興趣？你要尋找什麼？你想要丟棄什麼東西？你想增加些什麼東西？」透過這些東西，我找到了達到開明思考的另一條途徑。

工業實況比個人心理治療更有助於自我成長和完善，因為它能提供同化與自發性滿足。心理治療傾向於個人發展、自我與認同等議題。我認為無論是創造性教育或創造性管理，都不應該僅限於員工的發展上，而是透過所屬的社區、團體以及組織，這些才是達成自我成長的有效途徑。

當然，對於無法進行心理治療、心理分析與頓悟治療的人尤其重要。至於智慧不足、只能具體思考的人，則根本不能用佛洛伊德方法治療成功。因此，當個人治療師一籌莫展時，一個好的社區、好的組織、好的團體往往能造成更有效的作用。

問題並不僅僅在於「什麼因素引發創造力」，而是為什麼不是每個人都有創造力？人的潛力遺失在什麼地方？它是如何癱瘓的？所以我想一個好的問題應該不是「為何人要創造」，而是「為何人不創造或創新」。其實，當有人創造某種技術時，我們不該像看到奇蹟般的感到不可思議。

自我實現的關鍵一步

自我實現的工作如果被自我內省所同化，或經由投入作用（個人認識外在的客觀世界之後，加以吸引並內化成為他內在的主觀經驗）同化於自我之中，此時，工作就具有治療或自我治療的作用。當自我實現的工作成為自我內心的一部分時，你不必與內心自我直接交涉，仍能達成自我實現的目標。

換句話說，人們會將內在的問題投射於外在世界，使其成為外部矛盾，較易尋求解決辦法，也不會產生焦慮，比起內省（個人陳述自己的經驗，心理學家藉此研究員工的內在心路歷程，又稱「自我觀察」）方式，不會輕易感到壓抑。事實上，我們常常不知不覺地把心裡的問題投射於外在環境。

舉一兩個最簡單、易被接受的例子：第一，藝術家（大家一定都同意，通常他們會把內在的問題投射於畫布上）；第二，許多腦力工作者也有同樣的情形，他們很多時候都不自覺地把一些內在的問題，投射到所做的每一件事上，只是他們沒有意識到罷了。

這不是談論什麼管理的新花招，或什麼「訣竅」，或膚淺的技術，它不是用來更有效地操縱人們以求達到非他們自身所需要的目標，這也不是一種進行剝削的嚮導。

建立優美心靈的管理

在這裡，問題的關鍵是：什麼樣的工作，什麼樣的管理，什麼樣的獎賞或報酬對人性的健康成長及其較豐滿和最豐滿的發展有益。也就是說，什麼樣的工作環境對於自我實現最有利。我們也可以反過來問，假定已有一個相當繁榮的社會和相當健康或正常的人民，他們最基本的需要 —— 衣、食、住等等的滿足已有保障，那麼，如何才能使這些人最有效地發揮作用，以促進

某一組織機構的目標和價值的實現呢？如何使他們得到最好的對待？在怎樣的條件下他們的工作最有成效？他們將獲得怎樣的獎賞，不論是金錢的還是非金錢的？

理想管理的工作條件往往不僅對自我實現有利，而且對於一個組織機構的健康與繁榮，以及這個機構所製出的產品或提供的服務的量與質，也有好處。

於是，在任何組織機構或社會中，管理的問題可以用新的方式進行研究：在一個組織機構中如何設置社會條件才能使員工的目的和組織機構的目的融合一致？這在什麼時候是可能的？什麼時候是不可能的，或有害的？促進社會和個人協同作用的力量何在？另一方面，什麼力量會擴大社會和個人之間的敵對？

很明顯，這樣的問題觸及個人和社會生活的最深層的爭端，觸及社會、政治和經濟理論以及一般哲學中最深刻的爭論。

也可以這樣設想，經典的經濟學理論，即建立在一種不適當的人類動機論的基礎上的理論，也有可能由於承認人的高級需求，包括自我實現的衝動和對最高價值的愛，以至完全革命化。我相信，對於政治科學、社會學，對於人的和社會的科學與職業也有類似的情況。

上述的一切在於強調，這不是談論什麼管理的新花招，或什麼「訣竅」，或膚淺的技術，它不是用來更有效地操縱人們以求達到非他們自身所需要的目標，這也不是一種進行剝削的嚮導。

它寧可說是以一種更新的價值體系與基本的傳統價值觀念相對抗，新體系宣稱自身不僅更有效而且更正確。人性曾被低估，人有一種高級本性，它和人的低級本性一樣也是「類似本能」的，這一高級本性包括需要有意義的工作，需要擔負責任，需要創造，需要公平和正義，需要進行有價值的活動，並寧願做得好些再好些等等，新體系在這樣的發現中得出了某些真正具有革命意義的結論。

第四章　員工自我實現的奮鬥模式

　　僅僅以金錢作為「報酬」的傳統價值觀顯然已經過時。的確，低級需要的滿足是能用金錢購買的 —— 但當這些目的已經達到時，人們就只受高級「報酬」的激勵了，例如：歸屬性、感情、尊嚴、敬重、欣賞、榮譽，以及自我實現的機會和最高價值的培養 —— 真、美、效率、卓越、正義、完善、秩序、合理等等。

　　顯而易見，這裡有很多需要考慮的問題，不僅馬克思主義者和佛洛伊德派需要考慮，而且政治的或軍事的權力主義者、「專橫」的老闆或自由主義者也需要考慮。

　　世上每個人都有天生的需求，渴望更高的價值需求，就像我們一出生，每天都需要吃一些含鋅含鎂的食物一樣，其實，我們追求更高層次價值以及動機的需求，是與生俱來的。每個人對美、真實、公正等價值都有本能的需求。如果我們可以接受這樣的思想，那麼關鍵問題就不會是：「什麼力量引發創造？」而是：為何並非每個人都有創造力？

內化工作的成功祕訣

　　在我進行「自我實現」的研究工作時，不斷有學生和教授找我談話，他們都想和我一起工作。不過，對於他們的態度我感到懷疑，甚至可以說非常沮喪和失望，對他們完全不抱任何期望。這是和他們長期滿腦子幻想的半吊子實際接觸後所產生的結論，這些人總愛講大話、畫大餅、空有一腔熱情，但是當你要求他認真研究時，卻拿不出任何成績來。因此，我不顧任何情面直接說明我的態度。對於半調子的人（和工作者、務實家相反），我也直接表明對他們的輕視態度。

　　對於那些抱有不切實際衝動的傢伙，我常常分派一些表面上似乎很愚蠢，其實相當重要而且值得去做的事。結果，十之八九沒有通過這項測驗。

後來我發現，這不只是個測驗而已。如果沒通過這個測驗，就必須把他們撥到一邊去，我勸他們加入「負責任市民聯盟」。打倒外強中乾和光說不練的人以及上了一輩子的課卻沒學到任何東西的學生。

這項測驗對任何人都有一定的意義：你可以藉此知道他是不是一棵蘋果樹——他會長出蘋果來嗎？他會結出果實嗎？從這個過程當中，我們可以分辨多產與貧瘠、空口說話與真正做事的人之間的差異，並找出誰能改變世界，而誰又對改變無所裨益。

另一方面是關於個人拯救的話題。曾經在加州聖羅莎（Santa Rosa）所舉辦的存在主義會議，談論了很多這方面的議題。我有一次曾經毫不客氣地提出反駁，表明我對尋求拯救者的輕視。當然，前提條件是，他們極度自私，對社會和世界一無是處。另外，在心理方面，他們也是愚蠢而錯誤的，因為尋求個人拯救並不能真正達到個人拯救的目的。唯一的方法，就是日本電影《生之慾》（日本導演黑澤明的作品）中所透露的：只有勤奮工作並且全身心地投入上天和個人命運召喚你去做的事，或任何值得做並且有價值的工作，只有如此，你才能真正達到個人救助。

我曾引用一些英雄人物的話，這些人不只獲得個人拯救，也受到所有認識他們的人真摯的關心與敬仰。他們都是極其優秀的工作者，而且在所處的環境裡毫無怨言。簡單地說，透過對重要工作的全心投入而達到自我實現的行為，是抵達人類幸福的唯一途徑（與直接尋求幸福不同：幸福是一種附帶現象、一種副產品，不需要刻意去追尋，而是德行的間接獎賞）；另一種方式——刻意尋求個人救助——就我的觀點來看，這種在洞穴中進行內省的方式，對任何人而言都是行不通的。我不否認，對印度人和日本人也許行得通，但是在我過去的經驗中，對其他人而言卻毫無作用。

我認為，快樂的人就是完成了他認為有價值的工作。此外，在我的著作和以前的文章中也提過，所有關於自我實現的主題都強調這一點：這些人的

第四章　員工自我實現的奮鬥模式

超越動機（自我實現的員工在基本需求獲得滿足後，會追求更高層次的需求，也就是尋求存在價值的滿足，如真、善、美等；又稱為成長動機或存在動機）來自於超越需求，而這些需求則源自於對重要工作的投入、奉獻和認同。各行各業均是如此。

否則，我就可以不負責任地斷言：救助是自我實現工作和自我實現職責的副產品。我們社會的年輕人的問題是，自我實現的觀念對他們而言，就像是一道閃電突然擊中他們的腦部，他們本不想靠自己的努力來實現。另一方面，他們在不知不覺中認為自我實現就是：擺脫禁令以及控制，支持任性和衝動。我對他們已失去耐性，這些人不執著、不堅持、不能忍受失敗。很顯然，他們所認定的特質剛好和自我實現特質相反。

話又說回來，也完全沒必要這樣，以為努力消除自我覺察或自我意識，就能達到自我實現、超越自我。自我實現的工作，既是尋求和完善自我，也是達到無私境界的一種辦法，也就是真實自我的最終表達。它解決了自私和不自私、內在和外在之間的分歧——因為達成自我實現的目的已被內化，成為自我的一部分。因此世界與自我已不再有什麼分別。內在和外在的世界已融為一體，也沒有主觀與客觀的差異。

我們在大梭溫泉曾經和一位藝術家聊過，他是一位真正的藝術家、真正的工作者和真正的成功者，在自我實現這方面的觀點非常先進。他一直催促貝塔（我太太）「親自」動手雕塑，打消她的顧慮和防範心理，也不理會她的任何解釋或藉口，認為這些論調聽起來都太花俏、太高調了。「成為藝術家的唯一方法就是工作、工作、再工作」。他特別強調自我約束、勞動和流汗，他不斷重複一句話：「積沙成丘，用木頭、石頭或黏土做出一些東西，如果覺得作品很糟糕，就把它扔掉，總比什麼事都不做來得好。」他說自己絕對不會收一個連續幾年都不自己動手做的學徒，和貝塔道別時也不忘提醒她「積沙成丘」。他要求她應該在吃完早餐後就立刻工作，就像為生活奔波

的水電工一樣，每天都必須按時工作，如果沒有做好，就會被老闆解僱。「你應該以討生活的認真態度去做這份工作」。

很明顯，他有著奇特的思想，說話豪放不羈。不過，你必須重視他，因為他具有成功的素養——他並不是一個光說不練的人。他揭示一個很簡單的道理：證明生命價值的唯一的辦法就是工作，工作，再工作。

當我們在談話時，貝塔提出了一個十分有價值的研究主題：假設有創造力的人喜歡自己的工具和材料，當然這是可以測試出來的。接下來的問題是：為何人們不創作或工作？反過來說，每個人都有創作和工作的動機，包括小孩和大人。這點已被假設，現在必須解釋其中的禁令和阻礙。是什麼東西阻礙人們的創造動機？

另一條思考方向：匱乏動機是滿足基本需求的一種低層次動機，自我實現以外的四種需求均屬於匱乏需求的範圍，這些需求是因個人不足而希望努力去取得，獲得滿足後就不再感到有所欠缺。我一直認為創作者擁有特殊才能和天賦，與健康和個性毫不相關。但現在我認為還有努力工作和意志力這兩方面的原因。有些人就大膽而驕傲，認為自己是藝術家，於是他就真的成了藝術家，因為他像對待藝術家般地對待自己，所以自然而然的，其他人也慢慢認同了他。

如果你認為自己對這個世界很重要，你自然就會變得很重要。你認為自己變得很重要，與你心中所內化的重要性等同，這也是人類克服現存缺點的方法。如果你墮落了、生病了、不能工作，都會有很大的影響。所以你必須好好照顧自己、自尊自重、多多休息，不要抽太多的菸或喝太多的酒，自然就不會想要自殺——這是非常自私的做法，對整個人類社會都是一項損失。

你來到了人間，你就是世界所需要的，是有用的。這是你覺得自己被需要最簡單易行的方法。有小孩的母親通常不會像沒有小孩的婦女那樣，動不動就想到自殺。在集中營裡的人，通常都背負了重要的任務，為一份責任或

第四章　員工自我實現的奮鬥模式

是為其他人而活，所以他們必須存活下來；另外一些人卻自我放棄而陷入麻木不仁的狀態，最後死得一點價值也沒有。

建立自尊最簡單的方法就是讓自己成為重要的人物。你可以大聲說：「我們聯合國……」或「我們治療師……」。當你能說出「我們心理學家可以證明……」時，自然就會享受到榮耀、快樂，並以身為心理學家而感到驕傲。

人們這種對重要目標、重要工作的認同以及內化，可以擴大自我，使自我變得重要，也可以彌補真實存在的人類缺陷，包括智商、才能以及技術的缺乏。

比方說，科學是一種社會制度，強調勞力分工，開發性格的差異——使無創作力的人變得有創作力，使不聰明的人變聰明，使微不足道的人變偉大，使能力有限的人變得神通廣大。任何科學家都應該獲得基本的尊重，無論他的貢獻是多麼微不足道，因為他是大型事業的一分子，因參與其中而必須獲得尊重。換句話說，他代表此事業，就像是一位大使（這裡也有一個很好的例子：來自一個重要國家的大使所受到的待遇，往往好過那些來自愚笨、發展慢而又腐敗國家的大使，儘管他們都屬於人類，也都擁有相同的缺點）。

對於一個單獨的士兵來說，情形也是一樣。一位來自戰功赫赫的軍隊的士兵所受到的待遇，一定和另一位來自常打敗仗軍隊的士兵相反。

其他像科學家、知識分子以及哲學家，也都是一樣的情形。雖然他們都是有缺陷的單一力量，可是，從群體來看，他們又都是非常重要的。他們代表一支勝利的軍隊，代表社會的改革者，創造一個新社會，他們因為參與英雄事業而成為英雄，他們找到了使渺小人物變得偉大的方法。因為世上只存在渺小的人（在各種層次上），或許只有對重要目標的參與和認同，才能使人覺得健康，才能擁有穩固的自尊。

這和我曾經提到的「責任就是對客觀環境的客觀要求所做的回應」有關。「要求」代表渴求適當的回應，也就是要求人們具備「需求性格」，這

在很大程度上依靠覺察者所具備的自我覺察個性或氣質，使人感覺有一股巨大的推動力要把事情做好做對，覺得肩膀上有一副很重的擔子。具備這種性格的人，覺得有必要修改那些無聊的標語。就某種程度而言，這是對自我存在的認知。在理想狀況下，會產生心物同構的現象，這是一種個人與自我實現（目標、責任、命令、職業和任務等）之間的雙向選擇狀態。每一項任務只需要一位最能勝任這項任務的員工，就像鑰匙與門鎖之間的一對一關係，而此人對此項要求也最有感覺，對此召喚能有所回應，能感應其呼喚。這是一種相互影響、相互適應的關係，就像一對愛侶，兩位摯友，彼此因為對方存在而存在。

如果有人拒絕這項獨特的責任會如何？如果他不接受這個獨一無二的責任呢？或是他聽不進去任何建議呢？我們在這裡當然可以說，這是與生俱來的罪惡或是不適應性。但是就像狗想直立行走，詩人想變為企業家，或做買賣的想成為詩人一樣，所有都是不對勁、不適合，甚至可以說根本不屬於該領域。你的行為必須和你的命運相配合，否則就會竹籃打水一場空。你必須讓步，必須投降，你必須承認自我是早被選擇的。

也許有人認為這是道教思想，但我認為有強調它的必要。在麥格雷戈的X理論中，責任和工作被視為勉強承受的負擔。人因為某種外在的道德，或被認為「應該」、「必須」而被迫去做，而不是出於自然的意願或是自由選擇，因此沒有任何喜悅或舒服的感覺。但在理想狀況下──具備健康的自私、最深沉、最初始的動物性自發和自由意志、可以傾聽內心衝動的聲音，一個人會積極地掌握自己的命運，就像挑選伴侶一樣。

這種對自己命運的配合──信任自己對另一半的回應所產生的感受──就像相愛的兩人擁抱在一起。在愛的擁抱和交合中，主動與被動的對立被轉化與消融，這是最理想的狀態。意志與信任的分歧也獲得解決，西方與東方的差異不復存在，自由意志與命運也不相互衝突。一個人願意接納個

第四章　員工自我實現的奮鬥模式

人的命運，更好的說法是：自己能認清被命定的自我就是真實的自我，但是與不完整認知和整合下的自我並不相同，這是一種自愛、接納自身本質的表現。所有相屬的事物融合在一起，享受融合更甚於分離。

所以，放任——而非自我控制——與自發相同，而且還是一種主動，但與被動並不相互對立和分離，甚至與被動沒有任何差別。

因此，辨認一個人的責任心或工作就像愛情中的交合和擁抱，它超越所有矛盾、對立與轉化，合為一體。這也讓我想起了達利·金及他所主張的「命運的設計」，也就是因為順應命運而認同事物的適合性、相屬性和正確性。

將這個概念應用於員工與其工作目標之間，這種關係非常困難且模糊，但若將此原則用來比較適合結婚的兩人關係與不適合結婚的兩人關係中去，則更加困難。不過可以肯定一點，在相同的命運設計中，一個人的個性可以視為與另一種性格是相合的。

假如把工作內化成自我的一部分（我想多多少少都會發生，即使有一方嘗試去阻止），自尊與工作之間的關係就會更緊密，特別是健全而穩固的自尊（價值、榮耀、影響力、重要性的感覺），必須透過重要工作的內化來建立。也許現代人的憂鬱有大部分原因是內化的工作都是不榮耀、機械化、瑣碎斷裂的工作，每當想到自己的工作，就很難有自傲、自愛和自尊的感覺。如果我是在一家口香糖廠、不實廣告代理商或是制劣質家具的工廠工作的話，就會產生以上的心理。我已清楚說明「真正的成就」是穩固自尊的基礎，但這種說法仍過於簡化，有必要再詳加說明。真正的成就代表一項有價值而高尚的任務。把一件無意義的事做好當然算不上真正的成就。我喜歡自己所說的一句話：「不值得做的事情，根本就不值得去把它做好。」

如果我現在處於一個可以完全展現自我的環境，那麼對他人而言，我看

起來如何？我對他人產生如何的影響？他們在我身上看到什麼？他們共同看出什麼特徵？為了對不同的人產生不同的影響，我應該如何做？我應該如何看待別人？

非結構性團體的溝通技巧

很顯然，以大思路的方式來思考問題是很有必要的。就我所涉獵過的關於管理以及企業組織方面的書籍，缺點是不夠深入、不夠廣泛、不具整體性，大部分都只是針對特定的工廠、特定的場所或特定的團體所做的調查分析。這些作者和研究者必須學習以更廣闊的規模——如人口以 10 億，時間以 100 年——去思考；在解決問題時，他們必須擴大研究的規模，必須更具哲學原理，必須更能接受時間的考驗；他們必須將人類視為單一的物種、種族，或是具有大家庭觀念——世上每個人都是兄弟姐妹，每個人只有微不足道的差距，而且這些差距沒有太大的關聯。

說到此處，我又想起以前曾經做過的團體治療實驗（每一個團體訓練 2 年），每個團體有 25 人參加。我要求每一個人除了扮演病人的角色，同時，還扮演另一個人的治療師的角色。因此每個人都必須同時練習扮演兩種不同的角色。換一種方式來說，你是某人的病患，同時又是另一人的治療師。我訓練兩個團體共 50 個人，我盡我最大的努力去訓練他們。我利用羅傑斯的非指導性諮商方式訓練他們成為好的聽眾，我也告訴他們扮演心理分析師應遵守的基本規則，就是隨意地就說出心裡的話，無須加以批判或組織。印第安黑腳族人是最好的例子，他們每個人自然而然地與另一人成為「極為相愛的朋友」，他們的關係非常親密，彼此都可以為對方犧牲生命。

在這裡，我想要強調一點的是，這些人與人之間的相互治療關係——人際關係，治療關係，刺激發展的關係，主要是建立在親密、誠實、自我揭

第四章　員工自我實現的奮鬥模式

露、覺察自我的基礎之上的，併負責任地回應我們對他人的印象。這是極具革命性的觀念，也就是說，他們將整個人類帶往一個更有利的方向，過不了多長時間，整個世界的文化將會產生巨大的改變。

我一直試著將這些治療團體，或是個人發展團體的技巧和目標壓縮成幾個重點。

首先，在非結構性團體中，我認為最重要的是，一個人可以表露最真實的性格，別人看到的是我們自己真正的特質，而非外加的社會角色或偽裝印象。透過別人的回饋，我們可以認知自己的社會刺激值，也就是說，如果我現在處於一個可以完全展現自我的環境，那麼對他人而言，我看起來如何？我對他人產生如何的影響？他們在我身上看到什麼？他們共同看出什麼特徵？為了對不同的人產生不同的影響，我應該如何做？我應該如何看待別人？等等。

其次要強調的是，羅傑斯所稱的體驗或是開放體驗，或是我所謂的天真的覺察，或者這樣說，我們必須體驗最深處的心靈，同時學習去體驗他人真實的自我。例如：仔細地聆聽、觀察對方，了解他所彈奏的曲子、所說的話和話中意義，這是永不間斷的感知訓練過程。

最後，誠實而流暢地表達自己。我們不僅要有覺察力，還必須毫無顧忌地、沒有負擔地說出我們所感覺到的、所覺察到的，事實上也就是表露誠實的話語與行為。當我與盧本談到這個議題時，他非常同意我的說法，不過，他認為團體歷程經由團體活動而達到預期目標的歷程，也是一個重要的因素。但是我覺得，就個人發展和個人成長而言，這一點並不是那麼重要。也許我會在處理團體的問題時體驗這種觀點，但在這裡我沒有這樣的打算。

此外，我們必須做到讓溝通更不具結構性。在我們的社會定義下，好的思考與好的寫作一樣，必須是有邏輯的、有組織的、可分析的、可說明的、符合現實的。但事實上，以榮格的理論而言，我們必須更有詩意、更有想像

力、更有榮格意義上的原始性，現今的人們太過強調理性與可述性，特別是在科學界，這種情況更為嚴重。

此前我對某一件事有一個模糊的看法，談到這裡我又開始想起來了，那就是這些學習團體不僅允許非結構性的溝通，他們還容忍其他許多新生事物。每個人都可以試著表達自己的想法，儘管這些事做起來顯得很困難，因此你可以使用比較隱喻式的字眼，斷斷續續地說出你的感覺。在治療的情境中，一個人向另一個人表述內心對所有事物的感覺和情感，但這些很難用理性而有次序的詞句表達。所有參與這類團體治療的個人，在表達心中情感的親密關係時，都必須憑藉非結構性的溝通來完成，也只有採取非結構性的溝通才起作用。

也許觀察真實存在的非結構性溝通，會是一個很好的研究計畫。例如：我時常會結結巴巴、猶豫不決地表述，根本不知道要用什麼字眼，然後又推翻先前的話，重新再來一次；就這樣一次又一次，反反覆覆，希望能提出最清楚的論述，但是之後又會說：「很抱歉，這並不是我要說的，讓我再來一次。」

我會建議團體中的學員進行這項研究，因為我懷疑自己還會有多少時間和機會。我會把非結構性溝通納入學習團體的目標清單中。正式一點地說，學習團體的目標之一是接受較不具結構性的溝通或是非結構性的溝通，尊重它、珍視它，並教導人們使用它，這是學習團體的目標之一。

事實上，學習團體的最根本的作用就是讓人學習面對心靈的現實。長久以來，我們的文化一直否定、壓抑或抑制這樣的行為。在那種文化裡，我們強調具體的事物，重視物理學家、化學家和工程師，我們只認同由人們的手指和雙手實驗所得的知識和科學的人，我們完全放棄內心生活的微妙之處。我現在所要探討的正是關於心靈方面的知識。我們本著用實用主義的原則去觀察和對待現實世界，我們單純地強調壓抑和壓迫，這使得人們壓抑和完全控制自己的心靈生活在嚴格的範圍內。

第四章　員工自我實現的奮鬥模式

　　這是完全可以理解的，在許多個人或團體治療的過程中，常常引發情緒力量和學習效果以及不可思議的結果。從部分角度來講，我們彷彿被人領入完全不熟悉的領域，我們彷彿在學習一門新的科學知識，看到全新的事實和自然界的另一面。我們開始意識到自己的內心衝突、原始歷程、形上學的思考、行為的自發性，並覺察到夢、幻想與希望的運作邏輯以及完全不同於一般的事物。之所以會造成這樣的情形，是因為學習團體中的學員大部分是最沒有心靈生活的人，如工程師、經理人、生意人、總裁等，他們自認為很堅強、理性、務實和實際，對心靈現實完全無知。他們都是一些「事物人」，所以會發生讓人難以預料的事情，這就好比一個滴酒不沾的人，第一次聞到酒精就醉倒了。

含納並構建基本性格態度

　　弗格森主張的概念化，是學習團體的另一個目標。對大部分學員而言，都是經歷了一次全新概念化的過程。第一點就是關於人類生活的事實 —— 例如重新認知個人的差異，也就是說人是不同的。但更重要的是，許多概念藉由瓦解而再建的過程之後，不僅含納了真實世界的事物，還包括心靈世界的感性、恐懼、希望和期望。因此，全新的理論與態度都可以形成。

　　我之所以會強調這一點，是因為每個人對自我、重要的他人、社會群集、自然及物質現實，以及對某些人而言屬超自然的力量等所表現出的態度的改變，也就是我所謂的「基本性格態度」，這反映了個人內部的性格結構。任何一種態度的轉變，代表性格的轉變，也就是員工內心最深處的改變。我認為，某些學員的某些基本性格態度在以一種極為激進的方式改變，當然這種改變相當重要，因此我認為將它納入訓練者的意識目標比較恰當。

　　說到這裡我又回想起某些事。在這些團體中有很多無法估價的東西。他

們認識到感覺並不是真實存在的，他們接受這些感情並把它們放進無意識層面去，並在不做任何價值判斷的前提下，勇敢地用口頭的方式表述出來。事實上，這是一件好事。舉個例子來說一下，有一個人談到自己反猶太主義的感覺，當然他很誠實地表露自己的內心感覺，也希望大家能幫助他。他的團體對這件事的處理方式非常成熟，他們不去爭論對與錯，而是接受這項事實，完全沒有任何的道德與價值批判。如果他們以道德的觀點來處理，彼此就會陷入攻擊與防衛的對立關係，而這位學員的反猶太主義的態度將會更加嚴重。

在同樣的團體裡，當領導者要求員工說出更多關於員工偏見的例證時，而且是不帶任何贊同或判斷的前提下，某個人可能說出某種心態確實存在，而且他對此感到羞恥，然後他們圍成一圈，有一部分人可能猶豫不決、吞吞吐吐，這是他們第一次表達員工對女性、黑人、猶太人、宗教人士或非宗教人士的偏見，而每個員工也都以一種無關緊要的態度接受事實，就好比心理分析師會接受治療者一樣，了解他所說的事確實存在。

我想起一位教授，他是我一個心理分析師朋友的病人。長久以來，他一直苦苦壓抑對女童性侵犯的衝動，雖然他從未真正行動過，而他以後也不會，他正逐漸克服這種衝動，但是這股衝動確實存在，就像其他令人不悅的事物——蚊子和癌症（cancer）。如果我們認為癌症是邪惡的，因而將它拒之門外，與它們劃清界線，對癌症就會真的束手無策。一個好的態度，或是每個人對於任何正在改變心靈現實的人應有的態度，不論喜歡與否、贊同與否，即使這件事是不好的，你都必須正視這些事物，接受它存在的事實。

現在我有必要說明一點，以擴大我對愛的定義。在此之前，我已說明愛是無法估價的。愛與正義、判斷、評價、報酬、懲罰不同，而團體中的學員會在潛移默化中學習到，不對任何事採取價值判斷，事實上這就是一種愛的表現。學員透過這樣的訓練，學習去愛，去感受愛。當然，在我的治療經驗

第四章　員工自我實現的奮鬥模式

中，我也發現，當我越了解一個人，他對我講述故事的態度就越謙卑，我反而會更喜歡他。

這些學習團體的情形也是一樣。他們無意間將自己的惡行全盤托出，卻讓我更加喜歡他們。因為這個團體沒有任何價值批判和懲罰，至少只有接受沒有拒絕。喜歡吹毛求疵、有強烈道德主義、不認同他人、希望改變對方、重新塑造對方，這都不是愛的表現，這也是造成婚姻不幸和離婚的主要原因。換句話說，只有兩人互相接受對方真實的自己並因此感到快樂，不會覺得受到干擾或激怒，也只有如此才能成為一對真正相愛的情侶。

實際上，上面所表述的與我接下來要討論的特定學員有關，這群人包括老闆與領導人。在此我們必須區分兩種職能角色：一種是判斷、懲罰、訓練、擔任糾察員或稽核員的角色；另一種是治療、協助和關愛的角色。我不止一次地強調，我們校園中的治療師最好不要兼任老師的角色，因為後者必須透過給分表示認可或不認可。例如：在芝加哥大學，評分的工作是由主考官委員會主持的。如此一來，學生與老師的關係會更為親密，老師只是單純地擔任支持者的角色，不必同時兼任支持者與反對者的角色。所以同樣的道理，學習團體的訓練員也只是單純地擔任支持者的角色。他們不給予成績、獎賞或懲罰，他們完全不作任何的價值判斷。

同樣的情形，在印第安黑腳族人身上也發生了。如果小孩或晚輩犯錯的話，通常是由部落裡的長者擔任懲罰的審判官，而不是自己家裡的父母。當負責懲罰的人出現時，父母親就變成了小孩的維護者，他們站在小孩這一旁，他們是小孩的擁護者和最要好的朋友，而不是要對他們進行懲罰的劊子手或懲罰者。因此，黑腳族家庭父母親與小孩之間的關係，往往比一般的美國家庭親密許多。一般美國家庭的父親，通常既扮演愛的給予者又扮演懲罰者。我想這點可以加入治療團體的目標清單中。

我想起一件事，當初天尼堡拜訪非線性系統企業時，我也曾經和他討論過這個議題，我們都同意這是一個非常好的論點。我認為有必要把這個觀念運用到企業老闆的身上。他們有權力僱請員工或解僱員工，給予員工升遷或加薪等。我想強調的是，擔任裁判者和死刑執行者角色的人，一個人處在這樣的位置時，不可能對於非裁判者或是沒有支配權力的人能給予同等的關愛與信任。

針對這一點，我想再做進一步的說明，因為這是一個很重要的理念，也是評判現代管理政策的一個重要標準。對於那種過於樂觀的傾向，我表示深深的憂慮。許多學者認為，好的管理政策和參與式管理可以使老闆與員工結合成為一個快樂的大家庭，或是成為稱兄道弟的好朋友。我懷疑這是否有實現的可能。可以肯定地說，在這種環境下友誼與信任必須有一定的限度。

事實上，作為老闆、裁判或是負責人事僱傭的人，不應該與他所要執行或監測的人太過親近或友善。如果懲罰是重要的、必要的而且是經常性的，那麼彼此間的友誼會使懲罰的工作很難執行。不管是裁判的一方，還是接受處罰的一方，均會感到難過。受到處罰的人如果被他認為是朋友的人降級，就覺得自己受到欺騙。同樣的，如果裁判者與某個受懲罰者的感情很好，在進行判斷時，難免不會有偏護的行為發生。

從另一個角度來看，如果老闆必須開除他的朋友，這對他來說也不是很好過。事情會變得非常複雜，心理的罪惡感不斷加深，這也是造成胃潰瘍性格的主要因素。我覺得，執法者最好保持超然立場，與被執法者維持某種程度疏遠。就好比軍隊裡的長官和士兵不能建立太親密的關係一樣。據我所知，世界上有太多人努力促使軍隊走向民主化，不過卻從來沒有成功過，因為總是有人指定某一個士兵犧牲生命，這完全不可能以民主方式來決定，因為沒有人想死。指揮官必須不帶個人感情選擇必須犧牲生命的人。因此，作

第四章 員工自我實現的奮鬥模式

為一個將軍最好保持孤立以及超然的立場，不要和部屬太親近，不要和任何一個士兵成為朋友，因為你可能隨時要他們去送死或是接受處罰。

在醫生的身上也會發生同樣的情形，特別是外科醫生。他們常會拒絕替自己的朋友進行手術，身心科醫師也會拒絕診治自己的朋友或親戚。

這是一個很微妙的事實，人們不可能同時愛一個人又能公正無私地審判他。對同一人擁有愛與正義是很困難的，但卻是存在我們周圍一項無法避免的事實。我們總是很難以超然的立場，同時處理對同一個人的愛以及懲罰。這種觀點與傳統的管理政策完全相反。權力就是權力，它可以支配我的生死，對於一個操控我生死大權的人，我無法像對待一個與我沒有權力關係的人採取同等的態度。

在探討這個議題的時候，安德魯·凱伊（非線性系統企業總裁）提出了一個很好的觀點，他認為開放的概念其實被混淆了，他認為開放心胸有兩種意義。我認真地思考之後，完全同意他的看法，認為那是一個非常有效的區別。以老闆和參與式管理的角度而言，開放心胸表示願意接受任何建議、事實、反應或資訊，不論令人愉快與否。不可否認的，在此方面他必須開放心胸，他必須知道正在發生什麼事。

不過，若是讓法官、警察、老闆、船長和將軍也坦誠以對，毫無顧忌地表露自己的想法，就完全沒有必要。在特殊情況下，這樣的領導者有責任隱藏自己內心的恐懼。如果我正坐在一艘正在汪洋中航行的船隻，船長不斷地公開說出他的恐懼、焦慮和不確定因素。可以肯定的是，我下次再也不會搭這艘船。每個人都希望船長能承擔所有的責任，相信他完全有能力勝任這份工作。我不願接受他是一位容易犯錯、看錯指南針的船長，這會讓我感到惶惶不安。對於醫生來說，也是一樣，我不希望他在為我做健康檢查時，大聲說出他的想法，當他在檢查我是否患有結核病、癌症或心臟病時，我寧願他將自己的懷疑藏在心中。

同樣的情形也發生在軍隊裡的指揮官或是家裡的父母親身上。作為一個父親及丈夫，如果他總是告訴他的太太和小孩自己的害怕、懷疑、不安和缺點，就失去穩定全家的功能。其實，丈夫或父親的另一項角色功能就是自信來源者，他是家中的核心力量，必須勇敢承擔一切責任。對於那些認為必須對妻子、小孩和朋友坦誠的人，我的建議是他必須承擔全部的責任，不要說出自己的困擾，他必須有足夠的承受力自行承擔一切。

企業界也有同樣的情形。作為一家企業的老闆或管理者一定也會遇到一些緊急狀況，可是，他應該對未來抱有極強的信心，應該盡量在員工面前保持鎮定，自行承受所有的恐懼、懷疑或沮喪。在企業裡面，在全體員工的面前，避免情感失控。

在我早期的教學生涯中，我非常喜愛我的學生，和他們非常親近，也希望成為他們真正的朋友。後來我漸漸意識到，只有在不牽涉成績的情況下，他們才能對我永遠保持微笑與友誼。我完全有理由愛一位心理學成績不佳的學生，但是他們不了解這一點，也無法接受。當我與學生成了好朋友，如果我給的成績不好，他們就認為我背叛了他們，認為我是個偽君子。當然不是所有的學生都這樣認為，心理較健康的人就不會如此想。逐漸地，我放棄了這樣的做法，特別是面對學生數目眾多的大班級，我都會保持某種程度的距離，與學生維持一種英國式的關係，不再像以前那樣推心置腹。只有當我特地為某些學生準備資料，向他們解說，並事先警告他們會有不及格的危險時，這是唯一親近的時候。所有的資料都表明，老闆和領導者必須有開放的態度，但此處的開放是指讓自己的耳朵和眼睛準備接受資訊。

關於團體治療與個別治療之間的爭論是毫無意義的。原因之一，兩者的目的不同，治療的對象也不同。因此重點在於，我們必須先弄清什麼樣的問題，在什麼樣的情況下，有什麼樣的人，有什麼樣的目標，再決定要採取團體治療還是個別治療，或是二者兼用。

第四章　員工自我實現的奮鬥模式

　　一種比較大眾性的結論就是，這些學習團體可以促進成長，促進人格健康發展，這是一種心理內化的過程（心理治療是讓有心理疾病的人變得正常，心理內化是讓正常人變得更好）。這和耕田的道理沒什麼兩樣，一個好的農夫把種子播下去，創設一個良好的成長環境，然後就放任這些種子自由成長，只有在它們真正需要幫忙的時候才提供協助。他不會常常拔出剛剛發芽的種子，檢視它是否正常成長，也不會去扭轉它原來的形狀，不去推擠它或拔出來後再把它放回土壤裡面。他只是把這些種子留在土壤裡任其自由成長，只提供最少的幫助，甚至可以說只有在必要的時候才會出手幫助。

　　毋庸置疑，愛羅湖的團體具備良好的成長環境，他們擁有好的訓練員、好的領導者，不會強行訓練、塑造學員，只是單純地提供一個良好的學習環境，給他們一些成長的有機土壤或激發原來潛藏在內心的「種子」，任其自由地成長，而不給予太多的干擾。

　　事實上，人類生活中也有許多存在性衝突，許多問題無法獲得解決，許多時候為了達成某個目標，必須放棄其他事物，這就是衝突所在。當我們朝向某一目標前進時，往往必須放棄某件事物，甚至對此感到哀傷，但必須努力抑制自己的情緒。

正確對待自我實現者的隱私

　　我差一點忘記另一個問題,恰好現在又浮現在我腦海裡,這是個非常私人的問題。這是從我閱讀的書籍以及從愛羅湖的訓練團體得到的啟示,而且至少產生了半打以上的疑問。我發覺這個領域的工作者忽視了隱私的需求。當然,這些訓練團體的目的就是要學員守住隱私。他們採取的自發式訓練,就是教導學員依照自己的意願選擇自我隱瞞或自我揭露。他們所謂的隱私只是一種恐懼、強制、無能和限制等等。

　　實際上,在針對自我實現的人所進行的研究表明,當人的心理越健康,就越需要非強制性的隱私,他們比較沒有神經質的隱私問題,也不會保有不必要的祕密,更不會刻意隱瞞自己的創傷,戴著一副面具生活。

　　我的這些想法是受到我太太貝塔的刺激,她是一個特別注重隱私的人。如果在20個人的團體面前要她說出自己的隱私,她會感到不寒而慄。這並非是神經質的隱私,她只對自己的知心好友說出心中的想法。許多人需要正常的隱私,他們會自我選擇傾吐的對象,因此像愛羅湖的團體就不適合他們,好像對他們而言非常不自然,就算強迫他們參加,也不會有多大用處。在這種群體公開表白的過程中,這些人仍是保持防衛的心態。

　　問題的關鍵是,我們必須區分健康的、有必要的隱私和神經質的、強制的、不可控制的隱私,我們必須努力解除神經質隱私 —— 這些都是無用的顧忌,相當愚蠢、非理性、沒必要而且不切實際。健康隱私是有存在的必要性的。我們也很容易忘了個人之間的差異。依據我個人的經驗,可以將人分成不同的等級,從易於自我揭露到需要健康隱私。

　　為了確立此觀點,我甚至可以大膽地說,達到健康隱私的前提是瓦解神經質隱私,當然還要能夠享受隱私,而且保持自己的獨立(一些神經質的人,甚至大部分的平凡人就辦不到這一點)。神經質隱私的瓦解是邁向健康

第四章　員工自我實現的奮鬥模式

的一個不可或缺的過程，這裡所謂的健康包括對隱私的需求、享受隱私以及保有隱私的能力。

這種情形也詮釋了前面所講的議題，企業領導者在員工面前不暴露自己的一切想法是很必要的。在某些情況下，他最好保有隱私。當將軍決定要執行一項特殊任務時，最好不要到處宣揚心中的不確定和懷疑，更不要不停地扭動手指顯示他的恐懼，因為這樣的行為會瓦解全隊的士氣。所謂的健康隱私也包括這樣的情形，當客觀環境需要時就必須保有某些隱私。

這與另一個問題有關係，我曾在某個團體討論的課程中談到神經質防衛與健康防衛的必要性。我們必須緊緊記住一點，神經質防衛是不健康的，因為它是不可控制的、強迫性的、非理性的、愚蠢的、不被接受的。我們有許多控制衝動的力量，其中之一就是防衛，當然，我們現在已意識到，在現今的文化中許多的失序狀況是由於缺乏控制所致，但是佛洛伊德當年卻未曾意識到這一點。

常常有人開玩笑說某人必須克制，但是我並不認為這是玩笑話，而是很有道理的。我認為人們不可以、不應該、也不願意在任何時候、任何地點表達心中的衝動，我們必須有所節制，不僅是現實環境需要，也是個人發展和價值的需要。

事實上，人類生活中也有許多存在性衝突。許多問題無法獲得解決，許多時候為了達成某個目標，必須放棄其他事物，這就是衝突所在。當我們朝向某一目標前進時，往往必須放棄某件事物，甚至對此感到哀傷，但必須努力抑制自己的情緒。

通常一個決定就意味著對一件事物的執著喜愛而對另一件事物的排斥，我們不可能在兩件事物間來回做選擇。比如說，一夫一妻制就意味著最後的決定以及永遠的承諾，因此它就必然涉及必要的、健康的和可欲求的防衛。「防衛」一詞已被人們過度濫用。在這裡「防衛」一詞用「因應機制」又

名因應行為，指人在追求目標時，能面對環境限制所表現出的積極性適應行為，因應機制的目的在於減低焦慮、解決困難，而非逃避現實代替。

社會哲學家一再地強調，佛洛伊德所處的 1910 年與我們非常不同。我們也可以這麼說，他們承受過多的壓抑。部分是因為佛洛伊德使得這些不必要的壓抑遭到瓦解。現在我們需要的是控制衝動，甚至控制某些可欲求的壓抑。

我想到了一個例子：曾有一位婦女，當她想到什麼時，也不管別人還在說話，就開始說了起來，因此遭受團體學員的猛烈攻擊：「請自我控制一下，閉上你的嘴，我們也要發表自己的看法；當沒有人說話的時候再說，別打斷他人的話。」這就是必要防衛或因應機制的例證。

以前我常常在想，所謂的學習團體或是其他感受訓練、人際關係、領導團隊等，都只是假藉團體治療的名義。但現在我改變了看法，除了上述的原因外，還有其他的原因。首先，不管怎麼說，治療一詞已經有點不適用，它代表人在心理上有疾病。但就我研究表明，大部分學員就心理治療的層面而言不算是病，只是就正常的情況而言有些許的偏差，但他們都是普通而正常的公民。因此他們需要的並非是員工式心理治療，而是個人發展、自我實現的訓練。

此外，我也逐漸明白一件事，那就是如果你使用心理治療這個字眼，可能會引起很多人的厭惡，即使他們確實需要接受心理治療。例如：這些假名與同義詞對於那些執迷型、倔強型、事物思考型的人以及不信任心理學的人來說，比較容易接受。雖然我認為有比「訓練」更適合的名詞，但是我還是保留一些名詞（不意味著能夠治療疾病）。

「訓練員」這名詞也有一點屈就的意味，好像我是一位健康完美的神明，降尊紆貴地幫助你這位不健康、不幸的可憐鬼，類似這樣的說法都應該避免。如果我們強調存在型心理治療師可能會好一點，他們與學員有著同胞之

第四章　員工自我實現的奮鬥模式

情，身處於同一條船上，相互幫忙，就像哥哥幫助弟弟，一切都源自於愛。所有的團體都應該放棄過時的醫療行為模式 —— 以一種權威的心態，健康的人治療不健康的人。

「學習信任」是治療團體的另一個目標，去除一切的防護和防衛心態，特別是反向攻擊和反向敵意，更要放棄以自己為目標的偏執狂心態。這與學習表達和自發是不同的，這也是關於現實主義和客觀性的訓練，因為它是根植於當今現實，而非兒童時期的現實。對現今而言，兒童現實已經不切實際而且是錯誤的。這與佛洛伊德強調脫離過去的意義是相同的，因此更好的說法是「學習信任」—— 當此信任符合現實情況時；或是「學習不信任」——當此信任不符合現實情況時。

另外一個實用的目標是學習隱忍感情。團體的領導者（我拒絕稱他作訓練員，因為那聽起來好像是在訓練熊、狗等動物一樣的刺耳）必須保持鎮定，他必須忍受他人的敵意，即使是碰到深沉的感情，無論是積極的還是消極的，他都必須無動於衷。學習團體的學員了解到，其他人並非如一般人所想的那樣容易受到傷害。許多學習團體的報告表明，如果一個人受到客觀地批評或是有人在哭，又或是有人激怒了別人，就會有另一個人出來解救他。但是就長期而言，大家必須藉由簡單的經驗，知道人不會因為受到批評而崩潰，他們所能承受的壓力極限要比普通人高出很多，不過，這些批評必須是真的、友善的。

也許另一個目標就是學習辯護個人客觀而友善的批評與攻擊之間的差異。我在少數的團體訓練中，也看到過這樣的差別。

我們也應該學習容忍缺乏組織、模稜兩可、無計畫、沒有未來的情況，這些都是重要的心理建設和發展過程，而且非常有成效。對於個人發展而言是必要的，這也是培養創造力的前提條件。

我認為有必要強調學習團體的選擇性，特別是在位於山頂的愛羅湖或是

其他孤立的文化領域。在這樣的團體裡面，沒有真正的惡意，沒有真正的毒蛇猛獸，沒有真正惡名昭彰的壞人。換句話來說，他們都是高尚的人，或是至少他們都努力成為高尚的人。這是一樣的嗎？當然，有人會因為這些特定團體的成效，以為在所有的情況下均能實行。其實不然，比較好的說法是，這些位於山頂的學習團體之所以有成效，是因為環境條件的允許。如果現在面對的是獨裁性格的人、偏執狂或是不成熟的人，學習團體的成效就會令人質疑，這是很實際的情況，因為這些訓練員或領導者都是經過特別篩選的。

我感觸頗深的是，團體裡的每個人都是高尚的，當然這裡的人平均水準也比一般大眾要高。這又牽涉到挑選的問題，因為世上沒有足夠優秀的人，組成上百個或上千個學習團體。這些團隊是成長在良好的環境條件下，只能進行有限的實驗，因此，它必須小心教條、虔誠和形式等。

當我在山頂上問過一部分學員某些問題時，這種情形顯得更加的真實。我問他：「魔鬼在哪裡？精神病理學在哪裡？現實證明存在的佛洛伊德式消極和悲觀在哪裡？」我感覺他們太傾向於羅傑斯式的樂觀主義，認為在任何情況下所有人都是好的，所有好的治療對所有人都是有效的，但實際情況卻有所不同。在良好的環境下，大部分人都能自我成長，但不是全部。我對於領導者也有同樣的質疑。就長期而言，我們不能自我選擇領導者或治療師，但是在許多著作中卻沒提到針對潛在領導者所設計的個人治療。

我認為接受敏感度訓練的人，應該以更開放的態度討論心中的敵意 —— 必須更明確、更仔細。例如：在我與他們共處的短短幾天裡，看到他們不斷地練習公開表達自己的敵意。這是我們社會的最大問題，相較於佛洛伊德時代對性慾的壓抑，目前心理分析師面對的是對敵意和進取的壓抑，壓抑的程度不下於當年的性慾壓抑。社會越來越害怕衝突、不同意、敵意、反抗和排斥的發生。我們不斷強調要與他人和平共處，即使你很不喜歡這個人，也必須這樣。

第四章　員工自我實現的奮鬥模式

在這些學習團體中，他們不但學習接受他人的敵意，而且還接受成為他人攻擊目標的培訓，培訓人們成為靶子後該如何處理，才會不因此而倒下。我看到某些美國人超越一般禮教的束縛，願意接受好友負面而善意的批評，也不覺得自己遭受攻擊，反而將對方的行為視為情感的表達、協助的意願。當今社會上大部分人做不到這一點，認為批評是對人的全盤攻擊。但是在愛羅湖團體裡，他們努力教導學員分辨何者是出於關愛、友誼和助人的衝動而提出的批評，何者是出於敵意或攻擊的批評。

經過學習、訓練後，團隊中的學員變得更為堅強，更有適應力，更能承受更多的痛苦。毫無疑問的，這些人比較有勇氣向別人說不，勇於批評別人，否定別人的意見，而且會因此產生一種抗拒大變故的能力。

對男人而言，現在所有的這些問題顯得特別重要。假如男子氣概是我們社會的焦點議題；如果男人不夠強硬、不夠積極、不夠果斷的話，那麼這些團體的訓練對建立男子氣概亦有所幫助。在我們的社會裡，有許多男人喜歡安撫、討好別人，極力避免任何的衝突、反抗，試著平息爭端、手腕靈活、不斷妥協、不製造爭端、不搞亂，當大多數人反對時就輕易地舉手投降，絕不堅持自己的意見。這種性格的男性被佛洛伊德稱為太監 —— 遭閹割的男人，他們像一隻寵物狗，努力地搖尾乞憐，討好主人，在最糟糕的時候也不會做出反擊。

為了能對這個問題有更清楚的理解，應該仔細研究佛洛伊德關於攻擊、毀滅和死之願望的論述。我並不是說要完全接受佛洛伊德的主張，而是藉此對人的心靈有更深入地體驗。

還有另外一個觀點也和此點有關，也是我常常想到的，那就是支配─從屬關係。我曾經在猴子和猩猩的身上觀察到依據支配層級所制定的覓食次序。但是整體動力學研究者對這方面所知不多。我建議他們參考猴子的行為模式。我認為他們都過於強調民主教條，以為人人生來就平等，對實質占有

優勢的人，天生的領導者，具有支配力的人，特別聰明或特別果斷的人，他們覺得很難接受，因為這違反民主原則；事實上，這並不相互排斥。在我讀過的著作裡，並沒有任何關於這個問題的參考資料，而在整個佛洛伊德心理學說裡也找不到任何的參考資料。

而對我們這些人來說，接下來的挑戰並不是思考如何激勵員工，而是應該創造一個環境，讓員工願意並主動發揮內心的最高潛能和動力，對公司做出最大的貢獻。或許首先應該做的是，分析組織的政策和作業程序。

激發員工潛能的智慧資源

世上有兩種人：「外緣旁觀者」和「參與者」。外緣旁觀者這個名詞是由美國拉斯維加斯內華達大學（University of Nevada, Las Vegas）的西吉教授所創造出來的。在他的《藝術和民主》書中，外緣旁觀者就是非參與者，他認為他們沒有真正地在生活──他們對內心的想法沒有任何熱情或奉獻。他們付錢聽音樂，用錢購買藝術，玩弄人們的創作與想法，不過這些都只是表面的。雖然外表上他們參與了這些活動，不過心裡並沒有真正的投入，充其量只是一個站在外面的圍觀者而已。參與者憑著自身的價值與信仰，探索未知的世界，度過美好的時光，也遇到過不如意的事情，曾經受歡迎過，也曾經被批評過，經歷過繁榮富強的時期，也經歷過不確定的動盪年代，不論是在藝術或民主政治方面，參與者都在積極地成長。

那些擔任「參與者」角色的領導人不是因為他們是真正的信仰者，而是因為這是未來的潮流，是一件大事，他們並非真正的了解其中的含意和知識。當我們聽到企業主管反覆提到「人力資本」、「智慧資源管理」、「激發員工潛能」和其他相關的概念時，我們可以確定企業的人性面將是未來重要的管理議題。我們拭目以待有多少人會是這項潮流的「外緣旁觀者」或是「參與者」。

第四章　員工自我實現的奮鬥模式

　　事實上，要成為「參與者」有許多典範可以追尋，麥格雷戈不論好的年代還是壞的時代，他們自始至終堅持自己的信念，不斷地追求真理，不理會旁人的嘲弄，也不管別人說他們天真不實際。這些人可以說是歷史的英雄，他們總是堅持自己的夢想，並且真正地參與完成心中的目標。

　　參與的行為需要很大的勇氣和堅強的毅力，但這並不是一個盲目擁護的價值觀，也不是一項使命宣言或是操控員工的企業符咒。參與的行為可以活化組織，重新組合組織 DNA，激發人性的潛能。

　　麥格雷戈發表的 X 理論以及 Y 理論概念，是針對人類行為所做的一系列假設。實際上，X 理論以及 Y 理論中有許多概念與我的需求層次理論相似，大部分人認為麥格雷戈的理論是在替我的理論建立起崇高的聲譽。

　　研究顯示，麥格雷戈理論中某些重要的概念，常常在翻譯時有所遺漏。X 理論和 Y 理論並非某種管理方式，只是一些關於人性的假設，而這些假設對管理方式的發展有極大的影響。

　　可以用麥格雷戈自己的話來詮釋：「管理人員最重要的課題是：關於管理員工最有效的方法，你的假設為何（包括明文規定及墨守成規的）？管理階層對於控制人力資源所抱持的假設，將決定企業的整體性格。」

　　因此我們有必要問一下，你是否相信：

　　一、對一般人而言，是不是都比較不喜歡工作？經理人以及組織必須時時刻刻控制、指引和確保員工有稱職的表現？一般員工喜歡遵照指示做事，並且視安全的需求為第一要務？一般員工都沒有成就大事業的野心或需求？

　　二、一般人都認為，工作與休息或玩樂一樣地自然，而且必要。每個人學習自我控制，展現進取心，當他們全心達到目標時，會主動承擔起所有責任。他們因為獎賞而願意全心奉獻，而非出於恐懼，特別是無形的獎賞，例如成就感和自我實現，大部分人都擁有許多未開發的創造力和創新力。

上文提到的第一個問題，就是 X 理論的主張，第二個問題則描述 Y 理論的主張。根據管理顧問吉姆·柯林斯（James C. Collins）所說：「X 理論仍是目前的主流。許多經理人及企業家仍持這樣的觀點，人不能百分之百地被信任，必須時刻受到監督，需要足夠的動機，或是認為人們不願努力工作。害怕、不信任、壓迫以及威逼利誘的管理方式和獨裁主義西元 1890 年代相當盛行。不只是大型企業實行這種獨裁式管理模式，連許多中小企業也都是遵循 X 理論管理員工。」

在企業中如何營運 X 理論？麥格雷戈自己就提出最好的案例。我節取了一段他在 1954 年的演講內容：

「幾個星期前，我與一家位於劍橋的小型企業的主管開會。他們都有一個共同的困擾，就是如何想方設法讓員工準時上班。小組的對話方式引起了我的興趣。有一個人建議說：「最好的解決辦法是設立一個打卡鐘。」也有的人說：「應該在每個部門最顯著的地方，放一本簽到簿，請每個員工寫上自己的名字以及抵達時間。」另外還有人提議說：「在辦公室的入口設一個旋轉門，八點半以後就在門上掛一個鈴，遲到的員工經過時，鈴就會響起，整個部門的同事都會聽到，遲到的人就會覺得臉上無光。」

以上這些非常嚴肅的提議，都是一些表現傑出的主管所提出來的。他們以為可以輕易地解決這個問題。但他們沒有考慮到造成這些問題的背後原因以及態度。我冷眼旁觀這些人的討論，不發一言，最後產生這樣的結論：「並非每個人都自願準時上班。這些態度和信念都隱藏在內心深處，沒有被拿出來公開講過，而這正是經理人會提出以上建議的原因。」

而對我們這些人來說，接下來的挑戰並不是思考如何懲罰員工，而是應該創造一個環境，讓員工願意並主動發揮內心的最高潛能和動力，對公司做出最大的貢獻。或許首先應該做的是，分析組織的政策和作業程序。

經典剖析：喬治·馬肯企劃自我實現

　　美國加州曼羅公園沙山路三○○號，等於是權力、尊貴與商場藝術的代名詞。這裡是創投家的聚居地，他們透過籌資、合併和收購，創造了美國經濟的榮景。他們不斷地尋求下一個高利潤的投資機會，沙山路已成為美國企業發展史上的一個傳奇。喬治·馬肯和他的合夥人大衛·里瓦就在這個金融聖地成立自己的事業，他們經營的是一家私人投資銀行。

　　對大部分人來說，我們的產業還是個陌生的領域，有許多是私人募集的企業。事實上，要仔細定義這個行業的話，共有三或四大類。最大的部分是我們所謂的管理收購，我們從某些機構以及富有家庭募集了 500 億美元的新資金。創投部分有 100 億美元，收購的部分約有 300 億美元。我和里瓦在創立這家企業以後，投資比率剛好相反，創投部分要高於收購部分。在我們成立之初，幾乎沒有人了解這一行業，但當初創辦之時，我們的工作是建立優良而健全的企業。

　　我從事創投業以及我擔任美國企業主管的經驗中，得出「不適任企業主症候群」的想法。不稱職的企業主和不稱職的老闆沒什麼區別，業主就像不適任的老闆，對組織會有極大的影響。不論私人募集或公開上市的企業，都有「不適任企業主症候群」。在我所從事的行業，最令我感興趣的是「拯救這些企業」。不論企業是否正出售或轉投資部分事業，我發現一旦把企業資產交到員工的手中，業績竟然會奇蹟般地好轉起來，而且所有員工都覺得很快樂和興奮。從這一點我體會到，一家企業之所以會遭到困難而且到了走投無路的窮途，那是因為過去的一些政策決定完全掌握在少數企業主手中，加上他們都專注在企業的財務利潤方面，這種以自我為中心的管理模式，造成了企業走向衰敗的命運。

　　我曾經是一個大型集團重要部門中的一分子，曾經有過為新想法辯護的

親身體驗。幫企業找尋一位稱職的企業主或是協助原企業主進行調整是我們的工作，通常我們會與管理人員共同合作。不論是既有的管理階層或是我們另行尋求的管理人才，我們都希望提供一系列焦點集中、方向一致的目標，將每位員工組織起來，站在同一陣線上。

所以說，我們所做的就是讓企業各個部門相互協助、業務集中，每位員工都能各盡其職。我們也希望能創造一個良好的工作環境，讓每位員工都能達到自我實現與創造的目標。

資本主義的浪潮席捲全球，現在我們在美國以及世界各地所一致進行的工作，就是重新定義價值觀，這個價值觀能將我們在市場上所採取的行動與健全社會的核心價值相互結合。令我們感到欣慰的是，目前已經有一少部分人開始嘗試這項工作了。當你看過馬斯洛的著作後就會發現，他也提到很多這方面的想法。他不愧是一位具有遠見的先鋒，不斷思考新的概念，憑自己直覺大膽地假設，而後又回頭測試心中的觀點是否有可行價值。

現在讓我們來談一談遠景，這是員工針對組織在最高度自我實現模式下可能的運作情形所描繪的心靈圖像。為了讓你更了解我的說法，我從你比較有興趣的事物談起。我的圖像和你的會有所不同。這個圖像觸動了人類最高層、最善良的心靈，人類的靈感與抱負就存在於此。遠景可以激勵企業所有人共同朝同一崇高的目標邁進。我們每個人都與世上其他所有人、所有事物緊緊相連，這就是我們崇高的目標。

經過充分的分析討論，我們為業績優良的企業下了定義：這企業讓我們引以為傲，當我們一想到它，就全身精力充沛，它在產業中表現得出類拔萃，它能吸引最好的人才，每個社區都希望能有這樣優良的企業含納並建構於其中，所有的廠商都爭先恐後地與他們做生意，所有的顧客都樂於與他們往來，股東們也都很高興投資這家企業。

第四章　員工自我實現的奮鬥模式

　　我們最大的不同是將股東的想法考慮進去。我們希望建立的企業，能顧慮並平衡所有股東的權益。如今，我們真的做到了，也滿足了所有股東的需求，更創造出超水準的財務表現。

　　但這些目標要如何實現呢？首先，我們會尋找正處於轉型期的企業，而它所處的產業正在成長階段而且是一家基礎不錯的企業，值得我們進入並買下，我們會提供必要的資源與策略，以及創造高效組織所需的思考模式。只有員工願意達成自我實現，組織才能達到自我實現的目標，而這是我們工作最有趣和特色的地方。最後的結果也讓人驚喜不已，人們一早起來，就會迫不及待地去上班。

　　但是，在我們達成金字塔目標以後，發現還漏掉了一些東西。我們仍在「自我系統」裡運作。自我系統有多樣特徵，其中之一就是人與人之間的激烈競爭。在強調競爭的情況下，建立合作的工作團隊變得更為困難，然而這就是我們現在的情形，這也是為何多數工作團隊運作不良的原因。員工彼此相互競爭，但我們卻無法理解為何會這樣，我們以為情況原本就該如此。我們的錯誤在於，我們沒有發掘人性的另一種可能。

　　我的幾位工作夥伴，他們是令人印象深刻的團隊，都擁有很優秀的學歷背景，並且都有在大型上市企業工作的經驗，而且所有的新進員工都來自各地首屈一指的學校。他們來這裡工作，目的不只是從事金融交易，而是希望建立良好的工作團隊。這是和其他企業從業人員的不同之處。

　　建立績優企業的目標徹底地改變了我們企業。不可否認的，我們不能回頭。我們現在所談的並不是一件簡單的事，而是最艱巨的工作，不過一旦你投入進去，就不能回頭。在我們不斷地討論、改進那些阻止我們達成綜效的策略以後，我們開始漸漸地轉變。如果他們不和馬肯和里瓦站在一起的話，我們就不能使所購入的企業跟著有所提升，如今我們變得非常有效率。

在這個金融社區裡，將這些策略運用起來是很簡單的。例如：上次募集的資金即將短缺，我們必須再次募集，這是常有的情況，就在這次募集資金時，我們必須討論這個問題。我們苦思如何對那些頑固的華爾街人士說明我們的理念。我們得到了一個結論，他們也是人，他們也有追尋自我實現的內在需求，心中也抱著崇高的目標，他們也很清楚，在差勁的組織與完善的組織中工作，有很大不同。因此我們就從這個角度入手，直接說中他們的心中要害。結果呢？我們募集到的資金是當初預期的兩倍，我們原本的目標是 40 億美元。

馬斯洛在他的筆記裡提到，實行開明管理的組織能創造更健全的社會。事實上，我們希望創造自我實現的員工和高績效的組織這一目標與馬斯洛的觀點完全一致。我完全同意這個論調。在全球經濟正經歷轉型的時期，企業扮演一個相當重要的角色。也許比其他單一機構都顯得重要，這是一個全新的角色。企業家的地位一直都很重要，但要創造一個健全的社會，則是一個全新的嘗試。我們必須了解這個角色的意義，提升自己的價值觀。

我們必須確認，個人或全體是否願意接受這份重大責任，共同努力塑造善良人類。這是我們留給後代子孫的禮物，這是個全新的企業概念。關鍵是，我們願意接受嗎？企業是人們花費大半時間工作的地方。我們企業和非營利組織在建立健全社會方面，比起其他我所能想到的機構、承擔的責任更為重要。

布萊恩‧勒林談企業員工價值實現

　　布萊恩‧勒林是鄉村企業基金會的創辦人，他將馬斯洛理論引進世界上最貧窮的國家。勒林和他太太瓊恩共同創立鄉村企業基金會。這個基金會透過區區的 100 美元以及全球各地的發起人，挽救了世界各地無數的受苦民眾。因為它的幫助，全球好幾個貧窮國家的人民，實現了他們成為企業家的夢想。

　　有一次，我們參加了多明尼加教堂之旅，激起了開發這個國家的興趣。就像其他人一樣，我們很想實現這個願望，我把它看作是追求生命價值的一個環節。在我上大學的時候，有一位教授對我說：「你不能從尋找快樂中發掘快樂，只有服務人群才能獲得真正的快樂。」我們的行動源自我們的宗教信仰，宗教信仰成為我們工作的動機。首先，我們的任務是傳遞一項資訊：企業家精神和金錢資本可以幫助極度貧窮的人創業，體驗長期工作所帶來的尊嚴。就整個計畫而言，我只是幫助他們達到這個目標的工具之一，無論成功或失敗，我們都不能以個人的角度來看待這種行為。

　　我想我們成功的主要因素是以前就學到的，到現在對我都還有很深的影響。在每一位一起工作的夥伴身上，我們都可以看到人性光輝的一面。在美國，我們總是覺得窮人或貧窮會使人喪失人性。但是，當你和世界上最貧窮的人面對面時就會發現，人性的光輝也在他們身上閃耀著。他們與我們並沒有什麼根本的不同。

　　在馬斯洛的日記裡曾經不止一次提到印第安黑腳族的故事，他對黑腳族的第一印象是，覺得他們非常有人性，之後才會注意到他們是印第安人。這也就是我所說的人性光輝。

　　我曾帶一些贊助者到海地。在那裡和幾位接受我們協助創業的人見面。其中有一位婦女在解釋到一半時，突然和在場賓客說抱歉，她要先離場去餵她的雙胞胎。我的那位贊助者，是位很成功的美國商人，併購買了好幾家大

企業，他對我說：「如果他們有我一半的努力，我會很樂意為他們工作。」他的這種反應就是希望人們了解，我們不是要「拯救」窮人，而是借他們一雙手，一個人。

在我看來，創投業分成兩種。第一種就像交易藝術中的類型，即使是將一雙襪子退回凱瑪百貨，他們也願意做這筆交易。這類的創投者對於我們以少量資金協助他人創業的工作很有興趣。一旦他們看到成果，就希望能成為其中的一分子。雖然他們無法從這些企業中獲得任何的利潤或擁有權，但他們喜歡參與創業的過程，幫助窮人發展自己的商業計畫，了解企業的競爭優勢。所以對他們而言，這就是交易的藝術，以及思考過程背後所隱藏的創新能力，當他們看到「人性化的結果」時都非常驚喜。

第二種創投業盛行於 1950 至 1960 年代，他們都有著博愛的精神。他們非常願意提供資金，因為贊助一些協助人創業的基金，對他們來說未嘗不是一件好事。他們也了解擁有企業就代表擁有權力。這也就是他們寧願與我們合作也不願將錢捐給非營利機構的原因。

與那些營利企業家相比，我們的相同點是，使用相同的語言、相同的工具和技術。唯一不同的是，我們協助貧窮而努力工作的人創業。這些人制定簡單的商業計畫，如果我們認為這份計畫可行，就會提供資金協助他們執行計畫。資金的提供有三個時機：計畫獲得同意後、企業開始營運後，以及達成特定目標後。

社會企業家因為知道最後的成效而感到快樂和成就感，並親眼目睹區區 100 美金投資所發揮的影響力。這與從事營利事業所獲得的成就感其實沒什麼不一樣，只是最後所得到的成果和他們不一樣：我們的所得是真實的所得。

我說我曾經以 100 美元創業，也許對很多美國人來講，這確實難以置信。他們在高級餐廳吃晚餐的錢，是開發中國家工人一年的薪水。對落後國家海地、孟加拉、緬甸以及其他貧窮國家而言，這是一筆很大的資產。因

第四章　員工自我實現的奮鬥模式

此，我們能以 100 美元做出很多不一樣的事。

　　雖然科技在全球扮演很重要的角色，但在我們所接觸過的國家，很多人一輩子都還沒打過一次電話。電視對他們來說，只是外國人的洋玩意，我們幫助他們開創自己的事業，讓他們有機會獲得成功。例如：農耕、家具製作、雜貨店經營、裁縫、修理腳踏車、做木工以及修理汽車等。將最好以及最新的生意構想告訴他們，使他們能成功地經營「低科技的事業」。

　　馬斯洛在他的日記中寫道，人們企圖從工作中尋找生命的意義。我想自己目前所參與的工作，就是所謂有意義的工作的最佳典範，而且我的孩子們都為我現在所參與的工作感到自豪。不過他們畢竟還只是小孩，受這方面影響還不是很深。事實上，有時候小孩可能會認為他父母的工作無法創造更多的錢，他們無法擁有一間更大的房子，開更好的車，擁有最新的網球鞋。不過，我只希望他們長大以後，能回頭看看過去我們走過的路，就會看到他父母親的努力所創造出來的工作價值。

　　至於人們企圖從工作中尋求意義，因為經濟因素，我又回到營利性的企業工作。於是我開始登廣告徵求能接替我工作的人，還記得當時的廣告內容是：「低報酬高回饋？」這就是鄉村企業基金的精神，那時我們總共收到了超過 200 名的應徵信函？

　　我想這就是鄉村信託企業的信念 —— 尋找生活與工作的意義，希望我的小孩長大成人以後，會發現他們的父親是其中的一位幸運兒 —— 找到了生命的意義。

第五章　建立綜效協同的組織模式

　　高綜效組織的根本特徵是高績效。從組織建設的角度來看，高綜效組織的具體特徵表現為：共同願望、共同目標與有效策略；健全合理的考核制度和升遷制度；和諧的、健康的並善於溝通的文化環境；重視人才；有效的激勵機制；提倡學習和創新。作為企業組織，為了追求績效，必須建立完整的綜效協同的組織模式。

　　在高度綜效的社會裡，社會準則使個人的行為同時有利於自己與社會，人們之所以會這樣，不是因為大公無私，不是因為社會職責高於個人慾望，而是社會綜效原則使兩者得到統一。

—— 馬斯洛

　　關於人一個又一個好的改善想法，不是一種解決社會改革問題的可行辦法。因為最好的個人處於不好的社會環境下也會有不當的行為。既然能樹立一種社會制度使人與人相互攻擊，也能樹立另一種社會制度鼓勵人與人彼此合作。

規範社會綜效協同問題

我們必須時常提醒自己，發表意見要注意切實可行，這並不是提出夢想、幻想或希望的滿足。為了強調這一點，我們不僅在發表建議時必須說明我們心目中良好社會的特徵，而且還必須提出一些明細的規定，說明達到它應採取的方法。

接下來要討論心理學問題，這就要強調經驗態度，它意味著我們將依據程度、百分數、證據的可靠性、需要得到的資料、必要的調查和研究、可能性等討論問題。我們將不會在二歧化、黑或白、非此即彼、絕對完善、不能達到或不可避免等方面浪費時間。

當然，沒有什麼是不可避免的。我們認為，改革是可能的，進步、改善也是可能的。但不可避免的進步，在某一未來時刻達到一種完善的理想境地，並不一定有可能，我們也不願費心討論這樣的問題（退化或災難也是有可能的）。

一般地說，僅僅反對什麼事是不夠的，較好的選擇應該同時提出來。我們將對這個問題進行整體論的研究，改善員工的人，改革整個社會，然後使之革命化。而且，我們設想，兩者的改變並不一定非要有一先一後的順序，即或人在先或社會在先，我們假設兩者能同時改變。

我有一個整體構想：除非我們有某種關於個人目標的想法 —— 成為怎樣的人，並據此判別某一社會是否合理，否則，任何關於規範的社會思想都是不可能的。我進一步設想，在好的社會，任何試圖改善自身的社會的直接目標是所有個人的自我實現或某種相近的標準或目標。超越自我 —— 在存在水準上的生活 —— 據認為對於那種個性堅強而自由的人或自我實現的人最有可能。

這裡的問題是：我們是否有關於健康的、合乎需要的、超越的、理想的人的一種可信的、可靠的概念？這一規範的想法本身也是有爭論的和可以辯

論的。難道我們有可能去改善社會而不抱有關於人的改善的某種想法嗎？

我認為，我們必須有關於自主的社會需要的某種想法，不依賴於心靈內部或個人心理健康或成熟。我認為，關於人一個又一個好的改善想法，不是一種解決社會改革問題的可行辦法。因為最好的個人處於不好的社會環境下也會有不當的行為。既然能樹立一種社會制度使人與人相互攻擊，也能樹立另一種社會制度鼓勵人與人彼此合作。換句話說，你能創造一些社會條件，使一個人的有利條件能成為另一個人的有利條件，而不僅僅是自身的有利條件。這是一個基本的假設，是可以辯論的，也是可以證明的。

標準或規範是普遍的（對全人類都適用），還是民族國家的（有政治、軍事的統治權），或次文化的（民族或國家內的較小群體），或家族的和機構的？我認為，只要存在分立主權的國家就不可能有普遍的和平，因為有可能發生這種戰爭。只要我們有國家統治權，我認為這就是不可避免的。從長遠來看，任何規範的社會哲學家必須接受有限制的國家主權，例如像全球統一的聯邦制擁護者所建議的那樣。

我認為，在各個時代，規範的社會思想家都會自動地為達到這樣的目標而奮鬥。但這一點一旦被採納，接著要解決的問題就是改善現存的民族國家、地區的再劃分，像美國各州的劃分或美國的次文化群體的劃分，如猶太人群體或華人群體等等。最後，還有把各個家庭協調成真正美滿的問題。這甚至也不排除單個的人怎樣能使自己的生活和自己的環境更優美的問題。我想這一切是同時可能的，它們在理論上或實踐上並不是彼此排斥的。

我的優美心靈組織定義是很明確的，即指精選的次文化，僅僅由心理上健康的或成熟的或自我實現的人和他們的家庭組成的。在理想國學說史中，這個問題有時受到正視，有時又被忽略。我認為，必須經常有意識地對此做出決斷。在談論這一問題時，必須詳盡說明談論的是非精選的全人類，還是精選出的一個較小的群體，附帶有特定的入選條件。

第五章　建立綜效協同的組織模式

假如你心目中確有一個精選的理想群體，你還必須回答是驅逐還是同化破壞者的問題。一旦他們被選入或誕生於這樣的社會中，是否也必須保留在社會中？或者，你是否認為需要規定一些條款，必要時實行放逐或監禁等等。對罪犯，對作惡者等等，需要進行管制嗎？

我設想，依據心理病理和心理治療的知識，關於社會病理和理想國嘗試的歷史知識，任何非選擇的群體都可能受到有病的或不成熟的個人所破壞。但是，由於我們的選擇技術還很貧乏，我的意見是，任何力求成為理想的或優美心靈的組織必須能夠開除那些選擇漏網的不良分子。

多元論承認和利用體質和性格中的個人差異。許多理想國的安排好像所有人都是可以互換的，都是一樣的。我們必須承認一個事實，即在智力、性格、體質等等方面確實存在著很大幅度的變異，對人性、癖好、個人自由的認可必須詳細說明應該考慮的個人差異幅度。在幻想的理想國中，沒有遲緩兒，沒有瘋子，沒有衰老等等。而且，經常有某種規範以隱蔽的方式作為合乎需要的人的標準，這種標準從我們對於人類變異幅度的現有知識看已顯得過於狹隘。各式各樣的人怎麼可能都僅僅符合一套規則或法則呢？你是否願意考慮廣闊的多元論，例如：服裝、鞋帽的樣式等等。

在美國，我們現在容許在食物中有一種非常廣闊但並不完全的選擇幅度，在服裝的樣式方面只容許有非常狹窄的選擇幅度。例如：傅利葉曾依據充分承認並利用非常廣闊的體質差異幅度建立他的全部理想國方案。柏拉圖則不同，他的理想國只有三種人。你需要多少種人？能有一個沒有異常人的社會嗎？自我實現概念是否已使這一問題過時？假如你接受最大幅度的個人差異和性格與才能的多元論，那麼，這就是一個實際上承認人性大部分或全部特徵的社會。自我實現是否表示對癖好或異常的實際承認？承認到什麼程度？這一切都必須有準確的答覆。

　　親工業化或反工業化？親科學或反科學？親知識或反知識？許多理想國是亨利・大衛・梭羅（Henry David Thoreau，西元 1817 至 1862 年，美國作家和哲學家）式的，鄉土味的，基本上是農業的（例如：包索地的生活學校）。其中很多曾經離開並反對城市、機器、金錢經濟、勞動分工等等，你同意嗎？分散的、鄉村化的工業如何實現？人與環境的道家和諧如何實現？花園城市、花園工廠如何實現？現代技術必須使人受奴役嗎？自然在世界上的各個地區都會有小群的人回到農業，這自然對於小群的人也是可行的，對於全人類是否也行得通呢？但必須注意一點，有一些社會是有意圍繞著工業製造而不是農業和手工業建立起來的，過去和現在都有。

　　有時候在反技術、反城市的哲學中，可以看到有一種隱蔽的反理智、反科學、反抽象的思想。有些人把這些東西看作是去聖化，是和基本的、具體的現實脫節的，是無血性的，和美與情感對立的，不自然的等等。

　　在中央集權的社會，計畫社會主義的社會，或非集權的無政府社會，有多少計畫是可能的？必須中央集權化嗎？必須實行強制統治嗎？大多數知識分子對於哲學無政府主義很少了解或不了解。瑪那哲學的一個基本的方面是哲學的無政府主義，它強調非集權化而不是集權化，強調地方自治、個人責任，對任何類型的大機構或任何類型的權力累積都不信任，它不認為武力能作為一種社會技術，它和自然與現實的關係是生態學的和道家的等等。

　　在一個社群範圍內有多少等級是必須的，例如在一個以色列的群體農莊中或一個佛洛姆式的工廠中，或一個合作的農場或工廠中，命令是必須的嗎？統治人的權力也是必須呢？增強多數意志的權力呢？懲罰的權力呢？科學的社群可以作為一個無領袖的優美心靈「次文化」的範例。非集權的，自願的，但又是合作的，多產的，並有二種強大有效的倫理法在作用著。辛那儂次文化（高級組織的，具有層次結構的）可以與此對比。

227

第五章　建立綜效協同的組織模式

在許多理想國的討論中，惡行的問題根本不存在。它或者離開願望太遠，或者被忽略。沒有監獄，沒有任何人受懲罰，沒有任何人傷害別人，沒有犯罪等等。我接受的一個基本假設是，認為不好的行為或心理病態行為、惡行、暴行、嫉妒、貪婪、剝削、懶惰、不道德、惡意等等問題，必須認真對待並處理。正如大衛・李梁塔爾所說：「認為有什麼地方存在著一種事物的圖式能消滅衝突、鬥爭、愚蠢、貪心、個人的嫉妒，那是通向失望和投降的一條捷徑。」惡的問題必須從兩方面探討，既可以從人格內部探討，也可以依據社會方面的安排探討，也就是在心理學上和社會學上探討，顯然，在歷史上也得探討一番。

我認為，圓滿論──要求理想的或完善的解決──是一種危險。理想國的思想史表明有許多不現實的、不能達到的、非人的幻想。例如讓我們全都彼此相愛，讓我們全都平等地分享一切，所有的人在各個方面都必須作為相同的人看待，任何人都不能具有左右任何其他人的權力，任何壓力的應用都是惡。「沒有不好的人，只有未得到愛的人」。這裡有一個共同的序列，圓滿論或不現實的期望導致不可避免的失敗，再導致幻想的破滅，再導致冷漠、沮喪或對一切理想和一切規範的希望和努力的敵視。那就是說，最終，圓滿論往往甚至總是會導致主動反對規範的希望。當圓滿證明是不可能的時候，改善也往往會被認為是不可能的。

如何對待侵犯，敵意，戰鬥，衝突？這些能廢止嗎？侵犯和故意是否在某種意義上來自本能？哪些社會制度孕育著衝突？哪些能使衝突盡可能減少？假定在人類分割成主權國家的條件下戰爭是不可避免的，那麼在一個統一的世界中是否可以設想武力是不需要的？這樣的世界，政府需要警察或軍隊嗎？

我的一般結論是：侵犯、敵意、爭鬥、衝突、殘忍、虐待狂在精神分析上存在，即在幻想中、夢中等等都一般地並也許普遍地存在。我認為，侵犯

行為作為一種真實性或可能性能在每一個人身上發現。一旦侵犯性也看不見的地方，我懷疑會找到壓抑、壓制或自我控制。

我認為，當一個人由心理發展不成熟或精神官能症向自我實現或成熟過渡時，侵犯的性質會有所改變，因為施虐狂的或殘忍的或卑鄙的行為是在未發展的或精神官能症的或不成熟的人中發現的侵犯性。而當一個人向人格成熟和自由前進時，侵犯的性質會變為反抗的或正直的憤怒，變為自我肯定，變為對剝削和統治的抵抗，變為擁護正義的熱情等等。並且我認為，成功的心理治療能使侵犯的性質沿著第二種方向改變，使它從殘忍變為健康的自我肯定。

我還設想，侵犯的文字發表能使實際的侵犯行為減少。我認為，如果能設法建立某種社會制度，那麼，任何性質的侵犯更有可能或更少可能發生。我認為，某種暴力的排遣對於男性青年比對於女性青年更需要。有什麼辦法教導年輕人如何明智地處理和表現他們的侵犯，在一種使人滿意的而不是對他人有害的方式中表現？

生活應該簡單到怎樣的程度？什麼是生活複雜化的適宜限度？

社會容許個人、兒童、家庭有多少私下活動？多少在一起的活動，社群活動，友誼，社交，公共生活？多少獨處，「放任」，不干擾？

社會能寬容到怎樣的程度？每一件事都能被原諒嗎？什麼是不能容忍的？什麼必須受懲罰？社會對愚蠢、虛偽、殘忍、心理病態、犯罪行為等等能寬容到怎樣的程度？社會安置方面對於智力有缺陷的人，對於衰老、無知、殘疾等等必須有多少保護？這個問題有必要指出一點，因為它除了過度保護的問題，這對於那些不需要保護的人是否有妨礙？這是否有可能導致對思想、討論、實驗、愛好等自由的妨礙？它也提出無菌氣氛的危險問題，提出理想國作者中的傾向性問題，他們往往既排除了一切惡，也排除了一切危險。

第五章　建立綜效協同的組織模式

必須接納的大眾趣味幅度有多寬闊？對於你不贊同的東西必須有怎樣的容忍？對於墮落、價值貶損、「低級趣味」的容忍如何？對於吸毒成癮、酗酒、服用麻醉藥、吸菸又如何？對看電影、電視、報紙的趣味又如何？據說這是大眾想要的東西，這很可能有統計資料的支持。你將干擾（統計說明的）大眾需要到怎樣的程度？對於優秀者、天才、能手、創造者、勝任者和無能者雙方，你是否準備投相等的票？你將如何對待英國廣播企業？能讓它總是說教嗎？它應該反映威廉·艾倫·尼爾森（William Allan Neilson，西元 1869 年出生，卒於 1946 年；美國教育家及作者）評級法到怎樣的程度？對於不同的人是否需要有 3 個頻道？ 5 個頻道？電影、電視劇等等的製作者是否有教育和提高大眾趣味的責任？這些事業是否應該引起大眾的關心？

例如：對同性戀者、雞姦者、裸露狂者、性施虐者、性受虐者應該做些什麼？能容許同性戀者引誘兒童嗎？假定一對同性戀者在完全隱蔽的場所進行他們的性生活，社會應該干預嗎？假如一個性施虐狂者和一個性受虐狂者私下彼此得到滿足，大眾有抗議的理由嗎？能允許他們公開登廣告彼此相求嗎？能容許愛穿異性服裝的人在公開場合顯示自己嗎？裸露者應該受到懲罰或限制或監禁嗎？

對於領導者（和追隨者）、勝利者、優秀者、堅強者、領班、企業家，他們是否值得我們全心全意崇敬和愛戴？是否有可能出現又愛又恨的後果？如何保護優越者免遭嫉妒、仇視，被「惡眼相看」？假如所有新生嬰兒都得到完全平等的機會，能力、才幹、智力、強度等等方面的個人差異將會在一生中表現出來，那該怎麼辦？是否應該給更有才幹、更有用、更多產的人更高的獎勵、更多的報酬、更多的優惠？「灰色顯赫」的思想在什麼地方才能起作用，即在金錢方面付給強有力的人比別人更少的報酬，雖然高級需要和超越性需要得到滿足，如被容許有自由、能自主、有可能自我實現？領袖、

首領等等甘於貧困（多少是簡樸）的誓言是怎麼回事？應該給企業家、有高成就需要的人、組織者、創始者、有興趣經營事業的人、願意領頭、運用權力的人多少自由？如何贏得自願處於從屬地位的人信任？誰甘願收拾垃圾？強者和弱者將發生怎樣的關係？勝任者和不勝任者又怎樣？當權者 —— 指警官、法官、法律制定者、父親、船長等等 —— 怎樣才能贏得愛戴、尊敬、感激？

恆久的滿意是否可能？立即的滿意是否可能？可以這樣認為，滿意幾乎對所有的人都是一種短暫的狀態，不論社會條件如何都是如此。因此，尋求恆久的滿意是無用的。試與天堂、樂土的概念，與期望從巨富、閒暇、退休等等得到的好處相比，與此相似的是發現，「低級」問題的解絕不如「高級」問題和「高級」怨言的解決更使人滿意。

男性和女性怎樣彼此適應，彼此喜愛，彼此尊重？大多數理想國是男性寫出的。女性關於理想社會是否會有不同的看法？大多數的理想主義者不是公開以說教的身分出現就是隱蔽的家長。無論如何，在歷史上，女性總是被認為在智力、做事能力和創造性等方面低於男性。現在，女性至少在先進國家已經得到解放，自我實現在她們也同樣是可能的，這將如何改變兩性關係？男性中需要有怎樣的改變才能適應這一新型女性？是否有可能超越簡單的統治與從屬的等級？優美心靈的婚姻將是怎樣的？婚姻在自我實現的男性和自我實現的女性之間將是怎樣的？女性在高度綜效的社會中將發揮怎樣的作用，負怎樣的責任，做什麼工作？性生活將有怎樣的改變？女性和男性將怎樣定義？

所有已知的文化都有某種類型的宗教，而且是從來就有的。現在非宗教或人道主義或非習俗化的個人宗教第一次成為可能的了。在優美心靈組織或在小的優美心靈社區中會有怎樣的宗教或精神生活或價值生活呢？假如群體

第五章　建立綜效協同的組織模式

宗教、宗教機構、傳統宗教繼續存在，它們將有什麼變化？它們和過去的宗教會有哪些不同？應該怎樣培養和教育兒童，使他們向自我實現的目標邁進，並追求價值生活——精神生活，宗教生活等等？如何使他們成為優美心靈社會的一員？我們能從其他文化傳統、從民族學文獻、從高綜效文化那裡學習嗎？

似乎有一種類似本能的需要，需要從屬關係、尋根問源，需要在面對面的團體中自由表達和接受喜愛和親密之情。很清楚，這必須是較小的群體，不超過 50 人或 100 人。無論如何，在幾億人口的大範圍內，親密和喜愛是不大可能實現的，因此，任何社會必須從某種親密團體開始，自下而上地組織起來。在我們的社會中，它是血緣家庭，至少在城市中是如此。

有宗教的教友關係，婦女社團、兄弟會、訓練小組、交友小組，彼此以真誠和坦率相待，尋求友誼、表現和親密關係，是否有可能使這一類事情成為慣例？工業社會往往是高度流動的，人員大量流動，這是否會割斷同他人的連繫？還有，這是否會成為跨代的團體？或者它們只能是同輩的團體？看來兒童和青少年是不能完全自律的，除非特意培養他們的自律。是否有可能使某些非成人的同輩團體依據他們自己的價值觀生活，即不要父母、長輩的指導？

假定在任何社會中強者願意幫助弱者，或無論如何不得不這樣做，什麼是幫助他人的最好辦法（在他人較弱，較窮，較不勝任，較不聰明時）？什麼是幫助他們變強的最好辦法？假如你是強者或長者，怎樣做才比較明智而不致越俎代庖？假如他們很窮而你富有，你怎樣做才能幫助他們？一個富國怎樣做才能幫助窮國？為了便於討論，我暫且規定菩薩式的為人：

他願幫助他人；

當他自己變得更成熟、更健美、更仁慈時，他願成為一位更好的助人者；

他懂得什麼時候應該採取道家的和不干預的態度，即不幫助；

他表示願意或隨時準備給他人以幫助，但其是否被接受要看他人意願；他認為，幫助他人是自我成長的最好途徑。這就是說，假如一個人希望幫助他人，那麼他能做到這一點的最好辦法就是自己先變成一個更好的人。

問題的關鍵是，一個社會能夠同化多少不助人的人，即尋求他們自己個人得救的人，隱士，虔誠的乞丐，洞穴中的沉思者，迴避社會獨善其身的人等等？

我設想，先進社會性生活的趨向是，兩性幾乎在發育期即在沒有結婚或沒有其他約束的情況下結合。現在有些「未開化」的社會也有這一類的情況，即婚前的雜交加上婚後的一夫一妻制或接近如此。在這些社會中，因為性是可以自由得到的，婚姻配偶的選擇幾乎完全不是依據性的理由，而是一種個人愛好的問題，也是作為一種文化上的伴侶。例如：為了養育子女，為了經濟生活上的分工等等。這一猜測是否合理？若不合理，它的含義是什麼？在性的驅力或性的需要方面，特別是在婦女中（在我們的文化中），現在已經出現很大幅度的差異。設想每一個人都有同等強烈的性慾，那是不明智的。在一個良好的社會中，如何才能適應性慾方面的大幅度差異呢？

性慾、愛情和家庭方面的民俗現在正在世界上許多地方非常迅速地變遷，包括在許多理想式的社會中也是如此。多種安排正在提出來並在試驗。這些「實驗」的資料現在還得不到，但將有一天它們不得不受到認真看待。

在我們的社會中，有許多群體，例如青少年，往往會選擇不好的領導人。他們選擇的人將領導他們走向毀滅和失敗 —— 選擇的是失敗者而不是勝利者 —— 妄想的人物，心理病態的人格，嚇唬人的人。任何優良的社會要想發展必須選擇好的領導者，因為他們最符合實際的要求，有真才實學，能夠勝任。怎樣才能擴大這樣良好的選擇？什麼樣的政治結構更有可能把野心家推上權力的寶座？什麼樣的政治結構能使這樣的事較少或不可能發生？

第五章　建立綜效協同的組織模式

什麼樣的社會條件最有利於人性的豐滿發展？這是對人格文化研究的一種規範的說法。與此有關的是社會精神病學的新文獻，還有心理健康和社會衛生運動的新文獻？各種形式的小組治療也正在試驗，還有優美心靈的教育組織，如依薩冷研究所和學院。現在是討論如何使教育更優美心靈化的時候了，包括在各個階段的教育時期和一般的教育問題，然後再進一步研究其他社會制度問題。

Y理論管理是這種規範社會心理學的一例。在這一理論中，社會和社會中的每種制度，只要能幫助人趨向更豐滿的人性就可以說是較好的，只要有損於人性就可以說是不好的或心理病態的。毫無疑問，社會病態和個人病態的問題也必須從這一角度進行探討，正如從其他角度探討一樣。

促進健康的團體本身能否成為引向自我實現的途徑？有些人認為，個人利益必然和群體利益、機構利益、組織利益、社會利益以至和文明本身相排斥。宗教的歷史往往表明，在每一個神祕主義者中會出現一種分裂，他們個人得到的啟示使他們起來反對教會。教會能促進個人的發展嗎？學校能做到這一點嗎？工廠呢？

「唯心論」如何與實際性相連繫？「唯物論」如何與實在論相連繫？我認為，低級的基本需要比高級需要占優勢，高級需要又比超越性需要（內在價值）占優勢。這意味著「唯物論」比「唯心論」占優勢，但也表示它們兩者都存在，都是心理學的現實，在任何優美心靈的或理想國的思想中都必須加以考慮。

許多理想國曾設想一個完全由心智正常的、健康的、有效能的公民組成的世界。即使一個社會起初僅僅選擇這樣的人，即衰老的、虛弱的或不勝任的，誰將照顧他們？

我認為社會不公平的廢除將容許「生物學的不公平」準確無誤地顯現，包括遺傳的、胎期的和誕生時的不平等。例如：一個孩子生來就有一顆健康

的心臟，而另一個生來就有一顆不好的心臟——那自然是不公平的。一個更有才能，或更聰明，或更強壯，或更美麗，另一個則愚笨不堪，那也是不公平的。生物學的不公平可能比社會的不公平更令人難以忍受，這裡更有製造藉口的可能。一個良好的社會對此能做些什麼？

在社會或社會的任何部分中，是必須的嗎？是否某些真相只能保留在統治集團中？獨裁統治者不論是否仁政，似乎都需要某些真相隱瞞。什麼真理被視為是危險的？

許多實際的和幻想的理想國都依賴一位聰明的、仁慈的、機智的、堅強的、有效率的領袖，一位哲學家國王，但這有保證嗎？誰將挑選出這位理想的領袖？如何保證領導權不致落入暴君手中？這一類的保證是否可能起作用？好的領袖死了將會出現怎樣的情況？無領袖狀態、權力分散、權力保留在每一個人和每一無領袖團體中的狀態是可能的嗎？

至少某些成功的理想社會，不論過去的或現在的，如兄弟家園，曾把私下或公開懺悔的坦率、彼此的爭論、相互以真誠回報或相待注入文化中。當前，訓練小組（交朋友小組）和優美心靈（Y理論）工廠和工業企業的辛那儂式的團體、各種類型的治療小組等等也是如此。

如何使熱情的和懷疑的現實主義相結合？如何使神祕主義和實際的機智及有效的現實測驗相結合？如何使理想主義的、完美的、因而也是不能達到的目標和對手段不可避免的缺陷的寬容接受相結合？

在具有高綜效作用的社會裡，社會制度的建立能超越自私與不自私的兩極，超越自私和利他的兩極。在那裡，自私也能得到獎賞。高綜效社會是善有善報的社會。

社會與員工的協同作用

　　露絲·潘乃德（Ruth Benedict）生於西元 1877 年，卒於 1948 年。哥倫比亞大學人類學教授，也是一位詩人。她的主要興趣是研究美國印第安人。第二次世界大戰時，她研究過日本文化，為同盟國提供了基本的資料，她的著作有：《文化模式》（*Patterns of Culture*），《種族：科學與政治》（*Race:Science and Politics*），《菊與刀》（*The Chrysanthemum and the Sword*）。她於一九四一年在布林彌大學演講時提出綜效作用這一概念。晚年曾力圖克服並超越「文化相對論」。她認為她的《文化模式》實際上是探討整體論問題的。它是整體論的而不是原子論的著作。她把社會作為有機統一體，用她所特有的詩一般的感受、韻味和語調進行描述。

　　當我於 1933 至 1937 年研究人類學期間，各種文化確實都有自身獨特的異質，沒有什麼科學的方法可以掌握它們，也無法做出任何概括。每一種文化似乎都和另一種不同。一種文化就是此種文化自身，除此以外你就再也說不出什麼了。

　　潘乃德堅持不懈地力求完成比較社會學研究。為了此項研究，她以一種直覺的方式實現。作為一位有資格的科學家，她搜尋的詞彙在公開場合不宜使用的，因為它們是規範性的，含蓄的而非冷靜的，只能在馬丁尼雞尾酒會上說說，但不能印成文字。如她所述，她曾用大張的新聞紙寫下她所知的有關四對文化的一切；這四對文化是因為她覺得彼此不同而選為研究對象。她有一種直覺，一種感受，她曾以不同的措詞說明，我已在過去的注釋中提到過。在每一對文化中，有一種是焦慮型的，另一種是乖戾的。乖戾顯然是一個非科學的詞，她不喜歡乖戾的人。四對文化中的一方都是乖戾而下流的人，另一方的四種文化都是美好的人。在另一些時刻，在戰爭威脅我們的時候，她談到士氣低和士氣高的文化。一方面她談到仇恨和侵犯，另一方面談

到愛和感情，她不喜歡的四種文化有些什麼共同點和她喜歡的四種文化相對立呢？她曾假設這些是不安全的文化和安全的文化。

優秀的文化，安全的文化。那些她喜歡的、覺得有一種力量在吸引她的文化，是祖尼人，阿拉佩施人，達科他人，和因紐特人的一支（我忘記是哪一支了）。我的現場研究可以加上印第安黑腳族人作為安全文化之一。下流、乖戾的文化，那些使她為之顫慄並受她唾棄的文化是朱克契人，奧基布瓦人，多布人和克瓦求特人。

對於這些文化，她曾經嘗試做出各種各樣的概括，你或許稱之為那時流行的所有標準說法。她依據種族、地理、氣候、大小、財富、複雜性等各個方面情況對它們進行比較研究。但這些標準不起作用，即對於四個安全文化是共同的，而在四個不安全的文化中不存在。在這樣的基礎上不可能做出任何整合，沒有條理，沒有分類基礎。她問道，哪些是多配偶的，哪些不是？哪些文化多自殺者，哪些文化沒有自殺者？哪些是大家庭的，哪些是小家庭的？哪些是母系的，哪些是父系的？這些分類的原則沒有一條能造成起碼的效果。

最後，行為功能才是真正起作用的東西，而不是外現行為本身。她意識到，行為不是答案，她不得不尋求行為的功能或作用：行為所含有的意義，它試圖說的是什麼，它表現的性格結構是什麼。我認為正是這一跳躍才是人類學理論和社會理論中的一次革命，它為比較社會學打下了基礎，提供了一種對社會進行比較研究的方法，把各種社會放在一個連續系統中而不是把每一種社會都看成是獨一無二自成一類的。下文是引自她手稿中的一段話：

讓我們以自殺為例。人們曾多次證明自殺和社會環境有關：在一定條件下自殺率上升，在另一些條件下又下降。在美國，自殺率是心理災變的指數，因為它是一個人對於他不再有能力對付或不願對付的情境所能採取的

第五章　建立綜效協同的組織模式

一種快刀斬亂麻的行動。但自殺，列為文化的一項共同的特徵，在某一自殺比較普遍的其他文化中可能是一種帶有非常不同意義的行動。在舊時的日本，它是打敗仗的戰士的可敬行為，是恢復榮譽勝過生命的地位的一種行為──武士法典中人的全部責任。在原始社會中，自殺有時是妻子或姐妹或母親在過度悲傷中的盡愛盡情；它是重新肯定，對近親的愛比生活中任何其他東西更可貴，親人已死時，生命也不再有價值了。在以此為最高倫理法規的社會中，自殺是理想的最後證明。

另一方面，在某些部落中的自殺概念，如他們所說的，是死在另一個人的「門櫃檻階上」，意思是，自殺是向一個虐待過自己的人或向一個他所懷恨的人進行報復。這樣的自殺在原始社會中是一個人能夠對另一個人採取的最有效、有時甚至是唯一可能的行動，它比得上其他文化中的法律訴訟，和我們上述說過的任何種類的自殺都不相同。

潘乃德最後不是選用安全和不安全的概念而是選擇了「高綜效」和「低綜效」的概念，後者較少規範性，較客觀，不致被懷疑有投射一個人自己的理想和愛好之嫌。她說明這些概念的含義如下：

社會學條件是否與高侵犯或低侵犯相關？我們的一切基礎計畫能夠在這方面做到怎樣的程度，要看它們的社會形式提供共同的利益的範圍如何，消除那些損害群體中他人利益的行為和目標的程度如何……從各種資料中能得出的結論是，非侵犯較突出的社會都有良好的社會秩序，使個人能以同一行為在同一時間既為他自己的利益又為群體的利益服務……在這些社會中，非侵犯的出現不是因為人們是不自私的，更不是把社會責任擺在個人願望之上，而是因為社會的安排使這兩者一致。合理地考慮時，生產一不論是培育番薯還是打魚，是一種普遍的福利，假如沒有人為的制度扭曲事實，保證每一收成、每一網都能豐富鄉村的食物供應，一個人就能同時既成為一個好的農夫、漁民，又成為一個有益於社會的人。他得了利益，他的同胞也得了利益……

我將談到低綜效文化，它的社會結構會助長彼此對立和對抗的行為，並談到高綜效文化，它能促進相互強化的行為……我曾談到過一些高綜效的社會，那裡的制度保證人們能從他們的事業中彼此受益，也曾談到過一些低綜效的社會，在那裡，某一個人的利益變成征服他人的一種勝利，而非勝利者的大多數人不得不設法遷移。

在具有高綜效作用的社會裡，社會制度的建立能超越自私與不自私的兩極，超越自私和利他的兩極。在那裡，自私也能得到獎賞。高綜效社會是善有善報的社會。

關於經濟制度，潘乃德發現，那種外露的、表面的、票面價值的事情——不論社會是富或窮——並不重要。重要的是安全的、高綜效的社會裡有一種她稱為財富分布的引流系統，而不安全的、低綜效的文化有一種她稱為財富分布的匯聚機制。我可以非常簡短地用隱喻扼要說明匯聚機制；那是任何能確保財富、吸引財富的社會機制，對富有的再給予，對沒有的再剝奪，貧窮弄得更貧窮，富有變得更富有。在安全的、高綜效的社會中，相反的，財富傾向於分散，像經過虹吸管那樣從高處引流到低處。它總是以某種方式由富足流向貧窮，而不是從貧窮流向富有。

引流機制最典型的例子是我所見的印第安黑腳族人在太陽舞儀式期間的「散財」。在潘乃德列出的財富分配引流制度中，施散是這種制度的一種類型。另一種是儀式性的好客，比如在許多部落中富人會邀請他的所有親屬來做客並照顧他們，也有解囊相助、相互支援、食物分享的合作辦法等等。在我們自己的社會中，我想我們的財產累進稅或許也是引流機制的一例。在理論上，假如一個富有的人加倍富有，那對我和你都是好事，因為其中有很大一部分將輸入公共的財庫。我和你都會受益，假如它會用於社會的福利。

對於宗教制度也可以依據綜效概念做出區分。你會發現，上帝或神、鬼、超自然的東西在安全的或高綜效的社會中都一律會成為相當仁慈的、助

第五章　建立綜效協同的組織模式

人的、友愛的，有時甚至在某種程度上會像我們社會中某些人所說的成為神聖的。例如：在印第安黑腳族人中，任何人都可能暗自享有個人的精靈，那個他曾在一次幻覺中或是在一個山丘上看到的精靈，能在一次撲克牌比賽中受到乞求而顯靈。這些個人和他們的神相處得如此融洽，以致一個人覺得完全有理由暫停比賽，並到一個角落裡和他的精靈商量決定如何出牌。另一方面，在不安全或低綜效的社會中，神、鬼、超自然的東西一律都是殘忍的、可怕的等等。

在 1940 年，我曾在布魯克林學院以一種非正規的方式讓一些學生當被試核實過這種關係。被測驗者有二三十人，問卷是從安全或不安全兩個方面設計的。我問正規信教的人一個問題：你一覺醒來，忽然覺得上帝就在室內或在窺視你，你會有什麼感覺？安全的人傾向於回答覺得很安適，受到保護；不安全的人傾向於回答覺得很可怕。那麼在更大得多的規模上，你可以發現在安全的和不安全的社會中情況也差不多是如此。

西方關於報復之神和仁愛之神的對立概念表明，我們自己的宗教文化是由一種你可以稱之為安全和不安全的宗教混合物構成的。在不安全的社會中，擁有宗教權力的人一般會利用權力謀取員工的某種私利，以求達到我們會稱之為自私的目的；而在安全社會中的宗教權力，例如在祖尼人中，會被用來求雨或求豐收，為整個社會帶來福利。

這種對心理涵義的對照研究可以使人在各個方面得出明顯的印象，例如祈禱的方式，領導的方式，家庭關係，男女之間的關係，性慾的表達，感情連繫的方式，親屬連繫的方式，友誼的連繫等等。假如你有這種差別感，你一定能沿著這條路線一直預測出你在這兩類社會中能夠期待的是什麼。我只想再指出一點，這對於我們西方人可能有點出乎意料。高綜效的社會都有辦法排除羞辱，低綜效的社會做不到。在低綜效社會中，生活是蒙受恥辱的，

令人難堪的，傷害人的，那是必然的。在潘乃德所說的四種不安全的社會中，羞辱引起怨恨，延續不斷，由於某種原因而永無寧日。但在安全的社會中，有一條途徑能結束羞辱生活，還清你的債，使你解脫出來。

大家完全可以察覺到，我們自己的社會是一個混合綜效的社會，我們的社會既有高綜效的制度又有低綜效的制度。例如：在慈善事業中我們有普遍的高綜效。我們的社會是一個非常慷慨的社會，並常常是以一種非常適宜的、非常安全的方式表現出來的。

另一方面，在我們的社會中顯然也有一些制度使我們彼此對立，使我們必然會成為對手，把我們置於一種對立的情境中，弄得我們不能不為有限的利益爭吵。這好像是一場比賽，一個人能贏得榮譽，而另一個人必然輸光。

為了說明得更加清晰，我舉一個熟知的例子，如多數學院中所採用的評分制，特別是曲線圖上的評分，我曾經陷入那樣的處境。在那種情況下，我被放在一個和我的兄弟敵對的位置上，使他們的得益變成我的受害。假如我的名字從 2 級開始，而評分是按字母順序排開的，我們還知道只有 6 個 A 級。自然，我只能坐在那裡希望在我前面的人會得低分。每一次某人得一個壞分數，都對我有利。每一次某人得到一個 A 級，都對我不利，因為它降低了我得 A 的機會。因此，我很自然地說：「我希望他掉下來。」

這一綜效原理是非常重要的，而且它有助於一門客觀比較社會學的發展，不僅因為它有可能引起一種想法，使這種比較社會學能為一種超文化的價值體系開闢道路，並依據這種價值體系評價一種文化和它的一切內涵，它為理想國的理想提供了一種科學的基礎，而且因為它對其他領域中更專門的社會現象的研究也很重要。

首先，我覺得還沒有足夠多的心理學家，特別是社會心理學家，意識到有重大緊要的事情正在一個領域中發生，這個領域甚至還沒有一個恰當的名

第五章 建立綜效協同的組織模式

稱，我們或許可以稱之為組織管理理論或工業社會心理學，或企業或事業理論。大多數對於這一領域有興趣的人認為麥格雷戈的《企業的人性面》（*The Human Side of Enterprise*）是一本入門的著作；我建議你可以把它稱之為社會組織管理水準的 Y 理論看作高綜效的一例。它表明，有可能以某種方式安排社會機構，不論是事業中、軍隊中或大學中的機構，使組織機構中的人彼此合作有序，從而結為同事和隊友而不是敵手。我曾研究過這樣的事業單位，我想可以依據高綜效或安全社會組織的概念來說明它，至少能在一定程度上這樣說明。我希望這些新的社會心理學家能試用潘乃德的概念對兩種組織管理進行細緻的對比研究，一種是上述的高綜效組織，另一種是以非協同的學說為依據，即認為東西的數量有限，假如我要多得，你就必須少得。

我還想向你推薦李克特的著作《管理的新模式》，它是一本記述廣泛細緻調查研究的著作，討論我們可以稱為工業組織管理綜效作用的各方面問題。這本書有一處甚至討論到他所說的「權勢混雜」，力圖解決一個他認為很難處理的矛盾，即好的領工，好的負責人，從實際效果看評級較高的那些人要比另一些人更下放權力。對於這樣的事實 —— 你越放權，你也越有權，你應怎麼說呢？李克特對於這個難題的處理是很有意味的，因為你能看到一個西方人在極力對付一個不那麼西方的概念。

我要說，沒有什麼理想國能夠由有見識的人構成而不歡迎綜效的概念。我時常認為，任何理想國或優美心靈組織（我想這個名稱更好些）都必須有一套高綜效制度作為它的一種基礎。

綜效概念也可以應用於個人水準，應用於兩個人之間的人際關係性質。它對深愛關係做出一個相當適宜的定義。這種深愛我曾稱為存在愛。愛曾有過各種各式的定義，如說你的興趣就像我的興趣，或兩系列基本需要匯合為一，或你的腳上長了雞眼好像我的腳也痛，或我的幸福好像依賴於你的幸福。已有的多數愛的定義都隱含著這一類自居作用。但這也很像高綜效概

念，即兩個人以某種方式安排他們的關係使一個人的利益也成為另一個人的利益，而不是一個人的利益成為另一個人的不利。

對於美國和英國經濟低下階層中的性生活和家庭生活的一些最近研究，描述了被他們稱為剝削的關係。那顯然是一種低綜效關係。在那裡經常有誰掌權當家的問題，或誰是頭，或誰更愛誰的問題。結論是，誰愛得最深，誰就是傻瓜，或者說誰的傷害最大。所有這些都是低綜效的說法，它意味著物品的數量有限，而不是數量很多。

也許我們能說，愛可以定義為自我的、個人的、自我同一性的擴展。我想我們和孩子、和妻子（或丈夫）、和親近我們的人在一起時都有過這種體驗。你會有一種感覺，特別是和幼小的孩子在一起時，寧願你自己在夜裡著涼咳嗽而不是你的孩子咳嗽。孩子咳嗽比你自己咳嗽更使你痛苦。你較強壯，因此你能承受咳嗽。顯然，這是兩個存在物之間一種心理融合。我要說這是自居概念的另一個側面。

在這裡，潘乃德過多談論直線連續系統中的極端、自私和不自私的二歧化。但我顯然覺得她的意思又分明含有對這種二歧式的一種超越，在嚴格的、格式塔的、創造上方位統一意義上的超越，它將證明，看來似乎是一種二重性的東西，僅僅是因為它還沒有充分發展到統一才是如此的。在高度發展的、精神病學上健康的人中，自我實現的人中，或不論你願怎樣稱呼的這一類人中，假如你試圖評價他們，你將發現，在某些方面他們是非常不自私的，但在另一些方面，他們又極度自私。由於某種原因，兩極性、二歧式、關於某一「多」意味著另一「少」的假設，所有這一切都將消失。它們彼此融合，而你有了一種單一的概念，一種我們現在還沒有適當字眼表示的概念。在這種情況下，高綜效只能代表一種二歧化的超越，一種對立的融合，融合成一種單一的概念。

第五章　建立綜效協同的組織模式

　　最後，綜效概念對於理解個人內部的心理動力是有價值的。有時這是非常明顯的，如把個人內部的整合認知轉作高綜效，把普通病態的精神分裂看作低綜效，如某人的極度不安而自己折磨自己。

　　在種種對於動物和嬰兒自由選擇的研究中，我認為可以用綜效說進行理論陳述方面的改善。我們可以說，這些實驗證明有一種認知和意動的綜效作用或融合。打個比喻說，能使頭腦和心臟、理性和非理性都說同一種語言，使我們的衝動引導我們沿著明智的方向前進。這也適用於坎農的體內平衡概念，他稱為軀體「智慧」的概念。

　　也有一些情境能使特別焦慮的、不安的人有這樣的傾向，認為他們想得到的東西對於他們一定是不好的，味道好的很可能是腐敗的。明智的、正確的或應該做的事，非常有可能是某種你不得不督促自己去做的事。你不得不強迫自己那樣做，因為在我們很多人中都有一個根深蒂固的想法，認為我們所希望的、渴求的、喜愛的，以及那些味道好的，很可能是不明智的、不好的、不正確的。但食慾實驗和其他自由選擇實驗表明，恰恰相反，更可能的是我們享受的正是對我們有益的，至少相當好的選擇者在相當好的條件下是如此。

　　我願用佛洛姆的一句話作為結論，這句話給我的印象很深：「所謂病態就是想得到不利於我們自身的東西。」

　　在高度綜效的社會裡，社會準則使個人的行為同時有利於自己與社會，人們之所以會這樣，不是因為大公無私，不是因為社會職責高於個人慾望，而是社會綜效原則使兩者得到統一。

綜效原則中的合作觀

　　露絲・潘乃德最早運用社會綜效這個理念衡量並研究原始文化的健全程度。她認為，如果綜效制度利用得好，那麼個人在追求自私的目標時，會在無形中幫助他人；某個人盡力協助他人、保持無私，也會在無形中達成自私的目標。換句話說，這是化解自私與無私的途徑。它也清楚地表明，在低度發展的文化中，自私與無私才會形成相互對立的關係。我曾在某些人身上覺察到同樣的衝突。當自私與無私相互排斥對立時，就會產生輕微的心理病態徵兆。

　　那些高度進化的人，即能夠自我實現的人，都能夠協調自私和無私的對立。別人的快樂就是他們的快樂。換句話說，他們能從別人的快樂中，得到自私的快樂，而這是一種無私的表現。我舉個很早以前我所使用的例子，我因為餵食小孩吃櫻桃而感到快樂，因為他很喜歡吃櫻桃；如果我看到他吃櫻桃也覺得很高興，而當我自己吃櫻桃時也會覺得很快樂。現在我要問一下，以上的行為是自私還是無私？我有犧牲任何東西嗎？我是在幫助他人嗎？我覺得很享受，難道這是自私嗎？

　　顯而易見，最好的解釋方式是，原本相互對立排斥的自私與無私已經消失，它們已融合在一起；我的行為既有自私也有無私，自私與無私同時發生。按照我個人傾向的、更為複雜的說法，我較喜歡把它詮釋為綜效行為。對我小孩有益的事也會讓我的小孩快樂，所有的差異都已經消散，兩者已相互認同，成為一體。我們學會與心愛的妻子或丈夫合為一體，對其中一人的侮辱就是對另一個人的侮辱；其中一人的名聲受損，另一人也會感同身受。在很多情況下，事情就是這樣的。

　　這也可以解釋愛情關係。也就是說，兩組原本不同的需求合成單一的需求，成為全新的整體。當存在時，我本身的快樂也會使對方快樂，而對方的

第五章　建立綜效協同的組織模式

自我實現就如跟我的自我實現一樣，我會因此而感到高興，「對方」和「我本身」已完全融為一體。當論述共同的財產時，就成為「我們」或「我們的」。關於愛的另一種解釋是，只有另一人快樂，我才會快樂。就某種意義上而言，不同的人可以得到同樣的對待，因為他們的分化已消失，已成為完全的一體。

在潘乃德手稿的最後部分，她還舉了許多民族學的例子。在我對黑腳族印第安人的研究中也出現不少類似的例子。泰迪·耶魯夫萊是我的翻譯，也是族裡唯一受過高等教育的人，他曾接受兩年的大學教育。當泰迪變得有錢後，整個黑腳族都因此而獲益。例如：當他有足夠的錢後，就可以買車。依照黑腳族印第安人的風俗習慣，只要有需要，族中的任何人都可以向族人借任何東西。所以事實上，那輛車是屬於全族的。任何需要車的人都可以使用。泰迪自己使用的次數並不比其他人多。「所有權」的意義只是在於付油錢和其他的費用。

另一方面，每個人都以泰迪為榮並認同他，就像我們會對在奧運會贏得百米短跑金牌的運動員感到光榮一樣，或是為我們城市或大學的偉大哲學家、科學家感到莫大榮譽。同樣的，他們都以泰迪為榮，也都很喜愛他、尊敬他，並選他為族長，視他為非正式的發言人和上司。毫無疑問，泰迪具有利他性格，我想全族人都這樣認為。所有人對他的愛與尊敬讓他滿足，他甚至從未抱怨自己的車被別人使用。

另一個案例是每年太陽節慶典中的「贈禮」活動。過去一整年或數年，人們全心投入工作，他們已積存一筆錢，希望能表現出最大程度的慷慨，因為這樣的聚會是在非常公開的場合舉行的。我看到白頭族長站在由全族人圍起的圓圈中，在每年最神聖的時刻，族長都會發表演講，說他多有智慧、能力多強等，然後以一種極慷慨的動作，將毯子、食物和水送給寡婦、年老的盲人、小孩和青少年等。

　　他賺的錢越多，越努力工作，就越容易成為越優秀的工作者；他的農場經營得越成功，就可養更多的馬，對社會上每個人的生活助益就越多。這與我們社會滋長的眼紅、嫉妒、憎恨以及自尊的失落完全不同。當我叔叔突然變得富有時，他會突然失去所有親戚的友愛，我想每一位美國人都知道其中的原因。他的財富對親戚來說，沒有任何意義，這點我非常清楚。他是很富有，但卻從未幫助過我這個窮學生。我認為他很自私，所以和他之間也沒有什麼情分可言。如果我們是黑腳族印第安人，情況就大不相同。每個人的財富對其他人沒有助益，因此美國人互相成為敵人而非朋友。

　　在我們的社會裡，我認為累進稅率制度是一個相當不錯的社會制度。錢賺得越多，稅就繳得越多。當然這是非常抽象的而且非個人性的，我們也無法真正看到錢。但實際上它是遵守了綜效原則。當有人創造一筆財富，就能嘉惠所有人。不過在墨西哥和拉丁美洲，情況正好相反，富人財富越多，窮人得到的食物越少，原因是價格高出他們的承受能力。他們沒有賦稅制度，有錢人可以占有所賺取的每一分錢，因此有更多的錢負擔較高的價格，而窮人卻因此而飽受飢餓的折磨。這是一種與累進稅率制度完全相反的制度，是一種反綜效原則。

　　社會上任何一個人都比較喜歡做有價值的工作勝過無價值的工作。這是人們對於價值觀、了解世界賦予意義的高層需求。如果工作毫無意義，生活也變得毫無意義，甚至生命的意義也變得虛無起來。

第五章　建立綜效協同的組織模式

綜效思考與發展模式

在這裡我可以運用的一個例子，便是佛洛伊德主張個人的本能慾望是有限的。根據佛洛伊德理論可知，每個人都只有一定限量的愛，如果給這個多一點，給其他人的愛就變少了。例如他對自愛的主張，他覺得一個人越愛他自己，對別人的愛就越少。這就好比一個人只擁有一定數量的錢，花掉的錢好比是給自己的愛，而剩下的錢好比是對別人的愛。顯而易見的，這和佛洛姆、荷妮（德國女精神分析學家，但是她反對佛洛伊德精神分析理論的重要原則，她認為在人格形成中，起決定作用的不是一個人的本能，而是他的文化及社會條件；文化及社會條件是人們產生焦慮及人格障礙的主要因素）以及其他人所定義的愛剛好相反。最終他們一致認為，至少在一個良好正常發展的社會下，愛會衍生出更多的愛。

也就是說，你所付出的愛越多，將會因此創造出更多愛的財富。這就好比一對熱戀中的年輕男女，如果能互相為彼此付出，真心愛對方，就有能力去愛整個世界。他越愛他的愛人或妻子，就越有能力去愛自己的小孩、朋友甚至全體人類。

另外是一個使用金錢的例子。如果你以前有一筆錢，必須非常小心地擁有，你盡量不去花錢，還把它藏在地底下或鎖在保險櫃裡。但我們卻忽略這樣一個規律，錢應該是用來創造利潤的，盡量利用、投資，而非保持它的價值。在經濟王國裡，應該提高錢的價值，增加錢的數量。事實上，慷慨往往能增加更多財富而不是減少財富。

就這點考慮，與南美洲人和歐洲人相比，我認為美國生意人的做法以及想法非常特別。前者比較傾向堆積大量的存貨，以最高的價格賣出，以賺取最好的利潤。不過，擁有比較先進思想的美國人在很早以前就學到，周轉率越高，所能賺到的錢就越多，即使每一次所獲得的利潤可能不是很好，但

因為周轉迅速，最後反而累積了比較多的利潤和財富。反過來看，一些手頭拮据、小氣又小心眼的拉丁美洲的雜貨店老闆，可能會在一次的交易中賺到很多錢，但是卻不能累積更多的財富。例如汽車大亨亨利・福特（Henry Ford）的例子，亨利・福特透過把自己的產品銷售出去堆積大量的財富，透過把產品的價錢降低去提升銷售量，因此他能累積龐大的財富，而且變得越來越富有。

李克特所寫的著作《新管理模式》中曾研究過這樣一個案例——影響力，使他發展出「影響派」的理論，我引用他在 57 頁中所寫的內容：

企業或工廠中的影響力是一定的。因此可能的結果是：若部屬對組織的影響力越大，主管的影響力就越小。企業的權限是固定的，如果某些人擁有得越多，其他人占有的就越少。

然後他在 58 頁寫著：

較好的管理制度，可以提高屬下的影響力，同時也增加高生產力主管的影響力。

總體來說，在團體運作的情形下，你給予員工越多的影響力和權限，你所得到的就會越多。我們必須朝此方向發展努力，我們必須使每位員工都變成將軍，而不是墨守陳舊的教條，認為只能有一位將軍。在此項假設下，將軍領袖就等於領導一群得到很大自主權的將軍隊伍。領導者賦予每位員工較大的權力，然後他將會驚訝地發現，實際上所獲得的權力和影響力比原來的做法還要多出許多。因此，他付出得越多，得到的也就越多。

此外，我們還可以觀察科學領域中的慷慨和開放的問題。科學家最在意的是權力和科學祕密以及擁有一份安全感。但事實上，這種行為比起監控蘇聯科學家更能造成無可比擬的傷害。這是一種傷害我們自己而非蘇聯的方式，原因何在？因為科學依賴於慷慨，知識能創造更多的知識。

第五章　建立綜效協同的組織模式

　　企業界也有類似的商業情形。當我問凱伊他是如何處理商業機密時，他卻說他們沒有任何商業機密，唯一的祕密就是未來的運作計畫，至於電壓計實際生產過程的知識，都是公開的。如果有人抄襲他們的生產過程，其實並沒有多大好處，因為那是他們管理制度所產生出來的結果。即使是最高明的小偷，也無法偷走創造力或良好的管理制度。

　　或者我們可以換用別的方式來闡述這個問題。任何發掘電壓計製造祕訣的人，最終會成為一個發明者，因為他們會發現製造這種東西的方式，就是成為一個有創作力的人。如果我們讓工廠自行全力運轉，並將所有資訊公開，對我們社會的經濟體系將有很大助益。因為，企業不斷地運作，就會自動培養好的工廠、好的管理者以及好的員工，而不會關門大吉或減少產量。

　　在我還是個大學生的時候，經過一連串的事件後，我再也不擔心自己的想法會被別人竊取。理由很簡單，偷盜者是一個素養低下的人，偷走的都是最差的東西。我不再為此生氣或想全力保住祕密，反而覺得他們的行為有趣、好玩，所以我也不用煩惱如何隱藏我的想法。對於想法的討論過程，才真正有助於創造力的發揮，使得原本只有一打數量的點子，暴增為 100 個點子。抄襲或竊取就像只偷到蛋、沒偷到下蛋的雞一樣。簡單地說，錢必須充分被運用，心智必須充分被運用，創造力必須充分激發，而不是將其囤積起來，吝於花費，擔心一使用就會減少數量。

　　上述的所有一切都表明，拒絕和別人分享是一個非常不理智的想法。比方說，有關兄弟姐妹之間的敵對現象就反映出利益有限的想法。每一個小孩都想一個人霸占母愛，所以對新生的弟弟或妹妹也擁有母親的愛感到氣憤，因為他認為，如果母親把愛給了弟弟或妹妹，那麼就沒有多餘的愛可以分給他。要經過很長的時間他才會了解，母親的愛其實是可以同時分給兩個孩子，或 4 個孩子，甚至 18 個孩子。他還會明白母親越愛其中一個孩子，也就會越愛另外的幾個孩子，而不會減少對任何一個孩子的愛。

　　有關綜效原則的另一個方面是，你享受著使別人快樂的滋味，別人快樂你也跟著快樂。或者實際一點地說，綜效是指你自私地享受著讓別人快樂的因素，所以你比以前更懂得去愛別人。因此綜效性的經濟體系應是製造無限量的更低價格的產品，而非有限數量的高利潤產品。一個人如果越慷慨、越懂得愛、越具綜效性，他就越喜歡贈送 1,000 臺收音機而不是 100 臺，因為這項慷慨行為會創造更大的快樂，他也更能享受自己的慷慨。無限量的生產代表著對他人更多的關愛，更具有利他主義；有限量生產的人關心自己甚於他人，也就是傾向於利己主義。

　　在這裡，我認為有必要把解決分化的問題講得更清楚一些。榮格與達麗文強調相互衝突的好處，他們認為衝突所造成的動態影響與結果可強化個人心靈。衝突的結果有好有壞。但我所強調的是自私與無私的極性超越。也可以這麼說，個人必須超越衝突，而非從中獲益。我們必須認識到，過去認為自我的利益與他人的利益、自私與無私是不同且相互排斥的想法，是完全錯誤的。當我們更健康，察覺更高層次的需求時，當世界更健全更富有、沒有飢餓時，就會發現所有人類的利益都將統一為一個整體，對某人有益的事，也對我或其他的任何一個人有益。

　　從新的角度著眼，我們也可能從達成自我實現的人身上看到這種高層結合 —— 自私和無私彼此融合，我們可以把這種新的形態叫做健康的自私，或者也可以說是有如被虐狂的病態無私。實際上，在自我實現的人身上，我們會發現一種非常獨特的特質，你無法從他們身上區別自私或不自私，他們同時自私與無私，但你也可以說他們既不自私也不無私。但這違反了亞里斯多德邏輯，亞里斯多德強調 A 級與非 A 級的雙向排斥。

　　再看一看科日布斯基（波蘭哲學家和科學家，他創立了普通語義學，這是一種語言哲學體系，試圖改進使用語言的方以及對語言的反應方法，提升人類傳達思想的能力）等非亞里斯多德學派對二元對立、非黑即白的思考模

第五章　建立綜效協同的組織模式

式的批判。他們都反映出一項事實：綜效代表超越分化，而非從衝突中獲益。

在有關什麼是真相、什麼是事實的問題上，其中有許多模糊地帶很難搞清。我認為所謂的綜效，是對高層真相與事實的客觀感知，這些真相與事實的確存在。綜效的發展就好比從眼盲變為目明的過程。當然這項假設很難用實驗給予證實，但只要有完整的操作性定義，並在務實性健全的環境下，綜效的民主具有優勢即可。事實上，當人們相互了解、彼此相愛，所有人類的利益就能整合在一起，不會相互排斥，所有關於幸福婚姻的分析都證實了這一點。所有關於企業中合作關係的研究也證實了這一點。所有關於科學倫理的研究更證實了這一點。依此類推，對任何一位科學家有益的事，也對於我這樣的科學家有益。對老師有益的事也對所有的學生有益。

這部分工作表明，非 A 即 B 的思考模式，或是二元對立、非綜效的思考是輕微的心理病態的徵兆。我認為，對獨裁者性格結構的研究分析是解決這個問題的方法之一。如果叢林世界觀是成立的，唯一可能的現實就是獨裁管理。如果有人認跟我們過的是叢林式的生活，人都變成了叢林動物，他們都只顧自己互相排斥的利益，那麼，這種想法就不瘋狂，反而相當有理、有邏輯性、有概括性，甚至是非常必要的。再檢測一次這裡的用詞，我用的是「互相排斥的利益」這個名詞，這是個不錯的教學溝通方式，可以讓整件事更清楚、更合理、更容易溝通。

綜效的概念是整體性的；而整體性越強，綜效的程度就越高。相反，即是所謂原子式思考。一個結構體的整體性越強，其中個人的相互依賴度就越高，彼此的溝通就越暢通，面對團隊的影響就越深，也就是說，社會的綜效性是高度整合的。

籃球隊即是一個例證，球隊由五位主力球員組成，如果每位球員都只從自己爭取分數的自身利益觀點出發，完全沒把球隊的整體利益放在首位，那

麼這個球隊就不可能是一個真正好的團隊。好團隊的球員會將團隊的利益置於個人利益之上。甚至可以這樣說，假設真是好的團隊，完全沒有個人利益與團隊利益之分。因為二者已沒有任何區別，只要是能進球，誰得分已顯得不重要了。團隊的利益就是個人的利益。所有的球員都以團隊為榮，好的助攻手和投籃手一樣優秀。一旦球隊的綜效性瓦解，個人利益超越團隊利益，球隊就成了一盤散沙。

經濟領域的活動也是一樣。例如一個負責某項產品製造的數人小組，亦適用綜效原則。團隊合作的程度越高，彼此的依賴就越深，就越信任對方，當然綜效程度也就越高。這是可以經由實驗研究證明的。

層次整合也是同樣的情形，每個層次彼此之間亦是相互關連的，存在著高度的綜效性。考慮這一點是很有必要的。

在好的條件下，綜效是真實存在的，與心理健康相互成循環關係 —— 心理健康的人有較高的綜效性。心理健康的人也較易覺察出真相、更務實，因此這項科學的假設是可以被測試、被證實的。例如：我設計一套測試實驗，探討較健康的大學生的認知能力、感官能力、思考能力和知覺能力是否較強。經由以上變因的測試可以看出學生個體的綜效性如何。若以感官層面而言，我可以測試顏色分辨力、聽力、味覺和嗅覺等，測試對象包括心理健康的人、綜效性高的人和優秀的經理人。在高度綜效的條件下，假設對某個人而言是正確的，對我和其他人而言也是正確的。下面我們就針對優秀經理人做一番解釋。

優秀的經理人是優秀的感知者。換句話說，他們的視覺辨析、聽覺辨析等能力相對比較靈敏。這一切都可由標準的實驗程序證實。此外，從感知層面而言，優秀的經理人的邏輯思維能力較強，較能分清楚什麼是覺察到的事實和心中的希望，並依據現實狀況對未來做出較準確的預測。

第五章　建立綜效協同的組織模式

在我的層面而言，優秀的經理人較不易發生盧金實驗中的固執心問題。他們也不太可能成為艾殊（首創艾氏情境實驗，實驗主持者特定設計了一個情境，也就是提出一個與事實不符，但卻是團體中多數人同意事先的定好的陳述，再觀察受試者不知情的反應。通常的結果是，即使受試者對多數人同意的陳述表示質疑，但是他還是會受到團體意見的影響，接受這個與事實不符的陳述，盲目地擁護團體的意見）實驗中的被迫者或盲目的擁護者，更不容易有場地依賴（一種性格特徵。假設有一木棒立在空地中央，至於木棒與地面是否垂直由受試者自行調整，直到他認為垂直為止。假如空地上沒有其他刺激物時，每個受試者的判斷都差不多；但如果有其他刺激物，例如把木棒放在傾斜的方框中，受試者就會受到干擾而做出錯誤的判斷，這種人就是所謂的場地依賴型）的傾向，甚至完全不易受到類似走狗的人物的影響。

事實上，所有關於心理健康的測試，其實就是關於優秀經理人的測試。假如我沒有記錯的話，實驗結果所定義的優秀管理策略都牽涉到心理健康和綜效能力。我們可以提出上百種相關的案例。事實上，至少就理論而言，我認為不久的將來會有一系列像心電圖、腦電圖一般精準的測試實驗，完全準確地預測出哪種人在未來可成為優秀的經理人或領導人。假設這項預想可以實現的話，將會令人感到驚喜不已。我越想到這裡，就覺得越有可能。不管怎麼樣，這件事確實值得一試。

當然，也不排除其他可能性的存在。當所有的關係網路都成為事實的時候，所有促成優秀經理人的因素都已具備時，其他人也能變得更優秀，甚至能改造整個人類。也可以這麼說，所有關於敏感度訓練、管理訓練、著書立說與從事研究的技巧等，就長遠利益而言，對所有人都有益處。

同樣的情形也適用於心理健康。教育系統只有足夠健全，才能培育出日後我們所需的將軍、老闆、經理人或領導人。同樣，任何自我治療或心理治療的技術必然具有相同的作用。所有的一切都相互關連，使一個人變得更健

康的因素，也會使其他人更有機會成為優秀的經理人。

　　相反的情形也是如此，改善社區的因素亦能改善社會的其他部分，改善某個人的因素亦能改善全體人類。如果某些因素能使一個人成為一個好丈夫，那麼同樣也可以使其成為一個好員工、好市民或好的運動員。

　　事實上，這些訣竅也是美國成功人士的特殊素養。這是很重要的一點，特別是最近有許多其他國家的科學家以各式各樣的方式打擊美國市場。例如：與美國員工相比，其他國家的勞工薪資比美國便宜許多。大部分國家盛行獨裁式的管理制度，人們生活在恐懼、飢餓以及失業的情況之下，他們較願意依指示做事。在這些國家裡，所擁有的原料比美國多出許多，擁有數之不盡的廉價勞工，有預防勞工罷工的制度法令。毫無疑問的，這種獨裁式的管理模式也有它存在的道理與好處。

　　如果我們能夠維持多元化的存在價值觀以及它們的一體性，就可以透過任何一項存在價值達到一體性。只要我們窮盡心力追求存在真相或存在正義，就可以真正擁有真相、正義和完美。

重新定義存在價值

　　在我們討論開明管理時，或在利他社會制度達到心理一定健全的程度時，最好是放棄「單一的偉大價值」之類的理論。例如：「全部都是為了愛」，或者像一位開明企業家所講的：「我的一切努力都是為了服務其他人。」至少目前不適於價值觀的純化，應採用最高價值的多元性。因為當我試著完整地定義真相與誠實時，我發現必須用其他的存在價值來定義。例如：真相是美麗的、好的、正義的、一統的……我還未針對其他存在價值下定義，但顯而易見的，美除了它獨有的特質外，也包含了其他存在價值的部分特質。

　　也許在不久的將來，我們也許能夠用某種方法詮釋所有存在價值的單一

第五章　建立綜效協同的組織模式

本質和一體性。但我懷疑因素分析 —— 針對若干個依變數做分析，研究彼此的相關性，化約成數個因素，但仍不失代表性。例如我們要研究一個人的心理能力，就必須測驗以下 6 種能力（6 個依變項）：字彙記憶、心算速度、語文推理、數學演算、閱讀理解、數學解題。接下來我們分析這項能力的相關情形，總結出兩種能力（因素）：語文能力與數學能力，用這兩種能力代表心理能力，但與先前的 6 種能力沒有太大的出入 —— 的技術有所助益。

但是，我們可以藉此判斷某種東西是否屬於存在價值。基督教學者視愛為最高價值，而自然科學家將真理視為最高價值，19 世紀最偉大的詩人之一約翰・濟慈（John Keats，英國詩人，也是十九世界最偉大的詩人之一。他的詩中對人、對物和情景的描寫給人一種直接如畫的印象。他認為詩人應該像變色龍一樣，反應各種經驗的色澤，不讓自己的個性干涉感覺的傳處。他致力於透過神話或是哲學探索詩的完美境界。有名的詩作包括：〈心靈〉、〈哀感〉、〈夜鶯〉和〈希臘古甕〉）將美視為最高價值，律師卻覺得正義是最高價值，我們可以用以上批評的原則來判定，他們所抱持的價值是否符合存在價值的精神。

例如：一名信奉基督教的科學家所定義的愛，與醫學和生物學的真理相互違背，因此我們知道他們所定義的愛與其他存在價值相左。這顯示出他們的定義不夠完全，或是他們對愛的理解是零碎的，不夠完整的。

同樣的，有些科學家在追求真理的同時，卻不考慮其他的存在價值。例如：盲目的核專家，思考不完整的醫生或機器人專家，或納粹集中營的生物學家自認為自己是在追求真理。但事實上，他們所追求真理卻與愛、正義和善良等價值產生衝突，因此他們對真理的定義是錯誤的、不完善的、零碎的。與其他存在價值相互衝突或排斥的，即不屬於存在價值。所有的存在價值都不能有相互分化或衝突的情形發生。

科學家在追求真理的同時，不與其他存在價值發生衝突，他所追求的真

理必須與終極目標或存在價值相容。這也符合開明管理的原則。也許有人只追求有限的或單一定義的存在價值，例如服務，但不包括多元定義的服務。也許我應該以這種方式說：存在愛或存在真相都和其他任何的存在價值等同。或者也可以這樣說：某一存在價值是根據其他所有的存在價值的存在而定義的。

或者，我們可以用另外一種方式來解釋，如果我們能夠維持多元化的存在價值觀以及它們的一體性，就可以透過任何一項存在價值，達到一體性。只要我們窮盡心力追求存在真相或存在正義，就可以真正擁有真相、正義和完美。

在一個良好的情況之下，我們不需為道德或追求存在價值而付出任何代價。在良好的環境下，個人的道德或自私是為他人所接受的，甚至會受到他人的喜愛或尊敬。在良好的環境下，具有道德感和利他主義（或健康的自私）的生意人在財務上的表現較為出色。

綜效原則下的存在價值

透過很多企業案例的分析結果可以確認，綜效與良好環境之間有一定的相關性。潘乃德將綜效定義為社會機構性的設計，能促使自私與無私相互融合，並且超越兩者的對立，使得自私與無私之間的分化獲得解決，近而形成更高層次的統一結合。綜效必須透過機構性的安排，使得員工在追求自我利益的同時，亦能對他人有益，而當員工幫助他人時，也能使自我得到報酬或滿足。我們也可以由以下的敘述推論出可測試的假設：

在良好的社會裡，道德是有價值的。在良好的社會裡，自私是有價值的，他人能容忍和認同個人的自私行為，因為他們也能因此而受益。這時美德、利他主義與自私已合而為一，三者之間已不再互相衝突或排斥，已有相同的目標與結果。

第五章　建立綜效協同的組織模式

　　社會的綜效性越高（或是情侶間或個人），就越接近存在價值。在一個惡劣的社會環境條件下，只會造成人與人之間相互對抗，個人的興趣無法融入團隊之中，也無法被團隊的其他人認可，更無法獲得個人的需求（即所謂的匱乏需求），除非是在犧牲他人的利益的前提下。

　　在一個良好的情況之下，我們不需為道德或追求存在價值而付出任何代價。在良好的環境下，個人的道德或自私是為他人所接受的，甚至會受到他人的喜愛或尊敬。在良好的環境下，具有道德感和利他主義（或健康的自私）的生意人在財務上的表現較為出色。

　　在良好的環境下，事業成功的人比較容易贏得他人的敬愛，而不會引起別人的嫉妒怨恨、恐懼或憤怒（針對這一點，可以延伸出更多的討論，我將會有不同程度的論述）。

　　在良好的環境下，仰慕是可能的（不參雜任何的負面情緒，例如性衝動，強制別人做他不願意做的事，或尼采主義的憤怒）。

　　在最高層次上，我們可以隨心所欲地自私，但仍有道德感。

　　我們有道德感，但同時也能自私。

　　在這裡，我們應當再度檢驗、測試亞當·史密斯的理論，也許我們可以重新詮釋為：「在什麼樣情況下，開明的自私對整體社會有益？」同樣我們也可以這樣問：「在什麼樣情況下，對企業有益的事也對全國有益？」或者這樣問：「什麼事對我和你都有益處？」

　　在存在心理學的最高層次裡，重新定義利他主義、自私與無私是很有必要的，一方面，以便超越兩者之間的排斥與對立；另一方面，人道主義也極需重新定義，或至少剔除其所隱含的負面影響。

　　也許我可以這麼問：「在何種情況下，人道主義是好的？」另一個問題是：「在何種情況下，我們會因為自己的好運氣、好命、才華與優越之處而

產生負罪感？」在綜效的層次下，利他主義與自私已相互融合，因此強調對他人仁慈、對他人友善、幫助他人，別人沒食物時不可獨自享受美食，如果他人貧困不可獨自享受財富，如果某人生病不可享受自己的健康，如果某人的腦力不佳，不可為自己的腦力懊惱等等，以上所有的參考量都將變得沒有意義。否則會給那些擁有優勢或好運的人造成一種現實的阻礙，即在言語和行為上帶來困擾。

以上的所有觀點與我們原本所了解的概念有很大差異。如果從另一個角度來看待這個問題，以上敘述的情形展現了印度佛陀的兩種概念。其中一種是私下追求自己的自我實現，只在乎自己達到涅槃的境界，眾生如何，與我無關；另一種與佛祖神話有關，他來到涅槃，然後又返回世間指導眾生，告訴眾生除非世上所有人都能做到，否則沒有人可以進入涅槃。自我實現與其相同，沒有人可以獨自完全達到最圓滿的自我實現的境地。

在良好的環境下，高度進化的人可以完全享受自己，隨心所欲地表達自己，追求自我目標，不必擔心別人的想法或為此感到罪惡，也不必對他人有任何義務，他非常自信，他只做他自己。從他人角度考慮，亦能從這些行為中獲得好處。一個人在誠實地追求自己目標的同時，同樣會產生很多副產品，每個人都可以從自己的角度出發選擇副產品。

換句話來說，在綜效的環境下，也就是在最良好、最理想的情況下，完全沒有必要擔心會遭到社會中流行的、邪惡的毒害。也沒有必要擔心會有任何負面的怨恨或負面影響 —— 憎恨優秀，恨真、善、美、正義、美德等。

在高度綜效的情況下，優秀的人不必害怕因為自身的優秀表現引起他人的怨恨、嫉妒或敵意。他可以完全釋放自己的潛力，展露自身的天賦、才華或優勢，不必為此而隱含自己的潛能，也不必預防遭受攻擊；也許此時誇大與謙虛的對立也不存在了，因為知識是完全客觀的，每個人都可以自由地談

第五章　建立綜效協同的組織模式

論自己和他人的優缺點。但請記住一點，此處談論他人的優缺點與惡意詆毀毫無關係，二者完全不同。

在達到綜效的環境下，我認為重新定義政治自由和政治保守的整體性是非常重要的議題。例如：政治自由主義假設人道主義是好的——在任何情況下均是如此，弱勢的人將可獲得協助。但是若對健全而完善的社會結構而言，情況就完全不同。幫助他人可能會被視為一種干涉、侮辱、不被接受、沒必要而且愚蠢的行為。大量的臨床資料顯示，不加選擇地幫助他人反而會削弱他人的能力。就像一位腳受傷的人若一直拄著拐杖，他的雙腳一定會萎縮。

良好的管理、優秀的工作者、傑出的企業家、良好的產品、良好的社區、良好的國家，以及其他一切良好的條件，彼此之間相互關聯。如果改善了社區，卻不能產生好的結果，中間一定是什麼地方出了問題。

發揮企業的綜效協同優勢

透過研究一些企業管理著作，我從中得出一些資料，總結出兩種管理方式。一種方式是採用原子式、因果式、串珠子式組織起來，並且加以處理。另一種方式是有機體的模式，使其相互關聯，成為一個整體。顯而易見的，後者的方式比較真實、較有效用。

我之所以想把所有關於管理理論的探討資料統一整理起來，是因為過去許多過時的著作，如在 1920 年至 1930 年期間，都是以原子式的思考模式看待企業問題，企業似乎與其他事物沒有任何連繫。就好比說，一位老闆擁有一間小型雜貨店，他認為自己是完全獨立的，不需要與其他人建立任何連繫，他自己經營這家店，他就是這家店的老闆。但實際上這種想法完全錯誤，特別是在相互依賴性日益加深的社會，這種觀點只會顯得越來越不切實際，最後會落得讓人感到愚蠢可笑的下場。

實際上，一家企業，以非線性系統企業為例，他們附屬於鄰近的社區，而此鄰近社區又附屬於更大的社區，如南加州，此區域與加州有著明確的、功能性的關聯，而加州又附屬於美國，美國附屬於西方世界，西方世界附屬於全體人類和整個世界。在此種功能性關係中，可以找出數以百萬計的因與果。但事實上，人們總忽視這些關聯，認為它們與當時的情況毫無牽涉。

比方說，非線性系統企業只有一位守夜員，而非一支配備步槍的私人軍隊，或許所有人都覺得這是理所當然的事，但只有在所有的相互關係運作良好的情況下，才能將其視為理所當然的事。另外，企業依靠城鎮提供水力、電力、瓦斯、道路維修、消防局和警察局，更不用說餐廳、購物中心和市場等諸項服務，只有當以上所述的要素全部都具備，人們才可能在此社區內居住，也才有可能到此工廠工作。假設任何一位在非線性系統企業工作的人，走在街上會有被暗殺的危險，那麼整個企業就根本不會存在。

我們從上述的分析中可以了解到，非線性系統企業必須依賴相互運作網路而存在。簡單地說，非線性系統企業是「含納於其中」，或更確切地說，它是「含納並建構於其中」。其他的階層也適用於同樣的道理，例如課稅制度和相關的服務。美國政府負責維持軍隊、聯邦調查局、國會圖書館以及其他聯邦單位的運作，沒有了這些保證，非線性系統企業就不可能再存在。對於世界衛生組織和聯合國也是同樣的情形。

假如說工廠本身就是一個綜合體、一個相互之間具有密切連繫的綜合體，而且這個綜合體依附於更大規模的綜合體，後者又依附於更大規模的綜合體，如此循環不已。這就是我所謂的「盒組」概念，一個綜合體依附於下一個更大規模的綜合體之內。我也將其稱為「放大層次」，好比我們利用不同倍數的顯微鏡觀察組織細胞，如此一來，我們就可以縮小範圍，使觀察更加仔細。

第五章　建立綜效協同的組織模式

　　綜合體 A 內部相互關聯。若以非線性系統企業為例，就是指員工彼此之間的友誼、相連性、相互依賴、相互需要和相互依靠等關係，經過測量後為 0.6。綜合體 B 包含綜合體 A，兩者內部的元素的相互關係程度可能為 0.4。綜合體 A 和綜合體 C、綜合體 D 或更大規模綜合體的相互關係則更低。換句話說，綜合體 A 內部的改變會影響綜合體 A 內的所有關係，但是綜合體 A 的改變對綜合體 B、C、D 也會有一定的影響。

　　也可以這麼說，非線性系統企業所有好的或壞的改變，都會對德爾瑪市、南加州、加州、美國、西方世界或全世界造成影響。綜合體越大，所受的影響力也就越小。非線性系統企業的員工失業或是工廠倒閉等事件，都會對德爾瑪市造成極大的傷害，加州當然也會受到一定程度的傷害。

　　內部綜合體的影響會比交互綜合體的影響要強。保加利亞、伊朗或其他地方的改變，也可能會影響非線性系統企業以及企業內部的員工。員工自己可能永遠不會察覺，但這並不是最重要的。它的效應是可測量的、可辨認的。而且從實用角度看，它確實存在的。美國政局的動盪或是國家元首被暗殺等事件，都會給非線性系統企業造成很大影響。

　　但若從理論性或實驗性的角度來解釋，這又代表什麼意義呢？所有的假設與肯定都可被測試，而這些假設與我先前提出管理政策與心理健康相互關係的觀點不謀而合。打個比方來說，世界越好，國家就越好，地方政府就越好，企業越好，經理人越優秀，員工越優秀，產品越精良。這只是概括性的敘述，我們還可以分解成一萬種可測試的假設。當然，整件事也完全可以用另一種方式來陳述。員工就越好，產品越好，經理人就越好，企業就越好，社區就越好，州政府就越好，國家就越好，世界就越好。各個因素之間相互影響，相互依賴。而這些也是可以被測試的。

　　從另外一個角度解釋，對這個世界是有利的，對我們的國家、地方政府、社區也是有利的，連帶的對企業、經理人、勞工以及生產的產品，也都

有正面的效應（這非常接近綜效的概念）。不過，這種說法可能會令人覺得有點驚訝，甚至也引起一些非同一般的爭議。一個富有爭議的說法就是：「對通用汽車有利的事，對國家一定有利。」不過，這項陳述會引起不小的震撼。但是，在完全綜效的環境下，這是絕對可以實現的事實。對我有利的事，對全世界有利；對全世界有利的事，也就對我有利。

最後，當我們提出製造好的變壓器需要什麼條件的問題時，就會發現自己身處於一連串的同心圓中。若要進行探討，必須穿越一圈大過一圈的解釋圈，直到最後我們可以談論太陽和地理環境、了解洋流的發生、了解平流層的情況等等。例如：太陽溫度的升高可能會使地球毀滅，當然就談不上生產變壓器了。所以太陽有一個恆定的溫度是製造優質變壓器的先決條件。這是我能夠想到的一個確實存在而且現實的例子。

為了有更進一步的了解，使其更具科學根據，我們可以這麼說，這些整體性的相互關係實際上已顯示出統一、整合、協調、和諧和合作的程度。也就是說，以上的因素和先前提到的相互影響本身，即代表整合的程度高低。整合度越高，我所提到的影響就越明顯；整合度越低，影響就越弱。

我還可以再用另外一種方式來詮釋。好的管理模式、好的員工、好的企業、好的產品、好的社區、好的州政府都是彼此存在的先決條件，也是好的相互關係的先決條件。如果改善了當地社區的環境，但最後企業製造出來的產品並沒有變得更好的話，那麼，一定是運作的中間環節出了什麼問題。也許是制度的整合不夠徹底，溝通不良，團隊的合作默契不佳。這其實是一種病態徵兆，我們可以透過人體來解釋。如果身體的協調性或整合性不足，就會產生危險。例如：如果我的神經系統出現問題，我的左手就不知道我的右手在做什麼，兩手之間就無法達到完美的協調程度。

我們可以研究是什麼原因造成社會的分解，是什麼原因使社會無法達到整合的程度。例如：企業界將黑人隔離的行為，只會對產品、員工、經理人、

第五章　建立綜效協同的組織模式

工廠等造成不良的影響。就拿這樣的例子來說，美國黑人為發泄心中的憤怒和敵意，燒毀工廠、行刺，或是造成南北內戰。他們採取倒退的形式、罪行或偏差行為，致使白人不敢在紐約哈林區行走，因為過去被虐待的痛苦經過長久的壓抑，偶然間路過的白人成為他們發泄內心怒火的對象。這位白人遭受猛烈的攻擊，錢財被洗劫一空，他為過去長期以來的不公平對待付出慘痛的代價，也許他與整件事毫無瓜葛。在非線性系統企業肯定也會有類似的情況發生。所以，阿拉巴馬美孚石油企業員工的惡行，也會對德爾瑪市的非線性系統企業造成影響，對美國的企業界也會造成影響。雖說這一切都還沒有發生，但這只是時間的問題，不妨請記住，一定會發生的，也許是 50 年後。

我們也可以用另外一種方式來詮釋，製造優良變壓器的先決條件，就是要擁有一個較良好的世界。反過來說，如果原本的良好環境發生了任何突發事件或者管理模式的變更，最後都會影響到變壓器、原子筆或汽車等產業的製造以及產品的品質。

在此等情況下，我們將時段劃分為長期和短期是非常有必要的。在討論綜效和道德會計等議題時，一定要考慮到時間問題。今天詐騙一位美國黑人，或剝削印第安員工，或是不安排給婦女相等的工作權力或是機會，將造成他們覺得不受歡迎的感覺，或是激怒人，而且以上的情形只會產生短期的利潤。

假如我經營一家雜貨店，有一天少找錢給其中一位顧客，對我來說，在進行交易的時刻，我在金錢方面占了便宜；但就長期和整體效果而言，納入資產負債表計算後，情況就完全不同。如果我騙得次數越多，就會影響其他人和全世界。也許我無法立即感覺到有任何負面的影響，但是不久的將來，我的營業額將使我悔恨不已。如果我看不起店裡的墨西哥人，給予他們不公平的待遇，也許月底時我的收入增加了，我對墨西哥人的不當行為也沒有立即造成影響；但是我的小孩或後代子孫在未來某個時候一定會受到影響。憑藉對整體性、身體性的思考，所有這類事情的論述是正確且理所當然的。世

上每件事都與其他所有事相關，每個人也與其他所有人相關。甚至可以說，現在在世的每個人也都與其他所有即將出世的人有一定的相關性。

要了解時間與空間的相互關係，就必須以開放、周密的心思去體會。然而，如果不能以整體的形式達到目標，但至少管理理論家和哲學家可以朝此方向發展，證明相互關係的存在以及因果綜效的存在。例如：摩斯和瑞姆在1956 年所作的實驗表明：人類行為的長期後果與短期後果有所不同，我們可以大量使用資源，放棄長期投資，以提高短期的利潤和生產力，改善資產負債表的數字。了解存在與時空的相互關係是公民的責任，也是達成心理健全以及教育世界的責任，這項責任就好比科學家有責任追求最後的真相。這裡需要的東西，是更大的真理，因此，我們必須尋求更大範圍的真相。

透過上面的探討，我們可以得知，在良好的環境下，就長期而言，綜效、相互依賴、相互利益以及「對我有利就是對你有利」的哲學是可能的。但就短期而言，在危急狀況，在不健全的環境或是人們生活在叢林式社會下，根本沒有實現的可能。當有 10 份牛排的需求，卻只有一份牛排的供給時，我的利益就與他人的利益相衝突。任何得到牛排的人都是剝奪了他人的權益。在這種情形下，對我有利的事就是對你不利的事。所有我們認為道德的、人性的、好的人格特質 —— 仁慈、利他、無私、友善和助人 —— 都必須建立在健全的世界之上。換句話說，每個部分都能完全整合、溝通良好，這樣，相互依賴的整體利益才能迅速流動。

為了探討整體性與社會心理的關係，我從勞倫斯·高斯丁（Lawrence Gostin，德國精神病理學家和機體論的創始人，畢生研究腦部患者和語言的障礙患者，他認為任何單一的器官受損絕對與整個有機體相關。任何症狀都是整體的一種表現）的理論以及關於中樞神經系統整合功能的著作開始談起，再擴大到更大範圍、更複雜的系統，最後討論到整體世界的社會心理層面。現在我只是說明社會心理層面的運用情形。

第五章　建立綜效協同的組織模式

現在，我們再回到本節的開頭部分，我必須指出並強調一點：「綜合體 A 含納於綜合體 B」和「綜合體 A 含納並建構於綜合體 B」的情形是有所不同的。含納於其中表示不一定有實質性、功能性的連繫。例如：如果某人透過外科手術，將一粒石頭植入自己的身體之內，那麼這粒石頭就是含納於他的身體之中。但是，我們卻不能說這粒石頭含納並建構於他的身體之中，因為石頭與他的身體並沒有發生實質性的連繫。相反的，我們可以說肝臟含納並建構於我的體內，因為它與我的身體有功能性關聯。這項原則可以用來說明內嵌於社區的工廠與其社區之間的關係。工廠可以含納並建構於社區內，也可以像顆石塊般含納於其中，不發生任何的相互連繫。

關於整體性，越來越質同、統一。知識本身更具連貫性。最好的例證就是數學與邏輯學。當然，我有必要解釋一下，所有的科學和知識都應有這項特質。人們喜歡連貫的事物，對於不連貫的事物採取壓抑、忽略等態度。一旦不連貫或衝突受到重視，人們就必須思考如何使其變得連貫。在此說明認知失調實驗，指多種認知不一致而導致的心理失衡現象。本來以為買黃金可以賺錢（一種認知），可是後來有人說賣基金利潤更高（另一種認知），如果兩者不能達成平衡，就會形成認知失調。這項實驗其實與超越動機與超越需求相關。存在價值強調整合、統一以及朝向一體的傾向。例如：認知失調可以視為某種超越需求或更高層次的動機，它會導致反向動機和反向價值的形成，也會造成恐懼、厭惡、威脅和抵抗等負面情緒，這就像是在知的需求與知的恐懼之間，不斷辯證的過程。

對於個人與世界的同化概念，我認為應該放進理論架構中。每個人都有將世界視為與其自身相似的某件事物的傾向；另一方面，良好的世界環境塑造出與其本身協調的個人。也可以這樣說，個人與世界兩者會越來越相像，他們彼此具有相互因果關係，具有回饋與相互影響的關係。整合程度越高，越能察覺出世界的整合；相對的，對於不整合的情形就越不能忍受，希望能

改變不整合的狀況。當世界越整合，個人就有越大的壓力使自己趨近整合；當世界漸漸成一體時，我個人也就越能成為一體；我個人漸漸整合成一體，就會使世界漸漸整合成一體；這就是我所謂的同化，它亦會促使知識朝向均一與綜效的方向發展，知者與被告知者的分別會自行瓦解，並且成為一體。

經典剖析：安德魯‧凱伊漫談創造發揮員工潛能的企業環境

　　安德魯‧凱伊可以說是數學革命的先鋒之一。他所創辦的非線性系統企業，製造出全球第一臺商用變壓器。1980 年，他企圖想改進電腦設備，他重新結合某些元件，他和業主想這個完整的「盒子」可以製造出更有生產力的產品，所以他們發展出包括電腦主機、印表機、螢幕以及鍵盤的整套設備。因此，凱伊創立了凱伊電腦，成為第一家生產桌上型電腦的美國企業。凱伊電腦生產量快速成長，營業額一下子衝到 1.2 億美元。作為一個科技的改革者，凱伊就和其他行業的先鋒者一樣，在千變萬化的市場上遭受重大打擊，結果於一九八四年時宣布破產。不過，不向命運屈服的凱伊今天還繼續在市場奮鬥，不斷地發明新產品，企圖攻占新的領域。

　　凱伊不僅在科技方面有過令人刮目相看的事業，在經濟管理領域中，他也扮演過一個令人不可忽視的角色。1950 年末期，凱伊在他南加州的工廠，對在組裝線工作的數百位員工，進行一項發揮潛能的實驗。在那個時期，在工人的眼裡，工作場所如同地獄一般，令人厭惡更別提有何價值存在。不過，凱伊透過某些策略，促使員工想像自己是這家工廠的老闆，並且參與企業的所有決策過程。經過不斷的改進，他創造出最具效益的管理模式。

　　安德魯對於馬斯洛博士所陳述的觀點、理念深信不疑，因此他決定改變以前的做事方法。他把原來的組裝線拆解，重新安裝，分成每組只有六到八

第五章　建立綜效協同的組織模式

人的小組。每組內的每一位員工都要學習產品所有的製作流程，每一組都要自己管理自己。他們可以自行制定工作時數、時間，甚至工廠的員工的薪資比外面的一般行情高出 25%。他是美國第一位提供企業股票選擇權給員工的企業主，副總裁這個職務也是凱伊創立並使用的。

在 1990 年代，我們可能會覺得他的這些創意沒有什麼特殊的地方。但是如果是以 1950 至 1960 年代的眼光來看，他顯然是走在時代的尖端。當時凱伊邀請馬斯洛到他位於南加州的工廠待一整個夏天，這也是馬斯洛寫這些日記的靈感來源。凱伊曾任凱伊企業董事長以及執行長。

1958 年，有些人計畫在聖地牙哥地區舉辦一場企業執行官的高峰會議。理察‧佛森就是其中之一，我也是透過他知道這個計畫的。該團體的組織者介紹我看馬斯洛的所寫的一些論著。我讀了這本書，同時也讀了彼得‧杜拉克的著作。我摘取了一些書中的理念，並且把它們運用到我在南加州工廠的實際操作中。在一次去歐洲的旅途中，在波斯頓停留期間，我專程去拜訪馬斯洛。之前，我就計劃著邀請他去我那裡工作，為了謹慎起見，應該要先見見他。馬斯洛是一位紳士風度非常濃而且待人誠懇的人，我記得當我敲門後，看到他就讓我想起了史達林，他和史達林一樣具有堅忍的個性，是一位很堅強的人。他太太貝塔幫我們準備茶點，我們進行了一場深入地對談。回到聖地牙哥以後，我就告訴佛森，我決定先資助馬斯洛到工廠進行研究工作。

當年夏天，馬斯洛博士抵達了聖地牙哥，並且開始研究和寫書。我們希望他能專心研究，不想打擾他，所以並沒有和他有過太多的言談或往來。不過後來，他卻對於我們很少找他感到疑惑和不解。

在和我們一起度過整個夏天後，我參加國家訓練實驗室為企業領導人所舉辦的會議。當時塞嘉食品的總裁比麗‧勞林坐在我前面，詢問我一些關於馬斯洛的事，說想帶馬斯洛去他的工廠。我要他幫我占好位置，馬上就打電

話給馬斯洛博士，告訴他比麗的想法。之後他們同意交談，並且也見了面，接下來所發生的一切就都記錄在雙方的歷史裡了。在比麗以及塞嘉食品廠的慷慨贊助下，馬斯洛在他們位於北加州的食品工廠住了一年。後來，馬斯洛形容那一年的時間簡直就像「生活在天堂裡」一樣。

當我邀請馬斯洛到工廠時，我只是想為他提供一些研究資料。而且，我想他也許希望在工廠度過整個夏天，這樣對他比較好，他覺得那是一段非常愉快的時光。當時工廠借調了一位祕書給他，幫忙將錄音帶上的記錄，轉抄成書面文字。那段期間，他也見了一些南加州地區其他的企業領導人以及管理理論學者，而且大部分人都是專程來拜訪他的。

眾所周知，當時的企業環境並不是非常適合人本管理實驗，但我仍在工廠裡進行一些構想。前面我已經談過，我讀過杜拉克的著作，我認為他的書為我產生構想提供一些幫助。那是一段很有趣的故事。1962 年春天，我去潘安找杜拉克，他當時受邀在一項會議中演說。我把他拉到旁邊，對他說：「我採用了你書裡的一些構想。」你絕猜不到他是如何回答：「別怪我，真的不要怪我。」我猜想他的理論對其他人可能很不適用，甚至會很糟糕。

例如：在我們這一行，產品組裝線對產品非常重要。一位員工完成某個步驟後，另外一位員工就接著去做下一個步驟。情況就是如此，組裝線前段的這幾員工都不是很快樂，最快樂的人應該算是最後完成產品組裝的員工，因為他們可以體驗到產品完成的喜悅。因此，我們就想方設法，不斷改進管理，企圖讓所有人都能像最後完成組裝的人一樣快樂。我們鼓勵每位員工都盡可能地學習其他同事的工作，並且實際練習操作。

同時，產品也越來越複雜。為了測試所有的線路是否都在正確的位置上，我們還添購一套測試裝備。我們的目標是每個變壓器都是合格產品，不能給任何一位客戶造成損失。員工會自行記錄整個操作過程，我們不設專門

第五章　建立綜效協同的組織模式

人員去記錄這些事。每一位員工都必須自行擬定工作手冊，無論他們想要做什麼新的嘗試，我們都會以支持的態度鼓勵他們放手一搏。而經過這一連串的過程以及改變，工廠的產量不但沒有減少，反而有所增加。尤其是每一個組裝線的員工都知道自己在整個生產線中所扮演的角色，他（她）的表現將會影響產品最後的品質。

事實證明這一切改進都是明智的，結果一個月生產出更多的變壓器，而且每位員工都可以完成組裝線的所有工作。男性員工傾嚮往技術方面發展，擔任最後的測試工作。也有部分的女性員工喜歡從事這項工作。我記得曾經有一位線上的領班告訴我，有一位女性員工不想參與其中，我要求見這位員工。她是一位年輕的墨西哥女性，是我第一批僱請的少數員工之一。我暗地觀察了她在生產線上工作的情形，當她在做一個簡單的動作時，眼睛好像飄到幾百萬里遠以外的地方去了。領班告訴我——那就是她想要做的。大約過了 9 個月，我竟然發現她在從事變壓器的測試工作。我很驚訝地問領班：「你不是跟我說，她只願意做一些簡單重複的工作嗎？」領班回答說：「她只是害怕自己沒有能力去從事其他性質的組裝工作，她缺乏自信心，怕在同事面前丟臉，所以不敢去嘗試。她缺乏自尊。不過，當她看到其他人能夠成功地完成組裝工作時，她認為自己也一定能做得到。因此加入這項新的工作行列，提升自己的技術能力。」

我每年總是收到很多女性員工寄給我的聖誕卡，感謝我讓她們在工廠裡嘗試多樣不同的而且富有挑戰性的工作，因為她們以前從沒有想過自己有能力做如此重要的工作，而且會完成得很出色。當她們將這些複雜的零件組合在一起後，便對自己以及優質的工作感到自豪，自尊的感覺也隨著提升。

在我的工廠裡，還有一則完美的經營高招——增加員工的詞彙量。我在1954 年遇到一位學者，他的研究結果表明，如果一個人的詞彙增加，他的學習能力也會增加。他說，一個人的詞彙量增加，也提高他對世界的認知。另

外有件我在很久以前就發現到的事，我到任何地方都會跟每一個人談到這件事：你所知道的詞彙量越少，就越容易得到妄想症。仔細想一想，如果知道的詞彙越多，表示你越了解這個世界，那麼，知道的詞彙越少，就代表你越不了解這個世界，也代表這個人盲目無知。

而且，我也試著建立一個制度以增加員工的詞彙量。在 1960 年我花了大約 80 萬美金添購了一些設備，增加員工的知識能力。當一位領班正在使用企業提供的錄音帶時，有位正在做電腦螢幕測試的女員工，一整天也跟著聽這些錄音帶。後來，我兒子也加入這個工作，成立詞彙量提升中心。

有一位曾經在海軍服過役的員工，非常聰明，但是，他內心的挫折感卻非常敏感，有時候因為他無法向同事完整地解釋一件事情，或表達內心的想法。他是一位很有才華的設計師，他上了兩次詞彙量提升課程。後來他成功地掌握了詞彙量的使用能力，從 5% 提高到 20%，這幾乎達到大學的程度。後來他不斷地和別人談到這項增加詞彙量的計畫，以及它如何改變他的生活。

我總是不斷地回想一件我認為很重要的事。這就是我所說的「擴展工作場所」，人們透過學習而成才。我想那就是我一直嘗試著在工廠做的，提供一個讓人們可以發揮潛能的地方。

第五章　建立綜效協同的組織模式

第六章　企業競爭活力的創新模式

> 　　在世界經濟大舞臺上，企業要想在你死我活的商場競爭中謀求超常規的高速發展，創新已成為現今全球競爭的時尚和潮流。無論是科技創新，還是組織創新，一切都取決於人的創造力。因此，必須建立起有利於企業競爭活力的創新模式。
>
> 　　在整個人類往前邁進的每一步的背後，都有一些孤獨的個人在思想中萌發出創造力的種子，這些人的夢想在某一個夜晚將他們喚醒，而另外一些人的夢想卻仍舊在沉睡。這個醒來的人就是我們這個世界必不可少的人。
>
> —— 馬斯洛

　　沒有管理的管理是管理的最高境界。沒有管理不是取消管理，而是使管理進入更好的層次和更高的境界。傳統的管理模式在一定程度上束縛人的個性和創造力，而未來的社會由於員工的知識更加豐富，獲取資訊的手段更加高級，這樣就可能形成全新的管理模式。

管理思想演變的新趨勢

面對市場競爭的新形勢，管理理論研究也出現了一些新的趨勢，這些新趨勢主要表現在以下幾方面。

跨世紀的年代是多變的年代，變是唯一不變的真理。任何已有的和常規的管理模式都將最後被創新的管理模式所取代，管理創新是管理的主旋律。關於當前對管理創新發展的趨勢主要有這麼幾個觀點：管理創新的內容有策略創新、制度創新、組織創新、觀念創新和市場創新等幾個方面。把創新滲透於整個管理過程之中。

整個組織中的每位員工都是創新者，因而組織為此要創造一個適合於每位員工都可以創新的環境和機制。

企業個性化。因為競爭的激烈性，企業必須要有自己獨特的個性，模仿別人是難以生存的。所以成功的企業必須具有自己的獨特的個性，即具有獨特的個性化的產品和個性化的經濟管理方式。

世界經濟從農業經濟到工業經濟歷史發展過程中，由於社會的發展使得知識已成為最為重要的資源。在資訊的催化下，知識經濟時代已經到來。企業如何具有獨特的屬於自己的文化已成為企業能否生存的重要標誌。在企業管理中如何獲得知識，如何使用知識，如何儲存知識，如何使知識變為更多的知識，如何把知識直接地轉化為生產力，這些都是管理理論中所要解決的問題。

企業再造運動主要在兩個方面和傳統的管理模式不同：

首先，從傳統的從上到下的管理模式變成為資訊過程的增值管理模式，即衡量一個企業的有效性的主要標誌是，當一個資訊輸入企業以後，經過企業的加工，然後再輸出，資訊透過企業的任何一個環節，其管理環節對此資訊加工的增值是多少。從工業的產品鏈到資訊的價值鏈，形成一種企業價值

的增值過程。如果不對該資訊進行增值就要進行改造，這樣就形成了一個企業管理機制的觀念的改變。

其次，企業再造不是在傳統的管理模式基礎上的漸進式改造，而是強調從根本上著手。要改變企業的運作模式就得徹底改造，把舊的全部忘掉、全部的拋棄，唯有破除過去才能創新。這樣的企業再造革命是建立在資訊網路遍布企業內各部門的基礎上的，企業內部員工可以得到與自己有關的任何資訊，這樣大大減少了資訊流動所帶來的時間損失，不僅提高了效率，精簡了人員，還使得每個員工都對企業的全局有一個全面的了解，從而使企業出現一個嶄新的局面。

傳統的組織結構是金字塔型的，最上面的是企業的總裁，然後是中間層，最後是基層。指揮鏈是從上到下，決策來自最上層，下面是執行層。但是接觸客戶最多的是基層，在多變的時代，顧客的個性化日益突出。當上層的決策和客戶的要求相矛盾時，在傳統的組織結構中，是執行上級的決策，而在新的組織結構中，在金字塔最上層是客戶，然後是第一線的基層工作人員，最後才是中層和最高領導者。這個倒金字塔不僅僅是把組織結構進行一下簡單的顛倒，而是要求員工的知識、能力、技術等方面都必須得到持續的發展，能獲得獨立處理問題的管理才幹。這樣一種轉變是整個管理觀念的變化，上層從上司轉變為支持服務，員工從執行轉變為獨立處理問題。

沒有管理的管理是管理的最高境界。沒有管理不是取消管理，而是使管理進入更好的層次和更高的境界。傳統的管理模式在一定程度上束縛人的個性和創造力，而未來的社會由於員工的知識更加豐富，獲取資訊的手段更加高級，這樣就可能形成全新的管理模式：人人都是管理的主體，員工既是決策的參與者也是決策的執行者；以人為本，順應人性，尊重人格。在新的管理模式下，員工不是在制度的約束下進行工作，而是自動自覺地把工作視為人生發展的組成部分；透過管理文化構建，創造一種高度和諧、友善、親切、

第六章　企業競爭活力的創新模式

融合的氛圍，使企業成為一個密切合作的團體；順應形勢、順應社會經濟運行的自然法則，使管理成為一個自然的歷史過程。這樣，就使企業成為一個自組織、自調節的有機整體，企業因此能夠協調、有序、高效地運行。

市場複雜多變，且變化的速度在日益加快。如何跟上時代的步伐，適應迅速變化的市場需要，是企業管理中的一大難題。企業只有快速反應、快速應變才能生存。企業行為不僅是比價格、品質和服務，還要比反應、比速度、比效率。在這商機稍縱即逝的時代，誰搶先一步誰就掌握了獲勝的先機。企業快速反應能力的建立成為管理理論研究的新領域。

企業面臨經營環境的快速變化，使得企業必須具有快速的經營反應能力。獲得這個反應能力必須建立自己的策略彈性。策略彈性是企業依據企業本身的知識能力。為應付不斷變化的不確定情況而具有的應變能力，這些知識和能力由人員、程序、產品和綜合的系統所構成。策略彈性由組織結構彈性、生產技術彈性、管理彈性和人員構成彈性所組成。策略彈性來源於企業本身獨特的知識能力，而企業人的知識本身的構成和其組合方式是構成策略彈性的關鍵。一旦企業建立起自己的策略彈性，企業即形成了組織的活性化、功能的綜合化、活動的靈活化，這一切即構成了獨特的企業文化，企業從而就建立起別人無法複製的策略優勢，競爭能力將會得到大大的增強。

技術和知識在急遽成長，但無論多麼先進的東西都會隨著時間的推移而逐漸被淘汰，因此一個企業要保持持續的發展，必須要不斷地學習，不斷地更新知識。

學習型企業不僅要求企業中的每位員工都要終身不斷地學習，不斷獲取新知，不斷超越自我，而且要求企業也要不斷地學習和不斷地超越。要達到學習型組織需要有這幾個方面的扎實基礎：

在企業處理問題時要擴大思考的空間，透過電腦模擬把事件的前因後果都考慮到，建立系統處理的模式。在認清客觀世界的基礎上，創造出適合於

自己的最理想的環境，不是降低理想來適應環境，而是提升自己來達到理想，這需要創意、耐力、不斷學習和不斷超越。改善心智模式強調每位員工都要以開放求真的態度，將自己的胸懷開放出來，克服原有的習慣所形成的障礙，不斷改善它，最後還要突破它，以這樣一個全新的心智模式出現。建立共同目標前景是以共同的理想、共同的文化、共同的使命組織在一起，以便達到一個共同的未來目標。

團隊學習是組織中溝通、思考、對話的工具，強調不在本位、不自我防衛、不預設立場、不敬畏的情況下共同學習。團隊學習是適應環境驟變的最佳方法。唯有大家一起學習、成長、超越和不斷地進步，才能讓組織免於失敗，創造出不斷成長的績效來。

讓你的員工與你一起發展，一起成長。選定某一個員工後，給他一個展示自己的機會，考驗他，然後確定他的能力如何，他能做什麼工作，他的缺陷與不足在哪裡。只有透過這種方式才能確定他是否是一個合格的職員。

商業管理背後的真正動力

商業界有許多著名的人物憑藉所謂的「單槍匹馬」得以成功了。但我堅信在大多數情況下，一個人之所以能夠功成名就，主要是由於他選擇了正確的員工與下屬，正是由於他們的支持，這個人才能夠成功。

要選擇恰當的時機，要仔細地挑選下屬 —— 然後在某個限度內只給他們一根鬆鬆的韁繩，讓他們能夠自由地發揮。我認為正是由於這種管理員工的理念的存在，使得一大批企業能夠穩步發展並踏上了成功之路。

許多有能力賺 100 美元薪水的人仍然是一個只賺 50 美元的小職員，只因為他們沒有機會也沒有自由去充分施展自己的才華，在某大企業主管辦公室的一個角落裡，也許就有某位職員，他的才能要遠遠高於這位主管，只是

第六章　企業競爭活力的創新模式

他沒有機會充分展示出來。只要他一有機會，讓他全權處理企業事務，充分發揮他的能動性的話，他的才華將會使你驚訝不已。

從其他企業挖來一個人，將他放在一個高位去管理企業中原有的員工們，不如從員工中間選一個年輕人，每週給他發 10 美元的薪水，不斷地培訓他、教育他，讓他成長為優秀的管理者。

讓你的員工與你一起發展，一起成長。選定某一個員工後，給他一個展示自己的機會，考驗他，然後確定他的能力如何，他能做什麼工作，他的缺陷與不足在哪裡。只有透過這種方式才能確定他是否是一個合格的職員。在相當長的一段時間裡，讓這個職員在某些事上有充分的決定權和選擇的自由，然後觀察結果如何。

人們只能透過自己所犯的錯誤汲取教訓，學得經驗。任何一個僱主應當期望也應當鼓勵自己的員工發揮積極性和主動性，鼓勵他們勇於犯錯誤。只有透過這種方式這些員工才能累積到經驗。這種管理培育員工的方式在早期可能代價十分昂貴，但這是唯一正確合適的培訓員工升至合適職位的方式。

任何一個人都只有浪費了無數的彈藥以後才能將自己訓練成一個「神槍手」。對於一個顯示出過人才華的年輕員工，任何一個僱主都應該捨得花費金錢與精力做實驗。因為從長遠來看，這些付出都會有豐厚的回報。但是如果員工接二連三地犯錯誤，也沒有任何積極的結果出現，那麼這個員工就應該離開企業了。但是，另一方面，一旦結束了這一類的實驗，確定了這個員工的能力，接下來自然要做的就是提拔他到更高的職位上，加他的薪水了。

這種培養員工的方式的優點在於它能激發員工潛在信心，如果缺乏信心，他不可能成功，也不可能幫助企業成功。這種方式可以培養員工具備創造力這一素養，而創造力對於一個企業而言就意味著貿易和利潤。

贏得員工對企業絕對忠誠的最可靠的方式就是要在最開始時就讓他們知道他們在企業內會有機會充分展示自己的才華，發揮自己的才能。任何一個

人都希望能夠在所在的企業裡充分發揮自己的潛能與才華。一旦企業與員工之間建立了這種關係，只要他是適合這個企業的人，他就永遠都不會尋求離開這裡到一個更好的地方去。

也有的時候一個企業會有這樣的人，才華有限，當他達到了能力的極限時，就原地踏步，停滯不前了。

有些企業的主管們經常找他的下屬個人談話，詢問他們的工作方法，其實方式方法都不是重要的。我們在生意中真正重要的是整體貿易額，是最後的實際結果如何。只要他所在的部門經營良好，利潤豐厚，他採用了哪種方式和方法是不必在意的。

一個企業要成功還應當注重每一個員工的榮譽感與自尊。企業應當讓員工明白他本人的發展完全在於他自己，在於他工作的品質。如果一個銷售人員的銷售額在某個固定的時間內上升了3%的話，無論他採用了何種方式達到了這一業績，他都足以證明自己有能力繼續留在企業內。

按照同樣的理論，太多的教育員工的指示危害十分大。不要太具體，這樣的態度把一個人變成了一臺機器。當你派某位員工到某個職位上去做某一件事，履行某一責任時，永遠不要對他說：「就這麼做」或者「別那麼做」。正確的做法是應該說，「去好好想一想，研究一下這件事，充分發揮你的才幹。」當然，如果這個員工是適合這個工作的人選的話，也一定會盡力充分發揮他的能力的。本著這種思想，任何一家企業都不應指定任何一位員工必須遵守的具體的規則，而是將公務和每個員工的行為變成了他們獨立思考、獨立行動的機會。

我們也不必對員工進行口頭的表揚或斥責。也許我們經常會告訴某位員工說他工作得太辛苦了或者說他的薪水有點低了。但是這種情況下我們還會繼續說他的薪水其實是他所在職位應得的最高薪水，並且告訴他，只要他本人有才幹有能力，一旦有了機會他會立刻得到提拔的。一般情況下不需單個

第六章　企業競爭活力的創新模式

員工的請求或詢問就應給他們加薪或升遷。這並不是說作為員工不應當自己要求加薪提職，而是說，基於我們本著這些原則對員工採取的態度，我們很快就能知道一個人的工作成就是否與他所得的薪水相匹配。如果他稱職，就應該受嘉獎，因為他為企業也贏得了利潤。

正是因為一個人能夠在他目前所在的職位上做出了超乎意料的成績，才使他能夠得以提升或加薪。在管理體制中，管理這一類型的人不能採用其他任何諸如特別獎金、紅利或者送小禮物的方式，否則在這種情況下工作的人只會把這一類的嘉獎看作是對他們的侮辱，因為這些行為只會暗示他們並沒有做到最好。這些方式就本質而言是一種侮辱。由於員工特別的努力與付出，給予他們獎勵或榮譽，這在某些組織中是一種極為有效的激勵員工的方式，但在一個員工個個都有自由選擇和決定權力的機構或企業裡是絕對行不通的。

這種管理下屬個人的方式與其他最先進的選擇、培訓、獲得員工的管理方式一樣能夠取得最佳的效果。因為這種方式能徹底檢驗出員工的能力——它可以將合適的員工放在合適的職位上，也可以為合適的職位找到合適的員工。這種方式可以激勵員工的工作，同時還能夠激發員工對企業的忠誠。

想要成為盡善盡美的企業，就要隨時做好應付各種變化的準備，這樣才能在混亂中振興起來。成功的企業是那些總在進行不懈努力的企業，而不是那些靠吃老本過日子的企業。

企業應付內外變化的措施

　　想要成為盡善盡美的企業，就要隨時做好應付各種變化的準備，這樣才能在混亂中振興起來。成功的企業是那些總在進行不懈努力的企業，而不是那些靠吃老本過日子的企業。

　　商業環境瞬息萬變，這種變化是由一系列因素引起的。管理者想要應付這種變化，就必須秉持創新精神。

　　重視企業與消費者連繫的重要性，強調商業機構為自己的產品開闢新的銷售市場和招攬新客戶的必要性。管理者必須從以下幾方面著手：

· 排斥大量生產的想法，要求盡可能成為某一方面的專家。管理者要決心為消費者提供品質最好的產品。管理人員必須明確改進產品品質的重要性，頭腦中要時刻想著，如果顧客看不到產品品質的變化，那麼，所有的努力都不會有結果。在強調品質的同時，還要努力發現顧客對某些商品或服務的特殊要求，並以此來改進產品或改善服務。

· 努力開拓新的市場，說服顧客購買你的產品。比如：蘋果電腦企業在打開電腦在教育領域中的銷路時就是這樣做的。

· 一定要使你的產品或服務與你的同行競爭者有差別。在這個競爭異常激烈的世界裡，一個企業要以與競爭者不同的形象（特別是比競爭者更好的形象）出現在人們面前。你要使自己的產品品質略勝一籌，使你的服務更有特色。

　　怎樣才能做到這幾點呢？

　　首先，虛心聽取意見。要從客戶口中盡可能多地獲取資訊，不要只聽你願意聽的。而且，你應登門拜訪不滿意的顧客，與他們促膝談心，認真聽取他們的意見。然後，要按照你獲得的意見去改進，並將你做出的努力回饋給顧客，使他們相信他們的意見已受到了重視。

第六章　企業競爭活力的創新模式

　　其次，把生產變為銷售的工具。生產是產品（包括品質、創新和做出反應的時間）的樞紐。要讓銷售和生產相互作用、相互補充，要允許生產部門在商業機構的決策過程中發表意見。

　　最後，使銷售和服務人員成為功臣。如果必要的話，可以對企業的重要職員「進行超額投資」，使他們在報酬、培訓、支持以及聽取他們的意見所花費的時間等方面與其他人有所不同。銷售和服務人員處於與消費者相互作用、相互影響的第一線。對於潛在的顧客來說，這些人對企業的形象有著至關重要的作用。進一步地說，這些人是獲取資訊、了解顧客愛好、收集顧客關心的問題等方面的主力軍。

　　彼得斯號召「發起一次消費者的革命」，這是指商業機構必須為客戶著想。商業機構既要招攬新客戶，又要讓老客戶高興。每失去一位顧客就減少一份收入，為顧客提供熱情服務不僅可以維繫住你的客戶，還可以幫助你從那些不注意聽取客戶意見的競爭者手裡爭取到一部分客戶。

　　在這個迅速變化、紛繁複雜的環境中，要想有效地進行「大」規模創新幾乎是不可能的，因為事物變化太快，任何大工程還來不及開始就得結束。與此相反，一些小工程已成為重點。創新不一定包括整套新產品的發展和服務，在日常出售的貨物方面進行不斷的創新，也能展現出創新的精神。

　　採取專業小組和發展服務項目的做法。這需要發揮各方面專業小組的作用和「局外人」（如客戶、供貨商和產品經銷商）在企業發展過程中的作用。

　　全力支持小規模試驗。潛在的新方案不要只限於紙上談兵，而是要先進行調查或做出樣品。運用先期考察的方法，可以大大縮短一項創新從設想到實踐的過程。

　　創造性地模仿。要學習借鑑其他機構成功與失敗的經驗，避免「不是自己發明的」消極觀念，學會利用別人的工作成果，提高產品品質，完善現有服務，這樣的創新過程，比從支離破碎的題材中自行搞出一套完整的體系要

節省許多時間。

造成共同創新的局面。機構中的每一個人（從研究開發人員到理財能手以及中層上司）都必須參與創新。創新是一門難學的本領，組織要在這方面做長期的努力。

為了實施創新策略，機構中每個人的全力支持與參與是必要的。一個機構的座右銘應該是：「一個選擇得當、訓練有素和得到支持的人，特別是有著奉獻精神的人，充滿著無限的創造力。」要形成一種鼓勵創新的局面，鼓勵機構中的人都來參與機構內的各項事務，參與技術創新。要實現這個目標，應以團隊為中心進行自我管理，並把團隊作為機構的組成部分。自我管理團隊的發展使第一線的監督失去作用，取而代之的是團隊上司。這些人與幾個團隊的人一起工作，發揮上情下達、下情上達的作用。

有幾項措施鼓勵人人參與議事：

· 傾聽意見、表彰先進、慧眼識人。這就是說，要自始至終傾聽別人的意見，幫助大家借鑑成功的經驗和失敗的教訓，並互通資訊。表彰先進，不僅要表揚做出重大貢獻的人，也要表揚做出小貢獻的人。

· 肯花時間招兵買馬。不僅要僱用技術能手，還要僱用那些適合在機構中工作的人（那些熱心工作、熱心創新的人）。與新僱員一起工作的管理人員要積極參加聘用和甄選工作。

· 重視人才培訓和人才選拔。商業機構中的工作人員是非常寶貴的資源，在工作中要認真對待他們。企業要花時間培訓他們，以使他們發揮最大的能力。除了技術培訓外，企業還要努力把他們培養成社會需要的人，這樣，他們的價值觀才能與企業保持一致。

· 透過培訓，員工會逐步認識到創新的重要性，並且明白自己在創新方面可以做些什麼。如果員工在培訓方面成績顯著，就應該得到相對的補償。

第六章　企業競爭活力的創新模式

- 以企業的主要收入來源（如生產力、利潤和產品品質提高帶來的收入）為基礎，企業應撥出一部分資金作為獎勵性薪資，實行獎勵薪資制。
- 管理者要「保證就業」。如做出就業保證、規定工作做到何種程度員工就可升遷。這樣，員工就會有安全感。要在不斷變化的環境中做到這一點，必須要精心計畫，還要靠全體員工的靈活性。
- 要建立一種簡便易行的評估體系，以便大家能在更大程度上參政、議政，獲取更充分的資訊。要對那些重要的事情（如產品品質、顧客的滿意程度和開發一種新產品所需要的時間）進行評估。改變行政領導進行控制的方法，特別是在執行情況的鑑定方面、對客觀環境以及對工作的看法等方面。靈活性比死板的控制體系要好得多。體系應該像萬物那樣，處於不斷改善的過程中。
- 任何人要取得成功的話，都必須獲取資訊並制定規劃。因此，企業要在資訊處理、職權範圍和策略規劃方面實行分工負責制。

在整個人類往前邁進的每一步的背後，都有一些孤獨的個人在思想中萌發出創造力的種子，這些人的夢想在某一個夜晚將他們喚醒，而另外一些人的夢想卻仍舊在沉睡。這個醒來的人就是我們這個世界必不可少的人。

企業創新發展的必經之路

在某種程度上，循規蹈矩的存在並不是企業內特有的一種特徵，也不是任何大的群體所特有的領域。可以說，無論是什麼類型的和什麼規模的組織，內部都會或多或少地存在不同程度的循規蹈矩的現象。我一直都這麼認為：大的企業總是能夠給每位員工的個性留有更多的展示機會，它所要求的循規蹈矩比任何其他一類組織要少得多 —— 其他組織比如政府部門、學術領域或者是在軍隊中。

　　我同時還以為，相對而言，循規蹈矩的現象至少是容易或者說更容易在一些小的組織群體中出現。在一個只有 10 位員工的小組中與一個上千人的組織中改變一種已經根深蒂固的行為模式具有同樣的必要性，它們最大的區別就在於小群體會將更多的注意力放在出現的偏差上。眾所周知，在一個小城鎮裡人們在約束一個與眾不同的異端人士時所花費的精力比一個大城市要多得多。同樣的道理，我大膽地認為，與一個龐大的企業相比，在一個只有十幾個人的小企業裡循規蹈矩會更加引人注目，因為原因可能會是在一個有 1 萬人的群體中人們的容忍度會比 10 個或是 12 位員工的小群體的容忍度更為博大一些。

　　然而，事實似乎是循規蹈矩這種現象在大企業裡更加引人注目，而且企業裡都有一種廣為流行的觀點，那就是，企業中存在著一種固定的模式，任何一個希望得到提升、得到發展的人必須遵守這些固定的模式，什麼樣的行為方式，什麼樣的衣著打扮，什麼樣的政治觀點，所有這些你必須同大家保持嚴格的一致。這個總體的印象看起來可能相當的奇怪。曾經有人非常認真地問過我說有一個傳言是不是真的，人們都在說別克車已經被選中作為官方的專用車了，因為別克車的許多外型、型號和體積都已經同人的身分地位十分相稱了。還有一些流行的雜誌甚至不停地向人們灌輸這樣奇怪的說法，說所有企業主管的妻子都是經過嚴格挑選的，作為這些人能否被提升的一個參考標準。一大批的小說、電影和電視劇裡面也都曾經有過類似的論調。

　　我不可能代表所有的企業來發言，當然，也不可能代表任何一個企業來講話。但就我調查的結果我可以說，這些說法完全是一派胡言，同時我也敢大膽地斷言絕大部分企業裡的情況是如此，儘管我的想法一部分是猜測的。那些所謂的標誌和象徵是膚淺的。

　　強調習慣和習俗中一些無關緊要的因素或者是強調各種職能特徵只會讓事實變得更加模糊不清，而事實提出的挑戰卻沒有任何不合邏輯的枝枝節

第六章　企業競爭活力的創新模式

節。反應迅速、管理有序的組織會充分意識到這種將員工埋沒的緊密相關的危險。組織內取得的進步與這個團隊中員工所具有的行為上的思想自由是成正比的。任何大的組織內不會存在一種固有的傾向，會將鼓勵充分發揮員工才華的大門緊緊關閉。相反的，組織規模越大，就會越積極地讓自己內部對員工的鼓勵和承認的管道開得越大，讓這些管道越發地通暢。

成人跟兒童一樣在熙熙攘攘的人群裡容易迷失自己前進的方向。處於組織裡的人會被慢慢淹沒、會有強烈的挫敗感，或者被忽視；有時候會受到不公正的待遇，有時會受到侮辱，有時別人對他的諾言會突然變成了空頭支票。作為一個領導者，他的一個重要責任就是確保這一切不要發生，確使每一位員工的才華和潛力都不會淹沒在周圍的人群裡。

一個組織如果在成功的光環裡對自己的成就沾沾自喜，像一個自戀的人一樣按照自己的形象塑造一切東西並陶醉其中，這個組織就處在了十分危險的境地。我可以大膽地假設，我們中的每一位員工，無論在從事什麼樣的職業，肯定都經歷過類似不愉快的階段，即使我們的腦海裡有更簡單易行的方法，老闆也一定要堅持讓我們按照他的方式去完成任務。

我們社會都十分重視培訓，尤其是在無數個被稱為行政主管進修的領域。但是，在培訓程序中，太多條文化的東西導致人們的思維模式如同複製出來的一樣刻板、生硬、僵化。系統的培訓毫無疑問是十分必要的，但是我們要時時牢記並不是組織塑造了人，而是人塑造了組織。正是由於千差萬別的員工所具有的不同性格和他們的適應性，以及他們頭腦中新的思想，組織系統的血液才得以豐富起來，組織的壽命才得以維持和延長。

如果人們將自己的特性和身分都犧牲在平庸這個陰暗潮溼的洗衣店裡的話，不僅組織，連社會本身也要遭受損失。優秀的領導者會竭力將這種危險減至最小，當然，凡人都會有缺點，在這一方面不可能做得盡善盡美。遺憾的是，人與人之間很少能夠找到可以進行直接橫向比較所依據的有效標準，

而在同一個組織內每位員工對組織的功用和能夠得到的機會都會因為他們的一般能力與特殊能力的不同而有所差別。同樣，每一位員工對組織所做的貢獻的種類和重要性也有千差萬別。而具有獨創性的想像力也會以不同的比例和不同的方式表達出來。有些人所做的貢獻是以絢爛多姿的方式表現出來的，而有的人則透過孜孜不倦地工作或者是日復一日地機械地工作表現出來。對於組織來說，重要的是要讓組織內的每一位員工都能夠有機會以最適合自己個性的方式，充分挖掘自己的潛力、展現自己的才華。

只有透過這種方式，組織才能夠將比較出色的優秀人才篩選出來提拔到高層，儘管大多數的一般人才都有一定的才華，但準確來說組織甚至社會本身真正最為關心的卻是那些處於最高層的人。普通人的角色和作用在不斷地擴大和加強，以各種有效的方式發揮著作用。而真正不平凡的人的作用在這個年代或者說在任何一個年代都是獨一無二的，他的地位可以用一句特別的話表達出來：

所有人的貢獻和成就在不同程度上都是非常重要的，但是有限的少數人的作用和貢獻卻是極端重要、無法忽視的。這是一個不可否認的事實。因為在任何一個領域內，總得有人是領導者，有人是跟隨者；有的人會獲得非凡的成功，有的人成績平平，而有的人卻沒有任何成就。所有人的貢獻都大致是中等水準，而在各自領域內處於高層的極少數人卻取得了卓越的成就，這些巨大的個人成功正是在許多其他人一定程度的成功的基礎上才能夠獲得的。

個人的成就只標誌著一系列連鎖反應的開始，這個連鎖反應會將它波及得越來越遠，範圍越來越大。這種個人成就成為一種催化劑，它喚起了其他人心中的渴望，喚醒了在別人心中仍然休眠沉睡的熱情與熱情。

亨利·福特在大批量生產方面表現出來的天才思想創造了許多方面的奇蹟：為上百萬人創造的就業機會、利潤以及歡樂；阿爾伯特·愛因斯坦（Albert Einstein）對世界上所有的科學家以及門外漢的衝擊極其深遠；克

第六章　企業競爭活力的創新模式

萊斯勒那出神入化的小提琴給數百萬人帶來了歡樂。儘管我們曾努力嘗試過，我們仍舊無法創造人工合成的才華，無法創造出復合的領導者。人畢竟不是像許多的小齒輪或者是化油器一樣能夠相互替換的零零件。正如約翰·亞當斯所說的那樣，天賦是大自然非常「專橫地」賦予員工的禮物。在整個人類往前邁進的每一步的背後，都有一些孤獨的個人在思想中萌發出創造力的種子，這些人的夢想在某一個夜晚將他們喚醒，而另外一些人的夢想卻仍舊在沉睡。這個醒來的人就是我們這個世界必不可少的人。

儘管人類的科技在不斷地進步，夢想卻仍然無法人為地用機器製造出來或者是利用速成的計畫創造出來。夢想是人類無法儲存、合成或者是準備的。它仍然是人類靈感和熱情最具特點的表象，也仍舊只能是個人範疇內的活動之一。

我們所說的夢想是指創造性的天賦，無論是科學、企業、教育，還是人類活動的其他任何一個方面，它們的任務都是要探詢、發掘和保存人類這一無價的素養。如果我們做不到這一點，我們留給後人的就只是一些沉悶乏味的遺產。

大企業生活裡最令人遺憾的一件事，就是當初使企業得以發展壯大的因素隨著企業的擴展而消失了。這個因素就是企業的革新精神。就算大企業的革新還沒有完全停止，革新的速率肯定也是每況愈下的。

在企業內部營造創新環境

管理者進行創新管理的重要環節之一，就是在企業內部營造創新環境。

大企業生活裡最令人遺憾的一件事，就是當初使企業得以發展壯大的因素隨著企業的擴展而消失了。這個因素就是企業的革新精神。就算大企業的革新還沒有完全停止，革新的速率肯定也是每況愈下的。據一項研究發現，「每一美元研究與開發費用在小型企業裡所產生的革新，約為中型企業的 4 倍；而與大企業相比，則約為後者的 24 倍之多」。各行業中的重大進展很少是靠本行業中的大企業搞出來的。

但那些出色的企業往往是大企業，它們在成長、革新以及與之俱來的財富方面的記錄是令人稱羨的。他們之所以能夠做到這一點，是因為管理者既不失其大，又同時能像小企業那樣行事。而且這些出色企業還勉勵其職工的創業精神，這表現在它們明顯地放權，把自主權一直放到基層去：在達納企業，把權放到了它的商店經理人；在明尼蘇達採礦製造企業，把權放到了它的新事業開拓組。

一位管理者撰文指出：「孤掌難鳴的獨角戲是很少能唱好的……實業家們往往需要有位贊助者。」許多關於鼓勵革新闖將的制度的設想全都歸結到同一點上，就是首先要有某種形式的革新闖將，再加上某種形式的保護人。比如：在奇異電氣企業許多革新的例子裡，除了有「發明家」推動，還要有企業裡的實業家的參與，甚至還必須有幾位保護別人免遭官僚主義之害的闖將後臺。

要推動革新，需要一批角色。這批角色包括三種主要角色，即：產品革新闖將、闖將後臺和教父。

產品革新闖將也許是不適合干行政管理工作的那類人裡的熱心人，或狂熱分子。這種人常是獨來獨往、員工至上，怪癖急躁的人。不過，他們卻堅信自己心目中的那件特定的產品。

第六章　企業競爭活力的創新模式

　　成功的闖將後臺無一例外的都是革新闖將的過來人。他們親身體驗過培育新產品的那個漫長的過程，親眼見過要拿什麼去保護一條有前途的、有實用價值的新主意，使它不致被組織的那種刻板的一律加以否定的傾向所埋沒。

　　教父一般是一位年事已高的領導者，他起了一種鼓勵革新闖將的樣板作用。對於產品革新的那種實際的漫長過程來說，「教父」這一角色是不可或缺的。

　　傑出的管理者很重視對革新闖將的支持。革新闖將們都是開路先鋒，可是「棒打出頭鳥」，先鋒們總是要受到攻擊的。所以，那些從革新闖將處受益最多的企業裡，總有很全面的、充足的支持體制，這才能使它們的革新闖將如雨後春筍，蓬勃生長。這一點實在太重要了，是無論怎麼強調也不為過度的。沒有支持的體制，就不會有革新闖將。而沒有革新闖將，也就不會有革新。

　　事實上，許多出色企業的結構安排就是從創造革新闖將出發的。尤其是它們的體制故意設計得有些「漏洞」，使那些到處去物色東西的革新闖將們得以有漏洞可鑽，搞到所需的資源，把事情辦成。

　　在嚴格的邏輯推理和經濟技術論證下，做出最後判斷，對這個思路下結論。即使是最後的決定否定了這個思想或項目，但這個過程已充分顯示出對創新者的賞識、尊重和鼓勵，給予創新者一種滿足感。這是使人們繼續保持創新熱情的一個極為重要的做法。

　　一個具有革新性的企業，不僅要在生產那些在商業上有利可圖的新玩意方面不同凡響，在對環境中各種變化不斷做出反應方面，也應特別突出。

富於革新企業的 8 種素養

　　一個具有革新性的企業，不僅要在生產那些在商業上有利可圖的新玩意方面不同凡響，在對環境中各種變化不斷做出反應方面，也應特別突出。這些企業在環境發生變化時，是會隨之發生變化的。顧客的需求改變了，競爭對手的技術提高了，大眾的情緒起波動了，國際貿易中各方面的力量重新組合了，政府的法規變動了，這些企業都會緊緊跟上，立即轉向、修綴、調整、改造，並適應這些變化。總之，它們具有革新性，而且是就其整個文化而言的。

　　出色的企業在各個基本方面都表現傑出，其明顯程度遠非我們當初所企望的。各種手段的具備並沒有代替思考，講學識並不是說不要才智；強調分析也不是說不能有行動。相反，這些企業總是極力在複雜的現實中求簡單，並且持之以恆。企業所堅持的是最佳的素養，並努力贏得客戶的歡心。企業也聽取職工們的意見和呼聲，把他們當作同輩人看待。它們給自己的革新性產品和服務方面的「闖將」們以充分的施展餘地。而且，只要能有迅速的行動和正規的試驗，即使出現些混亂，企業也在所不惜。

　　據調查顯示，出類拔萃而且富於革新的企業都表現出了以下幾方面素養：

- 　要想把事辦成，就得積極務實。出色的企業在決策方法上儘管可能仍然採用分析的方法，但卻不會因此而寸步難行。這些企業中有許多家的日常工作，都是按「做起來，再整頓，再試驗」這樣的典型步驟行事的。例如：設備企業的一位高級經理人就說過：「我們這裡每回碰上一個大問題，就找上十來名高級人員，讓他們在一間房裡待上個幾個禮拜，一等他們拿出什麼主意，便由他們去貫徹。」此外，這些企業又全是頂呱呱的實驗家。他們不會讓二三百名工程師和市場專家閉門造車地搞上

第六章　企業競爭活力的創新模式

十四五個月來攻一項新產品，而是組成一些 5 至 25 人的小分隊，到一家客戶去試驗他們的想法，而且用的往往只是一些成本低廉的原型樣品，所花時間也不過是幾個星期而已。引人矚目的是這些優秀企業所採用的是那些講求實際的手段，它們就是靠了這些手段，才使企業得以步履輕捷，並避免了由於規模擴大而常常難免出現的臃腫和遲鈍。

· 這些企業能夠集中力量迅速解決問題。其中一個方法是組織研究人員。但是，這些企業使用研究人員的方式很特別。研究人員被授權解決實際問題，而不是提出報告和評論。研究小組由志願人員組成，應召而來的一般是高級管理人員而不是低階職員。管理部門支持「繁忙員工」的理論，即：我們不願意選擇那些希望長期成為研究小組員工的人參加研究小組。研究小組只選擇那些解決問題後馬上次到原來職位的人。

· 善於管理的企業從客戶需要出發，而不僅限於技術、產品和策略。經常與客戶接觸可以了解市場需要，有利於指導企業的下一步行動。一位經理人說：「你從哪裡開始呢？應該走出去和客戶打交道，而不應關起門來埋頭進行市場研究。」

· 這些企業把客戶看作經營中不可分割的一部分。一位早年在強生企業當過會計的銀行高級職員回憶說，雖然他當時在財務部工作，也被派去訪問顧客，這是為了保證他能夠理解顧客的看法，使他在處理某項建議時能設身處地地為顧客著想。

· 有革新性的企業在他們整個組織內培養了大量的領導人才和革新家。他們是我們稱之為「闖將」們的革新之所。人們形容明尼蘇達採礦製造企業是「如此熱衷於革新，以致那裡的基本氣氛，與其說像一家大企業，倒不如說像一串鬆散的實驗室，裡面聚集著狂熱的發明家和無所畏懼的想開創一番事業的實業家。他們任自己的想像海闊天空，縱情翱翔」。他們不想用一根短短的韁繩把每個人都束縛住，使人們的創造力沒有施展

餘地。他們鼓勵人們講求實際的冒險，並且對值得進行的嘗試予以支持。

· 優秀企業總是把普通職工看作提高品質和生產率的根本源泉。他們不培植那種我們、你們涇渭分明的勞動態度，也不把資本投資當作提高效率的根本方法。每一位工人都「被看成是有頭腦、能出主意的，而不是只憑一雙手工作的」。

一個企業的基本哲學對成就所起的作用，是遠遠超過其技術或經濟資源、組織結構、發明創新和時機選擇等因素所能起的作用的。

搞什麼樣的企業都可以，可就是不搞跨行業的聯合大企業。雖然說例外不是沒有，但看來往往數那些與自己所熟知的行業保持著相當密切連繫的企業的成績最出色。

儘管許多傑出企業的規模很大，可是出色的企業的基本結構形式和體制都異常簡單。最高層團隊很精幹，企業一級的職能人員沒有 100 人，卻管理著營業額達數十億美元的企業，這種情況是並不罕見的。

優秀企業總是既集權，又分權的。大多數這類企業都把自主權一直下放到工廠或產品開發組。另一方面，對於他們所珍視的為數不多的核心價值觀來說，他們又是狂熱的集權主義者。明尼蘇達採礦製造企業的特點就是一片混亂，幾乎沒有什麼組織，而這種混亂都是圍繞著它的那些產品革新闖將們展開的。不過有位分析家卻爭辯說：「在極端主義的教派裡，信徒們經過洗腦後，就不再靠盲從來維持其主要信仰了。」在○○設備企業，這種混亂已幾乎難於駕馭，難怪有位高級經理人說：「連自己頂頭上司都不知道是誰的實在太多了。」可是○○設備企業卻能鍥而不捨地堅持產品可靠性，而且達到了任何局外人無從想像的程度。

人們對於自身狀況或事物的認定態度發生轉變時，商機往往隱藏其間。以一個半杯水的杯子為例，如果人們的認知是從看見杯子是「半滿」的改變為看見杯子是「半空」的，那麼這裡就有一個重大的創新機遇。

第六章 企業競爭活力的創新模式

企業把握創新的機遇

　　人們對於自身狀況或事物的認定態度發生轉變時，商機往往隱藏其間。以一個半杯水的杯子為例，有人看到這杯子可以說它是「半滿的」，代表著滿意的認知態度；有人卻說它是「半空的」，就代表著一種不滿意的認知態度。從數學的角度來說，「杯子是半滿的」與「杯子是半空的」沒有任何區別。但這兩句話的意義卻完全不同，所造成的結果也大不一樣。如果人們的認知是從看見杯子是「半滿」的改變為看見杯子是「半空」的，那麼這裡就有一個重大的創新機遇。

　　利用認知變化創新需要以下四個要素：

　　首先，敏感性特別重要，這裡的創新者與眾不同的唯一因素是他們對機遇非常敏感。

　　其次，採取當機立斷的迅速手段，才能抓住機會。這也是一個關鍵所在。

　　再次，準確判斷變化的現象是否具有創新潛力。在利用認知變化的過程中，最具危險性的莫過於操之過急。首先，有些變化看似認知變化的現象，實際上是曇花一現的時尚，在一兩年內便會銷聲匿跡，而且時尚與真正的變化之間通常難以分辨。如小孩子玩手遊就是一種時尚，而不是真正的認知變化，像這樣的企業將此當作認知變化，但只持續了一兩年，即以慘敗告終。而這些孩子的父親迷上了家用電腦卻意味著真正的變化。當年 IBM 抓住的是這一種需求。

　　最後，從小而專的領域開始。杜拉克指出，由於我們難以確定認知變化是永久性的還是曇花一現，也難以確定它所帶來的真正結果，因此，基於認知變化的創新必須開始於小而專的領域，這樣才能一方面迅速精確地產生效益，另一方面也可避免重大損失。

利用認知變化創新，最關鍵的就是捕捉到產業結構發生變化的特徵。

杜拉克概括出了可以近乎準確而且明顯地指示出產業結構將要發生變化的 4 個指標，這也是管理者所必須掌握的創新時機：

第一，某產業迅速成長。這是最可靠、也最容易發現的指標。如果一個產業成長速度超過經濟或人口的成長速度 —— 當一段時間內它的產量翻了一番時，我們則能夠有較大掌握預測它的結構將發生大幅度變化。由於現有的營運方式依然非常成功，所以管理者往往不願意去轉變它們，但是這些方式正漸漸過時。

第二，某個產業的產量劇增。當某個產業的產量快速翻了一番時，它對市場認識和服務的方式就有可能不再適合了。尤其是舊的統領者們規定和區分市場的方式不再反映變化了的事實。但是報告和數字依然代表著傳統的市場觀點。

在美國的藝術領域就可找到這樣的案例。二戰前，收藏藝術品只是部分有錢人的嗜好。二戰後，收藏各類藝術品漸漸成為流行時尚，成千上萬的人擁進藝術天地，其中不乏收入不高者。一位在博物館工作的年輕人把這視為創新的機遇。他建立了藝術品保險經紀企業，為博物館和收藏者承保他們收藏的藝術品。由於他有廣博的鑑定能力，一些曾經不情願為藝術品收藏提供保險的大型保險企業都情願擔當這個風險，而且收費比以往低 70%。現在，這位年輕人已擁有一家很大的保險經紀企業。

第三，不同產業的整合。與一直被截然分開的科技整合在一起，這種結合往往潛藏著新的商機。

第四，某一產業的業務營運方式發生迅速的變化。如果一個產業的業務營運方式正在發生迅速的變化，那麼，這個產業在基本結構上的變化時機已經降臨了。

第六章　企業競爭活力的創新模式

未來的管理是一個充滿競爭的世界，而這種競爭，根本離不開創造力和創造性的競爭。彼得斯指出：「一個成功的管理關鍵取決於其創新能力的強弱。」

影響管理者創新能力的 10 大特質

創新能力就是創造主體在創造活動中表現出來並發展起來的各種能力的總和，主要指產生新思想、新方法、新結果的創造性思維和創造性技能。

創造能力是智力因素和非智力因素的總和，二者相互影響，相互作用，相輔相成，缺一不可。它是人類意識的高級表現，也是意識發展水準的標誌。創造力的構成，既有認知因素——各種思想整合協調活動，又有動力因素，如熱情、堅韌、勤奮、專注、興趣、愛好等心理素養的支持。還要受世界觀、方法論等導向因素的制約，創新能力是在人的心理結構整體背景和最高水準上實現的綜合能力。

創新能力的表現主要是：發現問題的敏銳的觀察能力，統觀全局的統攝的思維能力，拓展思路求索答案的能力，借鑑經驗開拓新路轉移經驗的能力，遠見卓識預見未來的能力。

彼得斯指出，創新能力的形成，需要 10 個方面的特質：

第一，勇氣和毅力。要從事探索，必須不怕冒險，必須面對常人無法忍受的困境，拿出勇氣，全力以赴。一個創造活動的完成，需要百折不撓、持久不懈的毅力和意志。確認目標後鍥而不捨，不達目的絕不罷休。特別是在主客觀環境複雜，而問題又百思不得其解，寢食難安之時，有沒有長久的耐力就顯得更加突出了。

第二，嚴密性。靈感的火花閃過之後，深思熟慮、精細推敲是達到完美結果的必經之路。

第三，豐富的想像力。思想中的新觀點來自合理的聯想，有時甚至來自幻

想或偶然的機遇。想像力豐富的人聯想多，幻想奇，有利於揭開創造的序幕。

第四，變通性。創造型人才總是思路流暢，屬立體思維、多路思維的人才。他們善於舉一反三，聞一知十，觸類旁通。他們能想出好點子和辦法，提出非同凡響的主張，做出不同尋常的成就。

第五，獨創性。他們對現成的事從不盲從，而是大膽發問，勇於脫出一般觀念的約束。他們在社會交往和日常生活中，極少人云亦云、隨聲附和。他們不因循守舊、墨守成規，勇於棄舊圖新、別開生面。

第六，獨立性。他們善於獨立行事，不輕易附和眾議，平時喜歡思考哲學、社會學和人生價值之類的抽象問題。生活活動範圍廣，社會活動能力強，對自己的未來有較高的抱負，態度直率、坦然、感情開放，不拘細節。

第七，主動好奇。創造力強的人，興趣總是十分廣泛，對任何事物都有一種強烈的好奇心理。這種好奇心驅使著他積極進取，不斷創新。

第八，敏銳的洞察力。創造力強的人，對環境有著敏銳的洞察力，能從平凡的事例中找出問題的關鍵所在，找出實際存在和理想模式之間的差距。敏銳的管理者，能察覺到別人未能注意到的情況和細節，能不斷地發現人們的需要和各人能力的潛力，巧妙地運用這些需要和潛力推動事業前進。

第九，自信心。他們深信自己所做事的價值，即使遭到阻撓和誹謗，也不改變信念，他們絕不因別人的譏諷和輕視而影響自己的情緒和創造性目標。他們總是一往直前，直到實現自己的理想和預期的目的。

第十，流暢的表達。流暢的表達，可以使創造型管理者並不需要繁瑣的語言，就能把複雜的事物、觀念表達清楚。

任何一件事情的變化和發展都可能受到員工的極大關心，尤其是與員工切身利益有關的事情更是如此。作為一個管理者，要善於綜觀全局，掌握形勢，既要關心政治、經濟和社會的穩定，又要密切連繫員工，求得員工的理解和配合。

管理者實踐創新的 3 個步驟

完整的創新過程包括以下三個階段。

第一階段，發現問題，確立創新目標。管理者的創新工作，首先需要發現問題，即對現狀或傳統做法產生不滿意感。這裡所說的問題是指實際狀態與期望狀態之間的差距。與期望狀態相比，實際狀態表現為落後、保守或差劣，因而，導致人們的不滿足感。管理者要能夠創新，首先就要求有發現問題的意識，這種意識是管理工作創新的力量源泉。如果管理者有強烈的改變現狀的願望，有強烈的發現問題的意識，那麼，他的頭腦也就運轉得快而有力，就會推出他自身也意料不到的好主意。領導工作的創新要求管理者必須及時地發現問題，調查研究，實事求是，在發現問題的基礎上，初步地分析問題，從而確定切實可行的創新目標。

日本的小西六企業是世界上第一個開發自動聚焦相機的企業。此項創新的前提是該社社長對傳統照相機的強烈不滿足感，即發現了問題。在此基礎上，他經過一般的技術論證，提出了把自動聚焦儀裝進柯尼卡（Konica）傻瓜相機的創新目標，並把此目標作為命令下達給技術部門。社長斷然拒絕聽取技術部門「沒辦法完成這種不現實的要求」的一切藉口，而堅持不放棄自己的指令。在這種形勢下，技術部門的全體員工被逼得團團轉，不得不群策群力，集中智慧，終於創新獲得了成功，開發出了世界上第一架自動聚焦相機。可見。創新目標的確立，是創新過程的基礎階段。

第二階段，選擇創新的突破口，進行創新規劃。在發現問題，確立創新目標的基礎上，就需要選擇創新的突破口。根據眾多專家的經驗，管理者的工作創新可以從以下幾個方面入手：

從解決員工議論最多、關心最甚、影響最大的問題入手 —— 任何一件事情的變化和發展都可能受到員工的極大關心，尤其是與員工切身利益有關的

事情更應如此。作為一個管理者，要善於綜觀全局，掌握形勢，既要關心政治、經濟和社會的穩定，又要密切連繫員工，求得員工的理解和配合。

從清除工作中的主要「攔路虎」入手──所謂「攔路虎」，也即主要矛盾，或者說工作中的中心問題。因為在眾多工作中必定有一個對全局有著決定性影響的工作，它的進展直接控制著全局的勢態，決定著其他相關問題的性質和解決方法。高明的管理者就在於能夠準確地斷定每一時期的中心工作和中心問題，善於抓住主要矛盾，把主要精力放在牽一髮而動全身的攔路虎上，一抓到底，抓出成效，使工作朝著既定目標前進。

從關鍵的環節和部分入手──有時，工作上出現的問題顯得紛亂如麻，似乎令人一籌莫展。富有創造性的管理者應勇於正視這一切，要冷靜地進行分析，找出矛盾的主要方面。在一項工作的進展中，要區分主要環節和一般環節。雖然有些事看起來並不一定是大事，但卻可能是實現整個目標過程中的關鍵環節，必須加大重視程度。

從問題最多的部門入手──客觀事物的發展是不平衡的。由於各部門客觀條件的差異而導致其發展不平衡，出現的問題有多有少，性質也不一樣。管理者不可能同時對各部門的各種問題進行詳盡的指導，而只能講求效率地抓典型。從問題最多的部門入手，實際上就是抓後進典型。為了推動這後進典型向前發展，管理者要善於總結先進部門的經驗和尋找後進部門存在問題的癥結，進行比較分析，循序漸進，引入競爭機制，刺激後進部門提高效率。當然工作著重點在於解決後進部門的問題，如果是外部環境存在問題，則應幫助其改善外部條件；如果是來自內部，則要具體分析，對症下藥，使工作得到根本的好轉。

在選擇了創新「突破口」之後，就可以著手進行創新規劃了。

第三階段，創新實踐。創新實踐是在上述兩個階段完成創新目標、創新規劃後的具體實施活動，是創新過程的最後一個階段。創新目標和創新規劃

第六章　企業競爭活力的創新模式

還只是紙上藍圖，實現這個藍圖還需要創新實踐。在這個階段，不僅僅是管理者員工的活動，而是管理者組織員工、帶領員工去進行創新的群體活動。一項創新工作，需要大家的齊心協力的合作。同時在創新實踐中，還需要對原有的藍圖進行不斷地完善、修正，因此，各種建設性的批評、建議，都是創新活動中必不可少的養分。有各種特長的人員發展合作，不僅能彌補員工的不足，還能相互啟發，激發新思想的產生。

創造力的源泉在哪裡？我們所能做的最重要的一件事是什麼？我們必須為創造力開一門必修的課程嗎？我希望馬上有人問：創造力到底隱身何處？……我的感覺是，創造力的觀念越來越接近健康的、自我實現的以及完全人性化的員工概念，最後可能會合併為同一件事。

企業內員工創造的源泉

從學習團體的合作經驗中，我們意識到，創造力是勇於創新、開創新局面的代名詞。充滿創新精神的人，就能夠善於應對一個散亂無章的群體，預測和控制將來發生的事情，並能順利處理意料之外的事情。也可以說，創造力與無結構、無未來、無控制的忍受能力有關聯，也能容忍含混和無計畫性。

現時的創造力主要是忘記未來、專注於擺脫眼前的困境的能力，也就是將全部身心放在當下的環境中。

放棄未來組織，放棄控制與預測的能力，是一種悠閒和享受的生活態度；換另一種方式來解釋，這是一種沒有動機、沒有目的、沒有目標、沒有未來的生活態度。這就是說，為了能專心傾聽，使自己完全沉浸於現在、活得自如，就必須拋卻對未來的設想，隨意地遊走和享受生活，放鬆心情遊玩。簡而言之，也就是只要能夠做遊戲。

還有必要指出一點，自我實現也可以是一種似乎毫無準備的，在不知不覺中就得到了一種尚未被大多數人承認的結果狀態。這與高斯丁所謂的「腦部受損」或是「強迫性精神官能症」不同，這些人對於控制、預測、組織、法律和秩序、議程、分類、排練和計畫等，有極為強烈的需求。我們也可以這樣說，這些人其實對未來有著莫名的恐懼感，不相信自己對於緊急狀況或意外事件的應變能力。換句話說，他們對自己缺乏信心，害怕自己無力處理意料之外、計畫之外、不可控制或預測的事件。這在以前的管理心理學及如何激勵職工積極性方面的文章中，曾提到相關的例子。

這些都是安全保障機制、恐懼和焦慮機制。他們所代表的就是缺乏勇氣，對未來缺乏信心，精神失去了依靠。除非他有一定程度的勇氣，對自我、理想環境和未來有合理的信心，才能夠泰然地面對無法預期、無知和無組織的情況，並有絕對的信心相信自己有應變的能力。不過這種勇氣既是對一個人的自我有道理的信任，也是對環境和未來的善的信任；而且人們可以在不同情形下臨場發揮。為了能與聽者有效地溝通，就經常舉例子來給他們說明道理；通常在聊天時，聽者無法專心聆聽他人的話，心裡一直在擔心接下來要說些什麼。這就顯示出，他們不相信在毫無準備和計畫的情形下，自己能隨機應變，發表適當的談話。

下面也是一個真實的例子。如果你觀察嬰兒以及幼童所表現出來的行為，就會發現他們對自己的父親或母親的態度是一種完全的信任。我們會看到小孩跳到父親手臂上的畫面，在他臉上看不到一點點害怕的表情，因為他完全信任自己的父親。同樣的，小孩子在跳進游泳池的時候，也總是面無懼色。

安全科學與自我實現科學或成長科學相互對比，將這種觀點加進去也許是非常有用的。我們可以與高斯丁的腦部受損病患以及強迫性精神官能症相互比較。與高斯丁類似的則是史基納的主張，他一次又一次地強調預測、控

第六章　企業競爭活力的創新模式

制、法規和組織的重要性。我們可以在他的著作中，計算創意、隨機應變、自發、感情表露等字眼的頻率；接著在羅傑斯的著作中，同樣計算以上名詞出現的頻率。無論對誰來說，這個做法都是相當簡單的事情。經過兩相比較之後，就更能顯現出我所強調的重點，也就是以上的字眼其實具有某種程度的心理治療意義。當然，它們也可能是健康的。因此我們有必要區別對預測的強迫性需求，以及對預測、控制、法規和秩序等的正常需求。

在這裡，解釋強迫性需求與健康需求的差別是有必要的。不可否認的，強迫性需求是不可控制、不可改變、強制性、非理性的，與環境的好壞無關，他們的滿足只能帶來一時的安心，並不能帶來真正的快樂；但是稍有挫折，就會立刻引起緊張、不安、敵意和憤怒的情緒。

另外，他們是處於自我相斥，本我的欲念或衝動不被自我接納的心理狀態，與自我相容的心理狀態相反。也就是說，他們感覺自己是外來者，與自我越來越遠，有某種東西控制了他們的自我，他們不具有自發的內在衝動。精神官能症的人常有這樣的感覺：「某種東西控制了我。」或是：「我不知道什麼東西控制了我。」又或是：「我無法控制自己。」

如果我們把上面敘述的這些內容用在企業管理上時，那麼就會出現下面的一些情況：自身沒有紀律觀念的人，他們一定想不通，認為這樣會導致混亂。除了理性的解釋外，我們更需要了解這些人可能的強迫性格、非理性和深層的情緒。有時候有效的方式不在於透徹地進行闡述，而必須從心理分析的角度看待事情。你可以直接說明，他們的質疑是源自於對白紙黑字的法規和原則的強烈需求，也是一種控制未來的需求；然而後者在現實中是不可能實現的，因為在某些情況下，未來是不可測的，我們不可能制定一套規則規定所有未來可能發生的事情。

也許有人會問：「為什麼我們要事先做準備？為什麼我們不能相信自己的應變能力？我們真的無法面對突發事件嗎？為何我們不相信自己在意外

情況下的判斷能力？為什麼不等我們累積足夠的經驗後，再依據真實情況和以前工作經驗，訂立必要的規則？」在這樣的前提下，你只能制定較少量的規則，而非大量無用的規則。不過，有時你必須做一些讓步，就像我以前一樣，如果你所在的企業，像一支軍隊以及海軍那麼龐大，就真的有必要制定一套規則。

最後一點，在企業中工作要不斷地培養自己的勇氣。我所說的勇氣是指要有勇氣站在正確的立場上，劃清自己的界限，更為重要的是，要有勇氣承擔這樣做而帶來的後果。

企業員工的創新困惑

目前有許多說法認為組織是員工的敵人，而且所有的組織都是各種各樣的敵人，其中主要的敵人毫無疑問就是商業組織。商業組織創造出了「穿著灰色法蘭絨套裝的紳士」，這個人是一個正式的組織員工，他贊成低稅收政策，贊成不斷加強國防，反對接受免費的外國援助，他還是企業白領小姐的丈夫。人們的控訴是企業職員已經遺失了他們的員工價值，他只不過是機器上一個小小的齒輪而已，與其他的齒輪沒有任何的分別。只不過這個機器不是由某些金屬的零件組成的，而是由一些相互交織相互連繫的人組成的組織團體。

這樣的控訴裡面一大半是真實的情況。我們知道這並不是事情的全部真相，而且即使在一些複雜、高速運轉的大商業組織內，許多男士仍然發現它具有非凡的魅力和巨大的挑戰性。我在此要做的是忽視組織的許多優點，將自己的筆頭對準了組織對員工構成的真正威脅。我試圖在文章中盡可能地描述一下這種威脅的各種表現。在最後我還將就如何成功地抵禦住這個威脅提出一些小小的建議。

第六章　企業競爭活力的創新模式

在我們去看一看大企業裡許多職員的情況之前，讓我先就一些小一點的企業發表一下評論。那些沒有受到大企業約束的員工在這個有強大束縛性的力量之外如何發展呢？

的確，他們不必像企業職員那樣西裝革履，穿著正式得體，不必像企業職員那樣談吐行為都要謹小慎微，也不必向別人談及自己有別於常人的雄心。但是他們卻在穿著和外貌上看起來沒有什麼分別，都極其相似，他們住的房子也看不出有什麼不同，清一色都是裝潢雜誌裡面房子的翻版。他們大都在星期一中午一邊打著瞌睡一邊昏昏沉沉地看旋轉俱樂部的節目，那上面不停地在提醒人們謹防美國生活方式的威脅。他們都是一些相當活躍的自由企業家，要麼是房產經紀人，將自己的資金贊助房地產委員會；要麼是銀行家，將自己的資金投入到控制儲蓄利率的最高限額；他們有的是乳牛場主，將自己的資金投入到阻止人們以低於精心計算過的成本價出售牛奶。

企業職員有許多的相似點：他們都非常懼怕自己的老闆或者上司，為了達到晉升這個共同的目標會協調合作，相互配合；而企業家們也相互合作配合，因為他們都害怕說不定哪一天會有某個人將自己的東西從身邊搶走。所有這些都可以用來形容工人的領導者，他不會在意大眾對自己所在組織的任何評價與指責。

這樣形容一個大學教授都不為過，因為他們也都有固定的著裝，穿著相同樣式的衣服，他們對自由政治的觀點都具有相同固定的模式，他們毫無例外的都是標準化的不墨守成規的人。

難道這是我們時代一種特有的而其他時代的人都成功地抵禦住的疾病嗎？我想不是的。員工與群體組織的對立這個問題其實是一個老生常談的問題了，只是人們從來就沒有幸運地找到過滿意的答案而已，說它是一個新問題只是就其表現形式而言與以往有所區別。

很明顯，人類感到自己必須組織起來。我們在經濟學的基礎課程中都曾經學習過一個故事，說最後一個獨立的人是早期新英格蘭的農夫，他種植或者是製造所有自己必需的生活用品；我們還學到，人類要獲得更高的標準就必須組織成更大更複雜的群體。所有的這些都是我們經濟學課本上所描述的。人類的確必須組織起來，在這個過程當中他個人必須服從整個組織的需要。

或許對於大部分人來說這種對組織的服從並不是一件讓人感到擔心憂慮的事，因為無論是對於人的身體而言，還是對於人的精神和思想來說，組織都有讓人感到舒適的優點。有了組織的存在，如果我們不樂意走路的話，我們就再也不必步行了，有組織會接送我們。於思想而言，各種組織會提供給我們各種各樣可以讓人接受的思想和建議，這些建議和思想可以涉及各個方面，有關政治的、經濟的、勞工的、婚姻的以及有關宗教的都會包括在內。如果我們懶得動腦筋的話，就完全可以不用自己去思考，在大多數時間裡這樣做讓人感到十分舒心愜意。儘管我們在談論這種情形時總是不無憂慮，但事實是我們在大多數情況下還是喜歡這麼做。

為什麼我們總是不停地變換自己對組織的看法，愛恨交加呢？我想其中有許多原因。首先，我非常懷疑我們之中有哪一個人真正能夠確定無疑地明白自己到底歸屬於何方。在我們每個人身上都存在著希望被某一個群體接納的強烈渴望，這種願望是如此的強烈，讓我們不由的對自己是否被完全接納或者是接受產生了懷疑。這又使得我們盲目地渴求與整個組織、與群體的一致，希望透過這種一致性能夠確認自己的存在，同時對於那些不積極這麼做的員工進行尖刻的批評與指責，希望透過將這一類人驅逐在組織之外這一行動將自己更加緊密的融入到組織中去。

在組織內這種恐懼與過度熱切的渴望主要以兩種標準的形式表現出來：一種是不停地在可樂機旁邊轉來轉去，另一種是圍著會議桌或是上司的辦公

第六章　企業競爭活力的創新模式

桌轉，不停地巴結奉承、拍馬屁。其實這是我們自己強加在自己身上的一種專制，它的最終起源在於人們內心的恐懼感。這種恐懼感還以另外一種形式表現出來：如果我們是老闆、上司或者是管理者的話，我們就會在自己管轄的範圍內要求人們對自己絕對的服從，儘管有時這樣做十分過度甚至不可理喻。我們正是由於這種過度的一致與壓力導致產生了最為明顯的牴觸與抱怨情緒。

實際情況在於，商業管理者越是對自己所採取的行動是否明智有所懷疑，他的同僚們就越是堅持不停地公開表示完全贊成，聲稱他所採取的政策絕對正確。這種情況發生的可能性比管理者們能夠預料的更為經常。下屬們出於恐懼會過度熱切地渴望與團體和組織保持一致。而老闆與上司出於恐懼就會過度熱切地渴望整個組織能夠與他保持一致。

在此我並不是在說組織內都是由一些沒有骨氣的卑劣小人組成的，而是想表達另外一種觀點，也就是說，我們每一個人在不同的時刻就會有其中的某些類似的行為，會有這種極端的恐懼感，也會同他們一樣人云亦云，隨波逐流，在不同的時刻不同程度地表現出同樣膽怯的行為，產生同樣懦弱的反應。當我們這麼做的時候，會感到自己十分可恥，於是開始進一步譴責這個組織，因為我們對這個組織的贊同與承認的渴望比任何其他東西都更為強烈。

於是，在憤怒中我們開始意識到組織的作用，認為它不是我們的上帝，而是我們的敵人。有人曾經說過，世界上不存在沙子這種物質，存在的只是沙子顆粒。而組織，你可以稱它為任何其他好的、壞的、有用的或是危險的某個東西，它其實是一個集合體，組織內部的人都是互為孤立的員工；他們每一個人無時無刻不在害怕自己會從某種意義上說不屬於這個組織，這種感覺有時是有意識的，有時是無意識的。

我們還是先不要去分析員工對於組織的反應，而是去看一看龐大的組織吧。我們先撇開員工內存在的問題，看看我們是否能夠找到組織內存在著哪些具有代表性的問題。在我看來，大多數這類企業內存在的問題經常會出現的原因在於，最重要的新情況是大多數人之間由於組織結構的作用彼此相互遠離卻又相互依靠。正是由於這種事實的存在使得許多商業人士的問題有時候看起來似乎是他自己無法解決的。

為形象起見，讓我們假設自己能夠看到一個大型製造企業經理人的思想。假設他的企業聘用了兩萬名員工，開設了六個工廠。這個企業的產品遍布各地，在許多國家也都十分暢銷。最令人可怕的是，它存在著許多競爭對手。

我們再來假設這些競爭對手都十分強大，在市場上極度活躍。我們的經理人明白，要維持自己的市占率並賺取讓上司滿意的利潤，他必須在極短的時間內迅速做到以下幾點：設計並完善一個更加先進的全新的生產線；為工廠準備新的機械設備準備生產，使得生產的產品與競爭對手相比品質越來越高而成本越來越低；要購買新的機器；安排另外的長期投資等等。與此同時，他企業內員工的勞動合約已經期滿了，談判於是就提上了日程。續訂的合約要能夠在員工中取得良好的反應，同時做出的讓步又不能夠比自己的競爭對手多。產品的顧客消費群體要不斷地擴大，同時銷售成本要盡量削減。

所有的這些目標必須同步進行，而且要搶在自己的對手做出相應行動之前取得成功，否則企業的前途與未來就可危了。每一個企業的經理人在每一天中腦海裡都存在著危機意識，如果不努力，企業就會瀕臨破產。同時他還意識到單單依靠他一個人的力量是不可能實現其中的任何一個目標的。

所有具體的工作必須依靠企業內無數個員工的努力才能完成，有些工作不是經理人直接管轄的，但是大部分的工作是透過他在組織內的影響層下達而完成的。正是由於這些壓力讓經理人都快發狂了。

第六章　企業競爭活力的創新模式

　　他覺得自己必須親眼看著每一個目標實現，同時又感到流水線上工作的人既不能理解他所認識到的企業的需求又沒有感覺到他所感受到的緊迫性；他還明白自己不可能親自監督所有人的工作，尤其是那些對整個計畫實現十分必要的工作，自己不可能事必親躬。在這種情況下，他變得墨守成規、專權獨斷起來。

　　他不停地下達命令。他說事情該怎麼做就怎麼做，不允許用其他的方法。他通知企業參加談判的人，對於工會的額外薪資和工會商店的要求不要做出任何的讓步。他做出規定，每一個推銷員每天必須打多少多少的電話做推銷。他下令說你這個辦公室再也不能加進任何一個人來，這個辦公室已經有足夠多的人了。而且每一次他說這些話、下這些命令的時候都會擂一下桌子。因為他覺得這個龐大而又沉悶的組織是他的敵人，在這個不知名的敵人內部他所有的計畫、規劃和時間安排都會被削弱、被延緩，從而最終難以獲得成功。成功對於他而言似乎只是在很少的情況下才會發生的事情，即使有也是轉瞬即逝，只停留短暫的片刻而已。他覺得自己一直都是在一個沒有終點的跑道上進行著賽跑。他真正的對手不是顧客，不是與他有連繫的銀行家們，也不是工會，他真正的對手其實是這個組織。

　　現在讓我們把注意力集中到另一個人身上，這個人從職務上而言一般被稱為「中層管理者」，他的職位離我們所講的那位悶悶不樂的經理人的位子還有很大的差距。事實上他可能從來就沒有見到過經理人，因為他在一個經理人從來就沒有去視察過的偏遠的工廠裡作負責人。但我們不應當就此犯一個愚蠢的錯誤，假設他是一個沒有太大責任感的人。

　　事實上，他在經營著一個擁有上千名員工的大廠，這個廠比企業的創始人在整個職業生涯中所經營的工廠都大得多，而且這個工廠是附近社區內最主要的一個勞動力僱傭者，那麼，我們現在來假設這個中層管理者正在為他經手的第一張勞動合約討價還價。

　　我們同時還假設在這個小鎮上所有其他的工廠許多年以來就已經有工會會員商店的合約了。我們的中層管理者明白，如果他允許簽一張工會商店合約的話，其他的談判就不會太困難了，但是如果他拒絕允許簽這樣的一張合約，很可能自己不但會捲入一場罷工中去，而且還會在社區裡產生長期敵視自己的情緒。他從總部收到了一份電報，上面說：「不要工會商店。我們所有其他的工廠都沒有工會商店便取得了合約，所以你不應該以此為條件獲得合約。」

　　因此，我們的中層管理者便順從地按照指令做了，拒絕了建立工會商店的要求，但是同他進行談判的委員會發言了：「為什麼？你難道不惜危害工人的利益嗎？要是你現在進行投票表決的話，毫無疑問幾乎所有的人都會投票贊成建立工會商店的。你是不是害怕徵求人們對這件事情的看法？」

　　如果我們的中層管理者回答說：「夥計們，我明白你們是對的，可是我們總部上面的那隻花斑鳥說話了，他的回答是『不行』。」那麼委員會只能有一個回答，那就是：「那與你討價還價又有什麼用呢？你又沒有權力進行任何的談判。我們在這個企業裡要獲得一點權利的唯一辦法就是實行罷工了。」

　　於是他們也這麼做了。企業的總裁聽說了這件事並了解到工廠沒有任何辦法平息罷工時，就不禁開始懷疑這個工廠的經理人比爾到底是不是一塊做上司的材料。

　　或者比爾接到新的指令，要求他為企業研究基地設計的新產品準備機器設備以投入生產。在這個產品的設計中有一個零部件不是十分的合理，因此導致隨之產生大量的廢料。比爾工廠的工人發現只要進行一個小小的變動就可以解決這個問題，但是從上面來的指示是：「你的工人們一定不要再做任何的改動了。在我們的生意還沒有全部被我們的競爭對手搶走前趕快把這種產品投入生產吧。」如果比爾因此對他手下的人說：「你們就按照原來的樣

第六章　企業競爭活力的創新模式

子生產吧。因為我們總裁就是這麼指示的。」他的下屬就會明白其實真正在經營工廠的並不是比爾。

但是，從另一方面講，如果比爾自己對企業總部的決定承擔了全部的責任，他的下屬們就會貶低他，認為他的做法非常愚蠢，而且如果此時成本不斷攀升的話，企業總部就會再一次懷疑比爾到底是不是做上司的料。在這個時候，連比爾自己同樣也在考慮這件事情。

中層管理者遇到的特殊的問題在於：一方面，人們要求他履行在過去曾被認為極端重要的責任；而在另一方面，他需要同整個組織所決定的大計畫和項目保持一致，服從組織的重大計畫，儘管他本人在決定開始實施計畫時並沒有可能有直接參與決策的權力。

但是下屬們期望他擁有決策的權力，並不時地催促他實施他本人認為絕對錯誤或者至少在當地實施是行不通的某些計畫和項目。然而這種與企業保持一致的需要卻剝奪了他的決策權。因此組織也成為他的一個特殊的敵人，而且往往從表面看來正是這個敵人剝奪了他取得真正成功的可能性。在這種情況下，他便產生了恐懼感，從而導致他的順從，儘管他本人經常鄙視這種順從，但他沒有其他的選擇，至少他願意去沉思。

我們在前面描述了兩大類問題：第一種是由於員工引起的，因為員工渴望自己歸屬於某一個群體，並自願放棄其員工特徵，屈從於組織，以此實現自己的願望；第二種問題的產生是由於組織管理方式的失誤，從而導致挫敗了管理經營組織的人以及在組織內工作的員工的積極性。

如果我就此不附帶任何條件就停止的話，我會感到愧疚，既為自己的過度簡單化，又為自己的過度誇張。可以說稱得上是商業組織中的員工所面臨的問題的絕不僅僅止於這些，但我的確認為它們都可以算得上是一些非常典型的問題，而解決這些問題的有效方法也具有廣泛的普遍性，在應用於解決其他問題時也將會十分有效。

　　儘管我承認組織對於員工所表現出來的那些方面並不都是千篇一律地像我所描述的那樣讓人沮喪，然而這些問題就像是一首交響樂中的主題曲一樣，有的時候主導了整個樂章，而在有的時候，它變得無足輕重，為人們所忽視，過了一會兒在過渡部分又出現了，從來就不會真正消失。而我們的企業職員可能在某些時候能夠清楚地意識到這些情況與問題的存在，而在另外一些時候又會忽略這些問題，但是這些問題卻從來就沒有完全從他們的頭腦或者是思想中消失過。他只有學著去對付這些情況，處理這些問題。而不是僅僅痛恨這些問題，或者是滿懷希望地想像這些問題會有一天突然間自行消失，再也不用為它們煩惱。

　　這便是商業人員所面臨的世界，他選擇了終生在這個充滿壓力、挫折、混亂、妥協和危機的世界裡工作，然後他又滿腹牢騷，因為他不得不與這些壓力、挫折、混亂、妥協不停地作鬥爭，而面臨危機比充滿悲劇性更讓人哀憐同情。

　　我們該給他什麼樣的建議來處理這些問題呢？因為我們已經看到至少在我們所舉的一些例子當中有一些可能就是大組織的自然特徵與表現，員工的最佳選擇可能是改進或者改變自己在組織內的工作方式，而不是試圖去評價組織這個龐然大物。我的第一個建議是非常顯而易見的。在商業組織內那些下定決心要解決這些特殊問題的人就必須做到：既不會毫無批判性地全盤接受這個組織，也不要將它說得一無是處，公然蔑視組織。相反的，他應當試著去理解它。

　　當然，儘管這樣說起來容易做起來難。你該怎麼做才能夠理解這樣的一個事物呢？同認識其他任何事物一樣，最初你需要做的就是動腦筋，並在進入組織的早期就下定決心不要聽別人憤世嫉俗的建議，他們總是說：「別管你自己想什麼，老闆想什麼你就做什麼，投其所好好了。」在企業裡工作的職員要有勇氣拒絕這種孩子氣的概念，同樣也要有良好的判斷力，不要隨波

第六章 企業競爭活力的創新模式

逐流，學習別人的這種態度，說什麼「我們就管好自己所在的部門就行了，讓那些該死的工程師自己想辦法解決他們的問題好了」。

明智的人會盡力了解自己所在部門或者小組在整個組織中有著什麼樣的作用，如果他希望自己的行為始終保持與企業的主要目標一致的話，他還會了解清楚具體到他個人身上的工作是什麼。位於企業管理高層的人意識到，在員工當中能夠將組織的目標與計畫始終放在思想第一位的人實在是太少了。

當然，即使他能夠成功的話，也遠遠沒有徹底解決所有的問題，因為他的行為、他的計畫、他的決策也許相當地精明、相當地富有成效，但正是這種卓越的成就、這種從表面看來為了目標不顧周圍同事的看法而我行我素的習慣，很可能種下了不愉快的種子，讓周圍的人 —— 包括老闆在內都會討厭甚至怨恨他。只有一種情況例外，那就是他了解並明白自己周圍的人的感受以及他們通常的做法。

這句話聽起來可能有點傻，但是請容忍我的這個想法 —— 我試圖讓人們更尊重這句話。我們天生都是充滿感情的血肉之軀，有淚水、有憤怒、有若狂的欣喜、有熱情、有愛，也有抑制悲傷的意志，但是我們以及我們的同胞們在盎格魯 —— 薩克遜民族的傳統中薰陶長大，這種傳統把我們的所有這些感情緊緊地包裹起來，把它們的力量從我們的體內擠壓出去。所有類似的道德箴言深深地印在每一個男孩子的頭腦中：男兒有淚不輕彈；紳士不應表現暴怒；要彬彬有禮地表達自己的愛情於洶湧澎湃的熱情與不可遏抑的熱情是不成熟的表現；盲目地景仰與崇敬是天真幼稚的表現。所有這些都可以用不要衝動這句話來概括。

按照上面標準成長起來的男子漢在他們即將畢業離開大學的時候都可能最後讀過一些詩，但是沒有任何藝術形象和藝術形式能夠讓他們感動得流下淚水。在這個世界上再也沒有什麼讓人震驚的情況，沒有什麼悲劇性的事件

能夠讓他們怒髮衝冠，也沒有什麼能夠在他們心裡激發出義憤。他們的婚姻生活恬靜淡然、從容舒緩。他們感受感覺的能力就這樣慢慢地湮滅消逝，最後剩下的只是一個徒有食慾的軀殼而已。那麼，他們又怎麼能夠理解周圍與他們共同生活、共同工作的人呢？如果他們的靈魂中已經沒有了任何的感情，他們又如何能夠深入別人的心靈當中，去理解、試著去親身體會別人的感受呢？可是，如果他們不是這個樣子的話，又怎麼能夠做到不觸犯別人、不激怒別人而安然度過自己的一生呢？

對於一個企業職員而言，比學會複式筆記和精通企業政策的細枝末節更為重要的是要培養去感覺、感受的能力。會畫畫、會吟詩、精通音樂、能夠堅強地經歷磨難、有遠大的目標和抱負，這些對於培養一個優秀的企業職員都是至關重要的，這樣的觀點聽起來是不是有些奇怪？可是，這些的確是一個優秀的企業職員必不可少的素養，沒有這些素養，他就只能算是一個不完全的人，他的幸福是不完整的，他會時時感到厭倦無聊，他只是一個平庸之輩，無所事事地消磨著時光，直到生命的盡頭才發現可以消磨的時間已經不多了。

最後一點，在企業中工作要不斷地培養自己的勇氣。我所說的勇氣是指要有勇氣站在正確的立場上，劃清自己的界限，更為重要的是，要有勇氣承擔這樣做而帶來的後果。勇氣還意味著勇於改變自己的工作或者是捨棄一份工作。勇氣還意味著勇於將自己所認為的事實和真理大膽地說出來，如果你是一個推銷員，你就要勇於向你的顧客說明；如果你是一個職員，要勇敢地向你的上司說明；而如果你是一個談判人員，你則要勇於向你的工會說明真實的情況。

這種勇氣還同時意味著你在任何情況下都會毫不猶豫地這麼做，即使你有一大家子人要養活，有一大堆的孩子要依靠你的薪水接受教育，有沉重的債務等著你去付清，即使這麼做會讓你失去養老金或者是在你有大好前途的

第六章　企業競爭活力的創新模式

時候員工們認為你已經不再年輕、應該退出了，你也會無所顧忌。也許這些建議和方法——要思考、要感受、要勇敢——聽起來都是一些老生常談，從書架上隨便拿下一本書來都會找到這樣的文章。

但是，也許這是人類唯一最為有力的武器了，能夠充分正確地利用這些武器的人在歷史書裡比比皆是。而在我們之中，如果有誰能夠拿起這些武器，熟練地運用，讓自己更加強大，就會吃驚地發現，組織在我們眼中的形象已經大大改變了。組織不再是員工的敵人，相反，它成為員工實現自己的願望與目標的最強有力、最有效的工具。

問題並不僅僅在於「什麼因素引發創造力」，而是為什麼不是每個人都有創造力？人的潛力遺失在什麼地方？它是如何癱瘓的？所以我想一個好的問題應該不是「為何人要創造」，而是「為何人不創造或創新」。其實，當有人創造某種技術時，我們不該看到奇蹟般地感到不可思議。

操縱員工創造的法寶

機械的權威性管理組織存在著許多弊端，他們只是要求部下完全服從，說一不二，甚至把部下當作隨時可以替換的零件，否則就以辭退為由來進行威脅，這必然會形成企業短期化行為的局面。因此在民主式管理的領域中，有必要對創造力的心理動力有更深入地研究。

在此有必要強調接受不太準確的能力。有創造力的人很有彈性，他可以隨著環境的改變而改變，他可以放棄計畫，持續而有彈性地順應變動的環境，根據不同問題的不同需求來解決問題。

從理論的角度來看，他可以面對變動的未來。也就是說，他不需要一個固定或不可改變的未來。他不會受到無法預料的事件的威脅。對於有創造力、應變能力強的人而言，計畫不再時刻左右著人們的行動，可以完全擱在

一旁，也不會因此而感到後悔或不安。當計畫有所變化時，他也不會因此而慌了手腳。相反的，他反而對這種改變的情況產生更大的興趣，付出更多的精力。自我實現的人為神祕、新奇、浮動等狀態所吸引，並能處之泰然。事實上，正是這些狀態使生活變得豐富多彩。這些自我實現的人，是有著豐富的創造力的人，是有靈活的應變能力的人，他們對於一致、計畫、固定等狀態，反而會感到惱怒、無聊。

當然，我們也可以從另外一個角度來看。個性成熟或堅強的人，能全心專注於現實，讓自己完全沉浸於現在的情境中，仔細地聆聽與觀察。我們也可以這麼說，他們拋卻過去與未來，或者把它們放在一邊，不在眼前來注意它。當他們遇到問題時，不會從過去的解決方法中找出適闔眼前情況的解決方法，他也不會利用這個問題的答案，為未來做準備，排練即將要說的話，規定將來應採取的步驟方法。

相反，他完全著眼於眼前，並有足夠的勇氣與自信。當新問題來臨時亦能平靜地面對，他相信自己有應付能力。這就是健康的自尊與自信、勇於面對不安與恐懼的情緒。換句話說，他們對世界、現實或環境的評價，使他們信任這個世界，不認為它是危險而不可改變的。在遇到突發事件時，他知道自己有能力應付，他並不會感到害怕。擁有自尊就能使自己成為行動的操縱者，對自己的命運負有責任，是自我命運的決定者。

祕訣就是發現員工的長處，並讓他們多做自己擅長的事情。而且只有當員工感受到自己是處於一個值得信賴並充滿挑戰的工作環境時，他們才能發掘出自己的創造性才能。如果員工感到擔心受怕、充滿焦慮、缺乏激勵，他們就不會、也不可能把工作做好。

發揮員工創造性的新業務

具有創造性的上司能夠想像各種可能性，並能觀察到別人看不見的機會。他善於創新，並能從不同角度反覆考慮問題，以尋求新的解決方法。他鞭策自己打破傳統舊習，並經常自問：「我們能發明什麼新產品？我們怎樣為我們的顧客提供更優質的服務？」對待他的員工，他也採取這種積極、有遠見的做法。上司對員工的能力充滿信心，並堅信他們的機構能夠解決好自己內部的問題，透過發揮員工的創造性，開創新的業務。對於上司來說，這樣便創造了一個良好的企業氛圍，因為他把員工看作是企業內的知識財富，同自己一樣，他們的腦子裡也充滿著潛在的能力，如果能夠充分發揮出來，那麼他們創造的價值將數倍於帳面價值。

為了確保員工的創造性得以充分發揮，具有創造性的上司能為員工提供適宜的條件。他們認為最好的方法是與員工進行交流。他們經常向員工提出一些尖銳的問題，並鼓勵員工重新塑造自己和他們的思想，支持他們「出格」的想法，鼓勵與上司對話並提出不同的意見 —— 這意味著具有創造性的上司提倡具有創造性的衝突，並願意聽到不同的聲音，他們鼓勵冒險與實踐。

為了員工得以施展其創造性，具有創造性的上司必須能夠承受另外一種風險 —— 自身內部的風險。他必須允許員工發表與自己有激烈分歧的看法，並允許員工與他一同分享成功的榮譽。這就要求必須創建出鼓勵及獎賞創造性的環境，並反對所有妨礙創造性發展的各種做法：濫用職權；威脅、恐嚇及官僚主義。他知道為了讓員工做得最好，他們需要一個充滿活力的、安全穩定的氛圍，需要一個不被政界、過時的政策以及不公平競爭所干擾的工作場所。

這些上司一般都是首先開發自己創造性的思路，並把重點放在自己的創新才能發展上。他們一旦培養了自身的創造性，那麼發揮員工的創造性也就

變得容易多了。祕訣就是發現員工的長處，並讓他們多做自己擅長的事情，而且只有當員工感受到自己是處於一個值得信賴並充滿挑戰的工作環境時，他們才能發掘出自己的創造性才能。如果員工感到擔驚受怕、充滿焦慮、缺乏激勵，他們就不會、也不可能把工作做好。

成功的管理者首先注重他自身的天賦，並且挖掘自己的創造性潛能，從而使他們能更容易地發揮員工的創造性。

這樣的上司願意僱用應變能力強、對問題尋根究底的員工。他們幫助員工發掘自己的能力，並將其運用於日常工作中。而且，傑出的上司還特別注重為員工提供適當的實踐、冒險以及充分發揮其自身創造性潛能的工作環境。

有時，創造性的的確確是偶然出現的。但是，創造的過程並不一定是偶然的。創造性的發揮需要三個步驟。

第一步，管理者需要了解每個員工所特有的才能。無論怎樣，每個員工都有其特殊才能，這需要上司去挖掘。

第二步，管理者需要組織安排、調整員工的工作職位，以利於培養他們的創造性。擺脫一切不利於生產的條條框框，把官僚主義減小到最低限度；在一切可能的前提下，盡量多給予員工所需要的靈活空間。

第三步，管理者應創造適宜的工作環境，在這種環境中支持員工的實踐及適當的冒險。

在上述步驟中，最後一步是至關重要的。這是因為人們在樂於嘗試一切新事物之前，他們需要舒心的環境，具有安全感並充滿自信心。

對於任何管理者來說，他們所面臨的挑戰就是如何創立一個能激發員工全部創造性的適當環境。

無論安排任何工作，管理者都首先尋找天生頭腦靈活的、具有「出格」想法的人。而且可以從他以前的工作表現，能夠很好地預知將來的工作成

第六章　企業競爭活力的創新模式

就。他尋求並制定在舉止、思想及行為方面的行為規範，這些行為規範應該是能使人高度滿意、充滿自豪，並能給予員工精神及物質上的獎賞。他傾聽員工的想法，他觀察什麼能使員工滿足，在哪些方面他們能夠經常地做出貢獻。

一旦發現他的下屬有才能，他就極力將其安排到適宜的工作職位上。曼斯菲爾德說：「你不應當讓員工承擔不適宜他們的工作，否則，不愉快及麻煩就會接連而來，這是因為他們在做著自己不擅長的工作。」

一個人長處的最佳展現取決於另外一個人，尤其那個人是一位令他信服且支持他的上司。

在把合適的人選安排在適合他的工作職位之後，領導者開始建立明確的、具有挑戰性和創造性的目標。這正與迪士尼主席麥可‧埃斯納曾努力倡導的環境相吻合。

當你站在這種高度來考慮你的工作時，顯然你就會用非凡的方法來制定各項計畫。而今，他制定了明確的目標──各種目標均展現了創造性，並規定了嚴格的工期，然後讓大家各抒己見，以確保他自己不會妨礙他們發揮自己的創造性。如果你為你的員工中的某些人規定了很高的標準，而這些人又是充滿活力。積極進取的人，我深信他們會為實現目標而盡心竭力。他們要表明他們是能夠達到目標的。這種方法是很有效的。

但只設定目標是不夠的，還應倡導標新立異的想法。人們施展自己創造性的方法是不同的，有些人喜歡在原有的工作方法上下功夫，而有些人則願意用全新的方法去實踐並得出結論。研究表明，雖然採用截然不同的方法，不過具有同等的創造性，但他們會以不同的方式表現出來。建設「歡樂城」的人們堅信：我們追求的是我們所能想到的最完美的、最與眾不同的方法。雖然如此，我們仍要設法改進我們最佳方案的十分之一，然後再把各個更好

的方法綜合起來。例如在教育區，我們的設計就綜合了大家認定的最優秀的
20 名教育專家的意見。

最後我建議，創建一個允許人們以自己的方法施展其創造性的自由空
間。不論他們是什麼角色，我們應該鼓勵他們提出「如果……怎麼辦」。在
這種環境下，即使對於其工作與創造性沒有多大興趣的人，也會看到他們考
慮用新的方法工作。

有點子才會有創造發明。千萬年來，如果沒有創造力，銳石和竹棒永遠
也搭不到一塊成為長矛。創造力是科技發明背後的推動力，也是點燃靈感的
火花，幫助企業賺進厚利的武器。

擁有源源不絕的好點子，是工作成功的祕訣。尤其是在瞬息萬變的社
會，企業甚至員工的成敗，往往取決於其應變之道。因此，訓練自己隨時激
發新的點子以應萬變，是我們邁向成功的不二法門。

激發潛在創造力的 10 種方法

以下是激發潛在的創造力、應變力以及洞察力的 10 種方法：

首先，相信自己有創造力。激發創造力最大的絆腳石，是認為自己缺乏
創造力。很多人有這種觀念，完全源自父母、師長錯誤的灌輸。他們以為創
造力是不可企及之物，應該以敬畏之心看待發明家。但是，即使是最偉大的
創新點子，也並非無跡可循、難以捉摸的。以電視遊樂器發明人諾南·巴希
奈為例，他的靈感即來自遊戲與電視。這兩項最受人喜愛的東西，經他一結
合，變成了價值 5 億美元的點子。其實，這只不過是一個平凡的聯想。

其次，立即捕捉靈感。當意識進人睡眠狀態，或沉浸在其他事情時，潛
意識仍會繼續思索。詩人雪萊曾說：「偉大的作家、詩人和藝術家，都曾經
證實自己作品的靈感來自於潛意識。」

第六章 企業競爭活力的創新模式

你可以嘗試，在靈感來時，放下手邊的事，立即捕捉它。富有創造力的人都宣稱，他們的靈感通常是在入睡之前，或者剛睡醒時產生的。事實上，他們所說的話是有科學根據的。創造力和腦波有關，而腦波閥控制著人熟睡前這段時間的意識知覺。

不妨將便紙條、錄音機放在床邊，以便靈感來時能盡速記錄下來。即使睡意正濃，也別吝於起身整理突如其來的構思，這樣所得到的回報，將遠遠超過加班致使睡眠不足所獲得的效果。

再次，打破安於現狀的束縛。安於現狀，無法激發你的創造力，應當擺脫這種束縛，改變一下日常步調。

不妨以畫畫的方式，把問題「記」在紙上。畫畫和右半腦的活動有關，它能觸發影像、觀念及直覺；寫字則和主控知識、數字、邏輯的左半腦息息相關。讓思潮隨著信手亂畫飛揚，畫出你所想的問題，並從各種角度來描繪它，進一步在腦中將它轉變成動畫。逐步習慣以視覺和腦部知覺來處理問題後，你會驚奇地發現，原來激發靈感是這麼容易。

第四，換個新環境。換個新環境和創造新點子大有關係。據研究發現：人們坐在飛機上更能想出好點子；當飛離地面八英里高時，人的心思處在極端的創造區裡。另外，在公園散步或在海灘漫步，都可激發想像力。週末在鄉間租間小屋，在那裡生活一段時間，對激發創造力也有幫助。

第五，思考多種方案。平常我們多養成「只找一種答案」的習慣。很多商界人士只要發現了一個解決問題的方法，馬上就會鬆口氣，說：「這辦法不錯，我們就這麼做。」但是更富創意的主管卻會說：「方法是不錯，不過再想想，看有沒有其他更好的方法。」

找出各式各樣的解決方法需靠不斷地思考，一有難題，便將它記錄在備忘錄上，並寫出所有你能想得到的相關事件及解決方法，然後再向那些你認為可能會提供好建議的人詢問解決之道。

第六，置身新領域。一個年輕人請教管理專家彼德·杜拉克如何成為好主管。杜拉克回答：「學拉小提琴吧。」他的意思是，任何讓你置身新領域，或迫使你擺脫原先安適怠惰的活動，都可能激發想像力。最好的活動是磨練平時不常用的另外半邊腦。有時這類活動會形成神奇的組合，例如藝術家身兼棋藝高手，生意人還是個演奏家。

第七，經常詰問自己。這種定期反省的方法，可以幫你確信自己的創造構思。問問自己：「不提出工作計畫對我有什麼好處？我非得在下屬面前扮演指揮者的角色嗎？」常常詰問自己，能使你更肯定、或矯正、或全然放棄原先的構思。不論使用何種詰問方法，你都在啟開著新點子的大門。

第八，相信自己有可行之道。這種想法可以使你擺脫壓力，讓思潮自然湧現。如果遇到問題時，老是問自己：「我做得來嗎？這點子行得通嗎？」因擔心做不好、做不成而畏縮不前，反而會阻礙創造力。坦然接受自己、相信自己採取的每一種方法、步驟，才能激發你找到解答。

第九，組織「腦力激盪」小組。「腦力激盪」是一群人（最好 5 至 8人），針對一個問題，各盡所能地提出任何可以想到的解決方案。組成這種工作小組的關鍵，在於必須暫時拋卻批評爭辯，不論別人提出多麼離奇古怪的點子都要認同，使每位員工的思緒在完全無憂慮的狀態下，盡情發揮想像力。當大家的點子都掏空時，小組便可以就記錄開始討論了，但為了節省群體討論的時間，必須先讓每位員工把記錄內容過目一遍，再進行辯論。

這個有趣而有效的方法，可以動員更多的腦袋構思尋找解決之道。

最後，化創意為行動。所有的構思都必須付諸實行，才能真正具有價值。不要吝於將創意付諸行動。試試看哪些點子行得通，哪些行不通，然後你就會自己想像出點子，而且對這個世界很有幫助。肯定自己的創造能力，並付諸實踐，你也能成為創意天才。

第六章　企業競爭活力的創新模式

創造性模仿策略的目標是占據市場或行業的領導地位，或者控制市場或行業，而且它的風險較小。在創造性模仿者開始行動時，市場已經形成，新事物已經被接受。而且通常情況下，此時的市場需求遠超過最先的創造者的供應能力。

模仿也是一種很好的創新

杜拉克巧妙地解釋了「模仿」也是一種創新。他說，「創造性模仿」從字面上看有明顯的矛盾，創造性的東西必然是原創的，而模仿品，則不是原創的。但這個詞很貼切地描述了一個本質為「模仿」的策略。即一個企業家所做的事情，別人已經做過，但是，它又是「創造性」的。因為他比原來的創新者更好地理解了創新的真正含義。

這個策略最成功的而且也是最高超的實踐者就是 IBM。

1930 年代早期，IBM 生產了一種高級計算設備，為美國紐約的哥倫比亞大學的天文學家進行計算。幾年以後，它又為哈佛大學設計生產了一部早有類似設計、被稱為電腦的設備來進行天文計算。到二次世界大戰時，IBM 製造出了一臺真正的電腦 —— 是第一臺電腦，具有現在所說的電腦的特徵：「記憶體」和編程容量。但是卻很少有歷史書籍將 IBM 作為電腦的發明者而提及，原因是，當 1945 年 IBM 完成它的高級電腦時，它就放棄了自己的設計，轉而採用競爭對手的設計，即賓夕法尼亞州立大學開發的 ENIAC。ENIAC 更適合在商業上使用，如發放薪資，只是它的設計者未看到這一點。IBM 採用了 ENIAC，並生產了許多這類電腦，利用它們進行「數字處理」。當 IBM 生產的 ENLLAC 於 1953 年面世時，它立即成為商用、多功能、主機電腦的標準產品。

這就是「創造性模仿」策略。等到別人已經創造出了新的事物，但還

差一點火候時，它再開始行動。在很短的時間內，這個真正的新事物能夠完成最後一步工作，以滿足顧客的需求，使之願意付錢。創造性模仿後設立標準，控制市場。

在個人電腦方面，IBM 再一次運用了創造性模仿策略。個人電腦原本是蘋果企業的設想。起初，IBM 的每一位員工都認為生產小型、獨立的電腦是一個錯誤，因為它不經濟、不完善，而且昂貴。然而，它卻成功了。這時，IBM 立即著手設計一種成為個人電腦行業標準的機器，以求壟斷或至少是控制整個領域，結果就產生了 PC 機。在兩年的時間內，它就取代了蘋果企業在個人電腦領域的領導地位，成為賣得最快的品牌和行業標準。

創造性模仿策略的目標是占據市場或行業的領導地位，或者控制市場或行業，而且它的風險較小。在創造性模仿者開始行動時，市場已經形成，新事物已經被接受。而且通常情況下，此時的市場需求遠超過最先的創造者的供應能力。

創造性模仿並不是利用先驅者的失敗。相反，先驅者必須成功。而創造性模仿者沒有發明一個產品或一項服務，它只是將已有的產品或服務完善，並給它定位。在原來的新產品最初被推入市場時，還缺少一些東西。可能是產品特性，可能是適應於不同的市場的產品或服務的劃分，也可能是產品在市場中的正確定位。總之，創造性模仿者正好提供了它所缺少的東西。

創造性模仿者是從客戶的角度來看待產品或服務的。從技術特性上看，IBM 的 PC 機與蘋果個人電腦無特別差異，但是 IBM 從一開始就向客戶提供程序和軟體，而蘋果企業仍然透過專賣店以傳統方式分銷電腦。IBM 打破了自己多年來的傳統，開發各類分銷管道、專賣店，還透過大零售商及自己的零售店等來銷售自己的產品。它使顧客很容易就能買到產品，並很容易地使用。這就是 IBM 個人電腦市場的「創新」。

　　創造性模仿從市場而不是從產品著手，從顧客而不是從生產著手。它既以市場為中心，同時又受市場的驅動。

　　創造性模仿策略所需要的基本條件是：

　　它要求有一個快速發展的市場。創造性模仿者並不是透過從最先創新者手中搶走顧客而成功，他們是服務於先驅者創建的、但沒有提供很好服務的市場。創造性模仿只是滿足了業已存在的需求，而不是創建一個需求。這個策略有它自己的風險，而且風險還很高。創造性模仿者往往會由於試圖躲避風險而進行多個事業，分散了精力。另一個危險是對趨勢判斷失誤，如當創新已不再是市場的寵兒時進行模仿。

　　由於創造性模仿的目標是控制市場，它最適用於日常消費這樣廣大的市場。當創造性模仿者採取行動時，市場已經形成，需求已經產生，只是原產品所缺少的東西被創造性模仿者給彌補了。這就要求模仿者具備警覺性、靈活性，並且要樂意接受市場對產品的意見。更重要的是，要辛勤工作，不懈地投入大量精力。

經典剖析：麥可‧瑞依談員工創造力

　　麥可‧瑞依是美國史丹佛大學商學研究所的教授，也是一家管理顧問企業透視合作關係的創辦人。瑞依是一位社會心理學家，在廣告以及行銷管理領域有著豐富的經驗，他同時也是全球企業學院的員工。

　　瑞依在史丹佛大學商業研究所的課程一直深受學生的歡迎，課程名稱為「企業內的員工創作力」。他曾經指導過數千名學生，透過一段時間實踐，使他們在職場中完全發揮自己的創造力。而這個課程也邀請許多著名的客座教授演講，他們都是美國頂尖企業的領導人，還有其他優秀的領導者。

　　麥可‧瑞依運用長期累積的教學經驗自行創辦一家企業。他和幾位合夥

人創立了透視合作關係顧問企業，幫助一些企業和員工重新獲取人們與生俱來的創造力。瑞依和合夥人共同表示，當創作力的泉源枯竭，員工的工作表現就會大打折扣，企業將無法正常地運作。如果能達到發揮創作力潛能的目的，企業的營運就可以獲得大額的利潤。

我在商學院的課程之所以如此受歡迎，大多因為這個課程的主要內容，也就是馬斯洛在他日記裡所寫的。我們稱它為創作力，這是生活中最難得的東西，來這裡上課的學生也都了解這一點。我們邀請了 200 位演講者，上臺說出在創作力方面的故事和親身體驗。大約有十分之一的演講者之前曾經上過這堂課，現在他們在商場上都有非凡的成就。他們回到學校向學生演講，和學生共同分享自己的經驗。

其中有一位演講者還特別說，這不是一堂和商業有關的課程，也和創作力無關；他說，這是和你自己生活有關的課程。我們都曾試圖幫助學生以及企業管理者，回答兩個非常重要的問題：我是誰？我一生的工作是什麼？我們根據馬斯洛的理念，幫助人們找到自己的「高峰經驗」，也就是發現真正適合他們的工作。這份工作讓他們完全沉浸在工作的快樂中。即使大地震來襲，天花板掉下來也不會影響到他們自身。

我們的創作力以及創新能力，不是與生俱來的，它潛藏在每個人的心靈深處。當我們觀察小孩時，很容易發現他們在成長過程中所失去的東西。小孩是天真無邪、非常誠實的，他們想像力豐富，非常有創造力。如果我們能將所有因為社會壓力而失去的創作力重新獲得的話，就可以對社會做出很大的貢獻。

在哈佛大學有一項研究課程，測試幼童以及年幼的小孩在智商、空間性、視覺性、社會性以及情商的發展。最後研究者發現，大部分的小孩到四歲的時候，就已經到達天才的標準了。反而在四歲以後，經過各式各樣的發展過程以及外在環境的影響，在這方面的分數反而變得越來越低。

第六章　企業競爭活力的創新模式

　　我談這個事例的目的，主要是說明小孩在四歲以後，就會逐漸受到父母親以及社會的影響，努力表現出讓別人喜歡的樣子，在不知不覺中就掩蓋了原本擁有的創造力。我們總是不斷接收來自父母親或外界的資訊，告誡我們不可以做這個，不可以做那個。即使是大家公認最好最開明的父母親，也都會傳達出這樣的資訊。最後，當我們到達 35 歲或 40 歲時，原來的創作力已全喪失殆盡。

　　其實，很多時候你所聽到的，並非你內心真正的想法，但是它卻告訴你該怎麼做，因此對你的創造力造成直接的障礙。我們必須想辦法改變這種情況，試著觀察這個阻止你做某些事的聲音一天出現幾次。我們希望能幫助人們擴展自己的生活，去發掘隱藏在組織以外的全新世界。

　　而且，我們處在一種資訊變化萬千、競爭厲害、工作壓力大、快節奏的局面。過著創造力的生活確實是一大挑戰。馬斯洛說，創作力源自於模糊、不確定、一閃即過、不可預測。他認為正是這些特質使得創造力具流動性，這些特質正是我們必須面對的，他的真正意思是什麼？

　　事實上，馬斯洛說的是一種真正的自我信任。相信自己擁有創作力就是一種自我信任。雖然看不見，但確實存在。在我們目前的科學領域中，我們只相信肉眼能看得見、可測量的東西。創造力不只是提出想法、解決問題，或是製造另一個創新的產品。發揮創造力的過程包括樂趣、智慧、信念、同情心以及直觀。你必須相信自己擁有源源不絕的創作能力。

　　我們有必要幫助每個人能夠輕鬆面對紛繁複雜的外面世界。這些特性正是激勵我們擁有快節奏的工作步伐並維持生活的原動力。我們一直在探討組織內的組織急流。事實上，我們每個人都身在急流中，我們一直活在完全掌控的假象裡，事實上我們掌控不了任何事。

　　這是對固有的保守觀念的一處反擊，人們必須擺脫舊有的束縛，釋放出隱藏在內心的創造潛能。

在協助學生以及企業領導人重新獲得他們的創作能力以及創新能力時，這裡沒有一個一成不變的方法。我們首先引進一個概念：放任生活。我們要求所有的主管人員利用一星期的時間，什麼也不想，什麼也不做，沒有任何事情纏身。我們也建議他們自然地說出：「我不知道。」這種做法可以協助他們學習信任自己的創造天賦。

創造力是個人特有的天賦，所以我們必須利用多種不同的方法激發創造力，包括沉思、武術、繪畫、音樂、歌唱和寫作。我們努力讓他們與自身具創造力的部分重新產生連結。我們所教導的「不盲目下結論」的概念，對企業主管產生了極大的影響。當他們察覺過去有許多武斷的行為時，感到相當沮喪。當我們消除內在評斷的聲音後，不論是員工或因他有無限的成就可能。不評判讓你更能接收創新的想法。你應該從平常不會想到的地方開始收集資訊。例如：曾有這麼一個企業，是專門生產消費產品的，組織了 180 名經過挑選的員工來這裡學習。該企業一位副總裁跟我們說，其中有一個員工，非常文靜，工作上也沒什麼突出的表現，自尊感非常低落。上完這個課程以後，這位員工決定要加入該企業的某個部門，他負責開發一項特殊的產品，最後這項產品的開發獲得空前的成就，並且在同類市場中獨占鰲頭，這是個不容否認的事實。我們能幫助他釋放出內心的創造潛能。

有一個企業經理人，他們有一項特殊的產品需要政府核准後方可批量生產。但是政府單位卻回覆說，這項申請需要比一般的申請程序延遲兩年才會被核準。他說，如果在以前他可能會無奈地接受政府的決定。不過，這一次他決定運用在這裡學到的東西，嘗試釋放自己的創作能力，結果政府在半年就核準了產品的製造。

另外，有一個企業領導者遭遇一件標籤問題，他和工作夥伴也在這裡學到必須相信自己的創作能力。後來，不但解決了標籤問題，並且還為此項解決過程申請專利。還有，一群事後研究及開發的團體，在開始工作以前，總

第六章　企業競爭活力的創新模式

是要花一個小時的時間去做事前準備，後來他們運用學來的創作技巧，結果把準備的時間從原來的一小時縮短為一分鐘，每一年幫企業節省將近 30 萬美元的費用。

有時人和人之間的相互關係，也會在這種創作力的過程中發生改變。他們會自然地形成自主性的團體，有如一個小型社區。團體歡迎不同的想法，每位員工都可以進行有理的爭辯，彼此相互信任。透過重拾內在創作力的過程，我們找到全新的合作模式，使團體有著前所未有的驚人表現。

其實，馬斯洛的主張可以在工作中很容易被發現和印證。當人們展現創作力時，可以敏銳地覺察出任何的可能性。但是當創作力的源泉消失時，就會回到控制機制的運作模式，無法看出多種的可能性。

我感覺讀馬斯洛的著作真是得益匪淺，而且也是一種享受，他會為我們如何生活指明方向。我們所使用的方法，均是在協助人們專注於現在。為何我們總是在虛度光陰，全不在意周圍正在發生的事情？我們必須教導人們學習如何專注於當下。

馬斯洛同時也提到恐懼的感覺。我們針對這個話題設計了很多課程，我們提出一個「客觀智慧的聲音」的概念，我們透過這個聲音觀察世界、理解世界。我們探討人們心裡深層的恐懼，希望每位員工都有機會以匿名的方式與其他主管討論自己的恐懼。之後發生的事令人難以置信。人們開始找出員工恐懼的相似性，他們的恐懼讓彼此更為親近。當主管了解自己的恐懼是如此的深時，就會開始懷疑員工的恐懼會有多深？這份恐懼會如何阻礙我們的創造力？

而且還應意識到，無論哪種十分強烈的情緒（恐懼、氣憤、傷害和悲傷），它們的源頭是共通的，這個源頭也是喜悅、快樂等情緒的來源。如同馬斯洛所說，我們相信任何的性格弱點都有美好的一面。當我們揭露其中的

源頭之後，就能找出那美好的一面。在創造的過程中，最具突破性的時刻就是一剎那，當你看到一件很美麗的事物，而且深深為其吸引時，彷彿全世界都停止運轉，而你內心的某樣東西受到觸動，像是一道微弱的閃光，讓你認清自己本身的創造力。

我們非常鼓勵人們養成寫日記的習慣，把在這裡學到的、發生的一切都記錄下來，這是練習集中注意力的一種方式，非常重要，尤其對於像我這種A型人格的主管來說，因為我們不習慣思考，在高科技產業中尤為嚴重。我們必須隨著市場的變動奮起直追。你有一群優秀的人才，能快速地順應市場的變化，但是卻沒有時間靜下心來思考。他們從未停下來，仔細思考自己在做什麼。他們知道遊戲的內容、遊戲的規則，也參與其中。但他們卻不願花時間思考：「有另一種不同的玩法嗎？」或是：「我還想繼續玩嗎？」

我們必須下定決心協助人們過著有創造力的生活。一切從員工開始做起。因為每位員工都能夠貢獻特殊的才能，促使企業製造創新的產品，降低生產時間，做出更有效率的計畫，進一步改善決策過程。

第六章　企業競爭活力的創新模式

第七章　革新會計系統的操作模式

　　隨著變革的深入，市場經濟的發展，企業無論是主動還是被動，自覺還是無意識，會計系統的新理念已悄然升起，許多企業行為必須納入資產負債表，主要包括企業的更高需求、人性資產、消費者良好意願、消費者的忠誠等，這一切都是企業需要的，必須建立新型的科學的會計系統操作模式。

　　對一個企業的會計來說，最大的問題是如何把無形的人性資源換算成可量化的數字，納入企業的資產負債表中。人性資源包括組織的統合程度，員工的教育程度，為建立良好的工作團隊所付出的時間與金錢的總和。簡單地說，所有未能在損益表上顯示的人力資源，均會影響企業的長期獲利。

—— 馬斯洛

　　其實應該將無形的高層需求納入資產負債表中，但是從沒有人這麼做。不過，這卻是非常真實也是非常有必要的。為什麼一個明智的人，願意繼續守著一個毫無意義的工作，而不轉換到另一個更有意義、更有價值的工作呢？

理想經濟下的商業利潤論

　　若要重新定義「利潤」，我們有必要重新定義「成本」，也必須重新定義「價格」。也許我應該從另一個完全不同的角度來完成這項新的定義，我們可以從古典經濟學理論開始。就我以前所讀過的一些管理書籍可知，古典經濟學理論完全建立於低層的基本需求，根本沒有考慮高層需求或超越需求。此外，古典經濟學理論假設所有事物都可以相互替換；換個方式來說，就是所有對象、品質和特質的計算，都可以轉換成金錢的運算，因此可以納入資產負債表中。

　　可是，以我們企業界的發展來看，這種觀點不僅已經過時，而且毫無道理可言，因為我們現在終於意識到，人們除了低層需求以外，還具有更高層次的需求。因為在更為富裕和自發的社會，高層需求顯得更為重要。依據之一是金錢在現今的社會中，已不再是一項重要的需求，大部分人跳槽並不是因為追求更高的薪資，除非薪資的差距極大。

　　另外一種說法是，每個人都可以相當容易地得到足夠的金錢，基本需求也已獲得滿足。於是，金錢就變得沒那麼重要。當各種勞力的報酬越來越高時，就越有可能以少量的工作，賺取生活所需。任何要想成為無業遊民的人，如今就更容易了。在現今的社會，謀生更為容易；對於現今大多數普通人而言，謀生代表過著有車子、房子、花園的生活。

　　如果這是真的，而且好像大家也都這麼認為，大部分人是很難從他們目前的工作中跳槽的。除非另一個工作能滿足更高層次的需求。此外，許多人會顧慮到非金錢因素的考量。例如：我曾經向安德魯·凱伊提過，當有人提供一份新工作時，我總是會把無形的東西換算成金錢上的價值。例如必須放棄好朋友、美麗的居住環境，放棄原來的同事關係或是熟悉的原有環境，或是覺得要搬到另外一個城市很麻煩，又是重新適應新的環境很麻煩等等。

我曾一次又一次地思索，如果放棄與知心朋友間的友誼會損失多少錢？從我的生活經驗中可知，在短時間內發展另一段親密的友誼是很困難的。一個最好的朋友應該每年值 1,000 美元、500 美元、還是 5,000 美元呢？無論如何，這種朋友關係價值不菲，因此有必要考慮進去。假設一個親密朋友每年值 1,000 美元（這是一個平均數），那麼這個新工作的報酬就必須隨著提高，不論是 2,000 美元、3,000 美元或 4,000 美元，都和原來預估的有差距。我可能真的會失去一些無形的價值或金錢上的實質價值。如果我把這些無形的、更高層的需求都算進去的話，換工作的結果只會造成無形價值或金錢上的損失，除非我們沒有把這些無形的、更高層的需求納入資產負債表。過去沒有人把這些無形價值算進合約或資產負債表裡。但是對明智的人而言，這是非常重要的。

在工業社會也會發生同樣的情況。為何一位優秀的人才寧願待在原來的工作職位？會不會是他喜歡現在住的房子，有一個很好相處的老闆、同事？有一位細心的祕書或負責任、很愛乾淨的清潔工？還是他所居住的城市很美麗？對任何一個明智的人來說，所有有關氣候好壞、地理環境以及小孩的教育問題，都是人們考慮的重點。

從傳統的觀念來說，人們對老式賦稅的理解就好比被強盜強行索取，或是被流氓以武力威脅任意勒索。芝加哥不良少年集團向民眾強行收取的「保護費」，就很接近「稅」原來的意思。這個字至今仍保有部分的隱含意義在內，也就是一群獨裁貪心的人強迫人們付錢，他們卻不回饋任何東西，只因為他們擁有武力或權力。繳稅和收取保護費沒有什麼差別，而這些無辜的納稅人還必須面帶微笑地付錢。

不過，在一個良好、理想而健全的環境下，稅的意義就會完全不同。它是獲得服務的必要支出，至於金額多少則是大眾共同協調的結果。否則就長期而言，一個永久經營的健全企業就必須自行支付龐大的費用，自行取得各

項服務。這筆支出將對企業造成沉重的負擔，服務項目包括日常用水、治安的維持、醫療服務、消防服務，以及其他的公共服務等。

其實，納稅是一件很不錯的交易，對任何一家長期經營的企業來說，可將其視為必要的支出，是一項高效回報的投資。毫無疑問的，這筆龐大的稅捐收入將會用在學校和教育支出上。對企業而言，可以將它視為社區培育各項高技能工作者和經理人的一種投資。如果社區無法教導人們閱讀、寫作或算術，企業就必須自行承擔教育的任務。如果沒有健全的教育體系，企業就必須自行建立一套教育體系，然而這筆花費卻相當驚人。

當然，以上所說的，即是在開明管理政策下，人們越高度發展，對企業的長期發展就越有利。不過，在 X 理論的管理原則之下，情況恰恰相反，因為獨裁管理建立在無知以及恐懼之上，而非建立在開明、自發與勇氣之上。

我們必須以比較嚴謹的理論構架，處理高層需求經濟與超越需求經濟的問題。我不清楚對於舊有經濟理論和執行方案還需要做多大的修正，也不知這些理論允許有多大的修正，不過，這些修正是絕對有必要的。有幾點必須先行修正一下。其中之一：在富裕而良好的社會，擁有心理健康的人們，最底層的生物需求很容易獲得滿足，只需要極少的金錢就能吃得好、睡得好、住得好。當我們提升至更高層次的需求時，我們花更少的錢滿足這些需求。換句話說，當我們達到最高層次的需求時，一切都是免費的，或是幾乎免費，另一方面，更高層次的需求包括並歸屬於貨幣經濟。也就是說，只要發展健全，連最貧窮的家庭也能得到這些需求的滿足。

人本管理模式所要追求的目標，就是達到較高層次的需求。也許我們可以這樣定義人本管理：以非金錢的方式努力滿足工作場所中的高層需求。換個方式來說，就是說透過工作內化和工作環境條件給予高層需求的滿足，而不是給予金錢，然後利用金錢從外購買高層需求的滿足。我們可以探究得更

深入一點，以便清楚地分析 X 理論與 Y 理論的不同；X 理論的動機論只包含低層需求，而 Y 理論的動機論比較多元化，更具科學性，也更貼近事實，因為它包含了人類的高層需求，並將其視為工作場所或經濟環境中重要的影響因素。

獨裁式經濟或 X 理論經濟和管理政策假設人們完全沒有更高層次的需求。但是許多證據表明高層次需求的存在，因此 X 理論不僅在管理上越來越落後，在科學上的正確性也明顯不足。我覺得，透過低層和高層抱怨實驗，即可證明超越需求也是 Y 理論的一部分。換句話說，依照優勢的層級排列，世上存在有低層需求經濟體、高層需求經濟體和超越需求經濟體。

現在問題的關鍵在於，要如何把以上的這些東西，納入資產負債表或會計系統，我們怎麼才能將它們轉換成某人薪資的計算，或是如何計算出個性發展對組織的實際價值？例如：假設一位年約 25 歲的男性，在一家實行 X 理論管理的組織中工作，因為某些原因接受短期的心理治療，情況獲得改善，可以適應 Y 理論的管理環境，因此在生產力和管理技巧方面有大幅度的提升，使得他的薪資大幅度增加。這就是他的「財富」嗎？他會把這項所得納入他自己的會計系統嗎？顯而易見，對於任何一種形式的高等教育，情形也是如此真實。

在這裡還出現另外一個問題：假設有一家工廠實行 X 理論管理方式，另一家工廠實行 Y 理論管理方式。理所當然的，Y 理論管理方式對員工成長比較有益，但是我們如何把它量化？當然這些都會造成不小的支出。訓練開明經理人的成本將會比訓練非開明經理人要多出很多。問題是要如何把這些無形的費用，納入資產負債表中呢？此外還要考慮一些外緣利益。例如非金錢性質的利益，任何一位明智的人，都能明白這些非金錢利益是一種更高層次的經濟利益，哪怕它很難用金錢來衡量或用數字量化。

第七章　革新會計系統的操作模式

　　此外，一個採取人本管理的工廠，不僅僅因為製造更好的產品，使得工作本身更為員工所接受。更重要的是，它協助員工成為更優秀的公民、丈夫或妻子。這對全體人類而言，是一項寶貴的資產或利益，就好比校舍、學院、醫院或治療機構帶給人們的貢獻。我們如何將企業對社區的貢獻轉換成會計系統的計算？即使在貨幣經濟體系中，這樣的轉換也有其存在意義，因為為了執行人本管理，企業肯定得花一筆教育費用。

　　在未來的某個時候，關於人本管理或是高度民主與整合的社會經濟體之中的細微之處，還有許多無法搞清的層面是我們必須解決的，至少是健康的企業假定各種各樣我們都還沒提到議程上的問題。例如：它假設市場是開放而自由的，也許我們可以用「公開競爭」一詞來解釋。如果企業有健康的競爭能力，最好是市場上有其他競爭對手生產同類產品，或是有其他工廠的參與等等，這都可刺激企業的發展。

　　至於在西班牙，則為壟斷企業，一家企業負責全國的汽車等產品生產。因為缺乏競爭，沒有壓力讓他們保證品質，也沒有壓力讓他們改進品質，因此品質很難維持。當牽涉其中的人發現自己是騙子、惡棍，被迫陷入這種邪惡的情況，就開始變得憤世嫉俗。他們剝削可憐的窮人，例如產品的定價高於其原有的價值；此外因為產品品質的惡化，企業的營運也非常不健全。

　　同樣，還可以舉個類似的情況。如果一個人生長在一個無菌的環境，沒有任何的細菌和病毒，那麼他將沒有足夠的抗體。用另一方式來說，他必須一輩子都受到特別的照顧，因為他無法透過自身保護自己。相反，如果一個人能夠自行選擇，居住在一個充滿危險的世界，只受到適度而合理的保護，如此一來，他才能有足夠的抗體抵抗疾病，不必害怕感染病菌而得病。這也說明，關於競爭或自由市場、自由企業的全新理論是可行的。我們不應該將其與冷戰，或任何的政治話題、政治情況相提並論，因為它適用於各種社會

或經濟體系。社會主義經濟體系中的健全企業，即使轉移至資本主義的社會，應有的壓力和競爭環境仍是相同。簡單地說，這不只是政治、經濟或道德上的考量，而是企業本身為繼續經營的必然需求。正如一個好的拳擊手需要一位好的競爭對手，否則他永遠登不上拳王的寶座。

另一方面，如果我們假設在自由開放、自由競爭的市場中，理性、真相、誠實以及公平正義是維持企業、員工以及社會健全的必要因素，事實顯示這也是非常必要的。如果這些能夠演示出來，最優秀的人才與產品才能凸顯出來。最好的產品會被顧客所購買，優秀的人才會受到更多的欣賞和重用。所有影響道德、公平正義、真相以及效率的因素都必須減少或甚至消除。打個比方來說，銷售人員的迷人微笑、員工的忠誠、偏袒親戚，或不實的廣告終究會導致失敗，因為它們都在強調錯誤的東西，就像一部只強調外表美觀的轎車，完全不考慮它內部的實際功能，因為它們都在強調錯誤的東西。

如果以上關於健全企業和社會的假設是正確無誤的，是符合健康企業和企業的健康體制的，那麼我們就可以繼續發展下一個假設：所有的顧客、買主必須是理性的，他們希望能買到最好的產品。他們會依據真實的情況，檢查特定的資訊，仔細閱讀標籤，對於所接收的資訊保持質疑的態度，而非全盤接受，並極力遠離騙子。這些都是心理健康、自我實現者所具備的性格。

任何能增進心理健康使人成為更優秀的經理人、員工、公民或顧客的積極因素，亦對企業有所助益。任何能促使顧客依據事實和製造水準選購物品的因素，也對社會上其他人和企業有所益處。因此，能協助員工成長的開明工廠，也能對社會上其他工廠產生助益。至少從原則上考慮，這些因素對其他工廠來說是有價值的，所有能促使員工成長的因素都是有價值的。現在問題的關鍵是，這些可以納入資產負債表中嗎？會計系統可以計算出人本管理所產生的外緣利益嗎？

第七章　革新會計系統的操作模式

也許我們可以從「優秀的顧客或開明的顧客」這個概念進行探討。我們現在假設顧客是理性的，喜歡高品質產品，有能力選購較良好的產品，如果品質相同則選擇價錢較低者；喜歡美德、真相與正義，不為不相關的事實所約束；如果有人受到欺騙，就會感到相當憤怒。

這個假設是很有必要的，因為人本管理政策強調的是生產力的質與量同等提升。如果改良與廉價對顧客來說不具任何意義，那麼以較低的價格生產較好的產品有什麼作用？如果顧客關心的是其他不相干的事實，那麼關於高效率工廠、經理人和主管的討論，不會有任何實際意義。如果人們願意被愚弄、被欺騙、被誘惑，那麼人本管理對這些人來說毫無好處。因此，關於高效率、健全工廠的理論必須有某些先決條件，也就是顧客是理性的，有良好的品味和合理的憤怒。

只有當人們重視誠實的美德，誠實才有意義。只有當人們對於欺騙的行為感到憤怒時，才能阻止欺騙的行為。如果想好的品質本身有意義，那麼只有社會中的每個人都重視好的品質。所謂良好的社會，其中一種解釋就是美德對人們有益。也只有在美德對人們有益的情況下，一個社會才能稱為良好的社會。

在新的企業觀念中，會計人員必須把大大小小的每一件事物，都轉化成可以量化的數字。同時，那些理論家，也必須將所有人與人之間的相互關係都必須轉化成由簡單的線條與表格所構成的圖表。

新經濟體系的核心理念

根據我的調研分析，定義利潤、賦稅和成本之所以會如此困難，主要來自於會計團隊的專業度。他們強調將企業內所有事實轉化為可量化的數字和可替換的金錢，關心看得見摸得著的東西而不是相反的東西，關心計算、預測、控制，關心總體意義上的法律和秩序。正如凱伊所說：「在所有專業團隊中，會計師的詞彙能力最差。」我接著說：「而在心理治療師的眼裡，會計人員是一群最狂熱的人。」依照我對他們的認識，他們都是出身會計學校，只對數字、小細節有興趣，性格非常保守。

在專業學校以及大學裡，會計師或其他具有強迫性格的人，都過份強調分數、學分、學歷、學位等因素的可替代性，他們將所有的教育投資都轉換成算術運算。但是新的工業和企業哲學需要不同的會計系統、不同性格的會計人員。

導致會計師具有如此生活哲學的因素是什麼？分析最終，歸咎於他們對自身的不信任。他們為家庭開支做好預算規劃，將一定數量的錢存起來，不去動用。他們會因為某種用途而存入一筆金錢。他們不願動用利率只有4%的存款，而寧願花利率為11%的貸款，因為他們堅守「絕不動用自己的存款」的觀念。這些人可以被認為是自我愚弄的人，好比有些人會將鬧鐘撥快10分鐘，認為自己可以多睡一點。這顯得非常荒謬可笑，因為他們知道自己撥快了10分鐘。現在的日光節約措施也犯了同樣情形的錯誤，這些都顯出了輕微的心理病態。夏季時，我們並沒有透過法律強制規定所有企業企業提前一小時上班，而是愚蠢地將時鐘撥快以為自己可以睡相同的時間。

具有創造性的人與此恰好相反。有創造力的人相信自己不需事先準備，就能有效地處理新的問題與狀況，在新的環境中臨場發揮。越具強迫性格的人，就越需要對未來做詳盡的規劃，而且不得隨意更改或破壞。有些人甚至

339

第七章　革新會計系統的操作模式

對未來做出某種承諾，堅守到底。舉個例子，如果他們計畫某一天參加一個派對或旅遊，然後無論颱風下雨，仍堅持按計畫進行。他們絕不改變心意，否則就會因此而陷入焦慮不安的情緒。當然，這種規劃未來、仔細計算每件事、要求事事精準、可預測的態度，其實是對不安情緒的一種防衛機制，以避免自己面對意料之外的事。他們極不願意陷入毫無準備的情境中。他們無法適應突發的事件，他們不相信自己能在如此情況下找到解決方法。

對於這樣的人或是會計師類型的人而言，要他們放棄詳盡的控制與檢查行為，只會造成恐慌和害怕。他們認為清楚未來將要進行的每一件事是非常必要的，即使是不重要的瑣事也是同樣的方法，哪怕涉及對別人的不信任。也許這就是我們的會計系統只處理有形的事物，只處理可以轉換成金錢形式的事物的主要原因。具有強迫性格的人不信任感情、混亂、不可測，甚至是人性。會計人員必須把大大小小的每一件事物，都轉化成可以量化的數字。同時，那些理論家，也必須要將所有的人與人之間的相互關係都必須轉化成由簡單的線條與表格所構成的圖表。

對於統計數字、時間表以及其他外部資料的強烈需求，透露出內心信任度與確定感的缺乏。具有果斷能力的人會從經驗中學習很多知識，因此，利用外部線索的人適當地運用外部資料協助自己做出正確的抉擇。

對一個企業的會計來說，最大的問題是如何把無形的人性資源換算成可量化的數字，納入企業的資產負債表中。人性資源包括組織的統合程度，員工的教育程度，為建立良好的工作團隊所付出的時間與金錢的總和。簡單地說，所有未能在損益表上顯示的人力資源，均會影響企業的長期獲利。

會計師科學操作新模式

現階段，會計所面臨的關鍵問題之一，就是如何將組織中的人力資源納入資產負債表中。組織內的人力資源包括統合程度、員工教育程度、為建立非正式團隊、達成完全地合作所花費的金錢與精力、建立忠誠度、消除敵意與嫉妒、解除生產限制等等。當然，這還不包括人力資產對於鄉鎮、城市或國家的意義。

在李克特的書中說得很清楚：就短期而言，憑藉獨裁式管理，確實可以提高生產力。在李克特的實驗中，獨裁式管理下生產力確實高於參與式管理。但是如果從人性的發展角度來看，我們只重視生產力是一種不負責任的做法。也可以這麼說，當生產力增加，就會減損員工的忠誠度與興趣以及對工作的投入，甚至會引導工作態度向惡劣的方向發展。簡單地說，所有的人力資產都未列入資產負債表中。於是為了短期的生產效益，犧牲了企業長期的利益。許多企業耗盡所有的資產以求短期的利潤，從沒有為未來累積人力資產——忠誠、對經理人的良好態度等。

這種情形再一次證明管理哲學的重要性。這種哲學來自於長期利潤與短期利潤的差異。開明管理中最起作用的東西是長期利潤。在極短的時期內，開明管理也許不會有較輝煌的結果。打個比方說，在緊急狀況時身體可以用盡所有的能量。例如：在危急狀況時，腎上腺素會升高，並維持到危急狀況解除為止；但就長期而言，可能會造成死亡或器官的損傷。其他如體內脂肪、氧氣或是肝醣（glycogen）的消耗等情形也是一樣的道理。

在這裡，我們再探討一個明顯的問題——顧客的態度。為了短期的利潤，企業可能會濫用顧客口碑。但從長遠之處著眼，這和自殺沒什麼區別。例如：一個新的管理團隊接收一家歷史悠久、信譽良好的企業，但卻濫用企業的名譽與顧客的信任，推出劣質品或仿冒品。也許在很短一段時間內消費

341

者無法察覺，而且也創造了巨額的利潤。但長期而言，終將失去消費者的信賴與忠誠。對於任何想要永久繼續經營的企業來說，這種行為無疑是飛蛾撲火 —— 自取滅亡。

會計人員需要應對的另一個關鍵問題，就是如何將顧客口碑和忠誠納入資產負債表中？也許我們可以這樣問會計師：現在有兩家企業，一家擁有豐富的人力資產，一家卻只有微薄的人力資產，若不考慮過去 12 個月的獲利狀況，你會將資金投資於哪一家企業？此外，如果一家企業擁有良好的顧客口碑，而另一家卻利用顧客的信任而欺騙顧客，你會怎麼投資？如果一家企業的員工士氣高昂，另一家士氣低落，你要投資哪一家？你要投資一家流動率高的企業，還是流動率低的企業？你要投資一家缺席率高的企業，還是一家缺席率低的企業？所有這一切，都是會計系統必須掌握的情況，這些也是必須要納入資產負債表中的。

所謂價值工程，指的是透過群體智慧和有組織的活動對產品或服務進行功能分析，使目標以最低的總成本（壽命週期成本），可靠地實現產品或服務的必要功能，從而提高產品或服務的價值。

價值分析的有效原則

價值工程又稱為價值分析，是一門新興的管理技術，是降低成本，提高經濟效益的有效方法。所謂價值工程，指的是透過群體智慧和有組織的活動對產品或服務進行功能分析，使目標以最低的總成本（壽命週期成本），可靠地實現產品或服務的必要功能，從而提高產品或服務的價值。價值工程的主要思想是透過對選定研究對象的功能及費用分析，提高對象的價值。這裡的價值，指的是反映費用支出與獲得之間的比例，用數學比例式表達如下：

價值＝功能／成本

　　提高價值的基本途徑有 5 種，即：提高功能，降低成本，大幅度提高價值；功能不變，降低成本，提高價值；功能有所提高，成本不變，提高價值；功能略有下降，成本大幅度降低，提高價值；提高功能，適當提高成本，從而提高價值。

　　在長期實踐過程中，便於指導價值工程活動的各步驟的工作，開展價值工作應遵循下列原則：

· 分析問題要避免一般化、概念化，要作具體分析。

· 收集一切可用的成本資料。

· 使用最好、最可靠的情報。

· 打破現有框框，進行創新和提高。

· 發揮真正的獨創性。

· 找出障礙，克服障礙。

· 充分利用有關專家，擴大專業知識面。

· 對於重要的公差，要換算成加工費用來認真考慮。

· 盡量採用專業化工廠的現成產品。

· 利用和購買專業化工廠的生產技術。

· 採用專門生產工藝。

· 盡量採用標準。

以「我是否這樣花自己的錢」作為判斷標準。

　　在這些原則中，不僅提出了對思想方法和精神狀態的要求，提出要實事求是，要有創新精神；而且也提出了對組織方法和技術方法的要求，提出要重專家、重專業化、重標準化；最後還提出了價值分析的判斷標準。

　　進行一項價值分析，首先需要選定價值工程的對象。一般來說，價值工程的對象是要考慮社會生產經營的需要以及對象價值本身被提高的潛力。例

第七章　革新會計系統的操作模式

如：選擇占成本比例大的原材料部分如果能夠透過價值分析降低費用提高價值，那麼，這次價值分析對降低產品總成本的影響也會很大。

當我們面臨一個緊迫的境地，例如生產經營中的產品功能、原材料成本都需要改進時，研究者一般採取經驗分析法、ABC 分析法以及百分比分析法。選定分析對象後需要收集對象的相關情報，包括客戶需求、銷售市場、科技技術進步狀況、經濟分析以及本企業的實際能力等等。價值分析中能夠確定的方案的多少以及實施成果的大小與情報的準確程度、及時程度、全面程度緊密相關。有了較為全面的情報之後，就可以進入價值工程的核心階段 —— 功能分析。在這一階段要進行功能的定義、分類、整理、評價等步驟。經過分析和評價，分析人員可以提出多種方案，從中篩選出最優方案加以實施。

在決定實施方案後，應該制定具體的實施計畫，提出工作的內容、進度、品質、標準、責任等方面的內容，確保方案的實施品質。為了掌握價值工程實施的成果，還要組織成果評價。成果的鑑定一般以實施的經濟效益、社會效益為主。作為一項技術經濟的分析方法，價值工程做到了將技術與經濟的緊密結合。此外，價值工程的獨到之處還在於它注重與提高產品的價值、注重研發階段開展工作，並且將功能分析作為自己獨特的分析方法。

價值工程已發展成為一門比較完善的管理技術，在實踐中已形成了一套科學的實施程序。這套實施程序實際上是發現矛盾、分析矛盾和解決矛盾的過程，通常是圍繞以下幾個合乎邏輯程序的問題展開的：這是什麼？這是做什麼用的？它的成本多少？它的價值多少？有其他方法能實現這個功能嗎？新的方案成本多少？功能如何？新的方案能滿足要求嗎？

一次回答和解決這幾個問題的過程，就是價值工程的工作程序和步驟。即：選定對象，收集情報資料，進行功能分析，提出改進方案，分析和評價方案，實施方案，評價活動成果。

　　價值工程雖然起源於材料和代用品的研究，但這一原理很快就擴散到各個領域，有廣泛的應用範圍。大體可應用在兩大方面：

　　一是在工程建設和生產發展方面，大的可應用到對一項工程建設，或者一項成套技術項目的分析；小的可以應用於企業生產的每一件產品，每一部件或每一臺設備；在原材料採用方面也可應用此法進行分析。具體做法有：工程價值分析、產品價值分析、技術價值分析、設備價值分析、原材料價值分析、工藝價值分析、零件價值分析和工序價值分析等等。

　　二是應用在組織經營管理方面。價值工程不僅是一種提高工程和產品價值的技術方法，而且是一項指導決策、有效管理的科學方法，展現了現代經營的思想。在工程施工和產品生產中的經營管理也可採用這種科學思想和科學技術。例如：對經營品種價值分析、施工方案的價值分析、品質價值分析、產品價值分析、管理方法價值分析、作業組織價值分析等。

　　在實踐過程中，當我們將價值工程的概念應用於人力資源的領域時，人自然而然地成為價值研究的對象。我們可以將人的功能加以分析，然後與具體工作職位的要求相對應，應用價值係數評價來確定人員價值和群體價值，然後確定實施方案或者對實際方案進行改進，從而達到提高組織人員績效的目的。

　　作為一個生產的廠商，無論是在世界上任何一個國家，都會面臨這樣一個具體的、而且是重大的課題：如何處理生產部門和銷售部門之間的關係。

　　作為生產部門，希望產品的品種是固定不變的，這樣有利於管理和降低成本。而作為銷售部門，為了適應不同客戶的需求，希望不斷地增加新的產品品種，擴大市場占有率。如果實施大批量、少品種策略，則成本低、數量大，但不能滿足顧客的差異性需求。但是如果實施批量少、產品品種多的企業策略，雖能滿足市場多方面的要求，但是成本高，使得產品沒有競爭力。

第七章　革新會計系統的操作模式

　　這是一個看起來沒有辦法解決的矛盾。對於這一矛盾，無論是哪個生產廠商都不同程度的存在著。所謂的經營者的經營本領和管理藝術，就表現在如何恰如其分地處理這對矛盾上。對這一矛盾的處理不僅要考慮本企業的實際情況，還要考慮競爭對手和國際市場的發展趨勢，更重要的是，必須考慮企業內員工的人性面，這是一個十分複雜的問題。

　　我們把問題歸結到一點，如果我們在小批量、多品種的產品的生產上能夠做到其產品的品質、初價格與大批量少品種一樣的話，那麼這一問題就能夠得到圓滿的解決了。如何做到這一點呢？日本的企業家創造性地將管理藝術融合到了生產過程中。

　　在生產領域中，從生產某一部件轉換到生產另一部件的過程中，如果能將這種轉換的時間縮短，則在生產線上的頻繁的轉換將成為可能，這樣就能實現生產線向多品種轉換，而不引起成本的增加。更換得迅速、設備運轉的時間短，則庫存減少，成本降低，也就是說，在生產量和生產品種相同的情況下，誰能比較快地更改生產線上的品種，誰的成本和庫存就會降低，誰就能獲得競爭優勢，掌握市場的主動權。

　　在一般的情況下，企業提高生產效益的主要途徑是對產品的原材料和直接費用的節約，而很少考慮間接成本。透過大量的分析發現，只要把間接成本降下來，就可以彌補由於多品種而帶來的原材料和直接費用的上升。這顯然要提高管理的水準，在企業管理上做文章。

　　因此，看板管理方式得以誕生。它是採用逆向思考的方法，從結果入手，即從最後一道生產工序開始往前推，每一道工序都把後一道工序看成自己的客戶，按照客戶的需求進行生產，而客戶把自己的需求詳細地寫在一塊醒目的板上，這樣就可以用看板來控制整個生產過程。只要最下游的總裝備計畫決定下來，則整個指令由下游逆流而上，所以這也稱為下游控制上游法，而傳統的卻是上游控制下游法。

很多大型組織，包括各種各樣的企業以及政府部門、醫院和大學，都曾進行大幅度的裁員，但是能實現預期的成本節約的很少。在某些情況下，成本甚至仍在上升。在更多的情況下，工作績效受到了損失，而且不斷地有職員對所承受的壓力及工作負擔發出抱怨。

削減成本的有效方法

成本感覺是管理者最為重要的經營感覺。管理者應該注意以下三個方面的成本：

相對於銷售額花費了多少直接成本。管理者不應該單純地看直接成本，而應該看相對於銷售額的比率。把附加價值比率作為指標最合適。附加價值即企業活動所產生的新價值。一般來說，包括零售和批發業的商業是指銷售額總利潤（銷售額減去銷售成本）；製造業等工業是指加工額（生產額或銷售額減去材料費、外協費）；建設業是指完成加工額（完成工程額減去材料費、勞務費、外協費）；這些數字相當於附加價值，附加價值與銷售額之比為附加價值比率。如果公司的數字低於平均值，說明直接成本花費過多。在這種情況下，努力降低進價，降低對外合作成本等等，將成為經營的重要課題。

直接成本以外的成本花費了多少。指標為銷售管理費。銷售管理費是指銷售員薪資、包裝運輸、廣告宣傳、接待交際等銷售費加上有關人員薪資、福利保健、辦公用品、出差、通訊、房租等管理費。銷售管理費與銷售額之比即銷售管理費比率。

人事費的大小。人事費，是指關係到人的經費，合計為薪資、獎金、勞保、健保費等。人事費與銷售額之比，即人事費比率。人事費過大時，由於不能降低薪資，只有削減人員或在現有人員的基礎上，努力提高銷售額。也就是提高勞動生產率，必須關心每一個提高了多少成果。

第七章　革新會計系統的操作模式

以上三方面都是管理者應該最為看重的。另外，還有一個不可缺少的視點——時薪成本和成果，即公司每小時花費多少成本，獲得多少成果。

比起表面上出現的數字，嚴格地關心時薪成本和成果更為重要。

一個立志成功的管理者為培養這種技能，不妨首先計算一下時薪的人事費是多少，可能的話以 10 分鐘或以 1 分鐘為單位來計算。算算時薪產生了多少成果，經常檢查一下，到下班時是否還在全力衝刺；是否在拖拖拉拉地加班。

很多大型組織，包括各種各樣的企業以及政府部門、醫院和大學，都曾進行大幅度的裁員，但是能實現預期的成本節約的很少。在某些情況下，成本甚至仍在上升。在更多的情況下，工作績效受到了損失。而且不斷地有職員對所承受的壓力及工作負擔發出抱怨。

降低成本的唯一途徑是重新調整工作。這樣做將會導致減少從事這項工作所需的人數，而且其減少幅度甚至比最徹底裁員的幅度更大。事實上，應該經常使用成本緊縮作為重新思考以及重新設計經營管理方法的一個機會。

在開始進行成本削減時，管理層通常會問：「我們怎樣才能使這項工作更加有效？」這是個錯誤的問題，正確的問題應該是：「如果我們徹底停止這項工作，屋頂就會塌下來嗎？」如果答案是「也許不會」，那就撤銷這項工作。這樣做肯定不會受人歡迎。有人肯定會爭辯：「我們 18 個月以前才開始需要這一程序，並且今後的 18 個月我們或許仍然需要它。」但撤銷、調整工作是迄今為止削減成本最有效的方法，而且是唯一可能透過其自身來產生持久的成本節約的方法。

令人驚訝的是，我們所做的許多事永遠也不會被遺棄。所有辦公室與管理工作當中有近三分之一可能已經是不必要的了，因為它們既不能為某一目的服務，又已過時。使一件完全不需要做的事情更有效率，是沒有任何意義的。

關於仍能為某一目的服務的另外三分之二工作的下一個問題是：「每一項工作應該為企業做出什麼樣的貢獻？這樣做將達到什麼目的？」管理者的答案通常是明確的，但更多的情形是沒人能給出答案；或答案顯然是錯誤的；或者更糟糕的是，出現了不止一個答案。

「我們為什麼檢查所有銷售人員的開支帳目？當然是為了使他們保持誠實。」但這並非企業的一個目標。正確的答案是：「使銷售費用處於控制之下。」而且這最好透過計算銷售人員出差及在外過夜的開支標準來做到這一點。而確定這些標準，只需讓一小部分有經驗的銷售人員保持他們每年兩次為期一週的實際開支記錄即可。

一家負責建築材料供應的大型批發商的銷售量在不斷地增加，但是，管理者卻將其銷售人員從 167 人減少到 158 人。銷售人員可以有更多的時間從事銷售，而不再浪費時間去填寫冗長的「騙人表格」。

建築商的供貨人員在回答他們龐大的後勤工作發揮什麼作用時說：「我們在供應我們全國 2,800 名銷售商時有兩個目標，我們要確保我們的銷售商中沒有一家貨物賣完，而且我們要確保自己沒有積壓過多的存貨。」為了達到這一目的，需要兩種不同的工作。

其一是確保銷售商們始終充分儲備占企業銷售額一半左右的周轉極快的標準貨物。這是透過在銷售商那裡儲存比他們在未來 3 週中售出的這類貨物多 15% 到 20% 的方式做到的。對這些物品不再有中心庫存，也不再有庫存管理。透過從全國銷售商中選出 3 到 8 家進行抽樣，以他們的實際零售額進行每隔一週的系統化現場檢查來決定每家銷售商的庫存量。這項工作只要有 7 至 8 位銷售受訓人員就足夠了。我們偶然間發現，這是最有效的培訓辦法。

其中絕大部分是高附加價值產品，而且占企業銷售收入的一半（實質上是絕大部分利潤所在）。這些物品被儲存在一家空運公司的中心貨棧，在接到訂貨後 6 小時內透過夜間航班免費運往全國各地。

第七章　革新會計系統的操作模式

　　舊的體制幾乎要耗費相當於公司銷售額 1% 的成本（而在商業中，有銷售額 6% 的利潤就被認為是出色的）。新的體制總共耗費不到原來的三分之一。舊體制要讓 53 個人忙忙碌碌，而兩個新體制總共才聘用 20 人。而且，新的體制不僅提供了更好的服務，而且還提供了更好的庫存管理。

　　如何組織好已重新調整過的機構，以使其發揮最大的效益，並將成本降至最低，只有到最後才能反映出來。使用更多的電腦更快地處理更多的數據，很難說這就是一個正確答案。當然，最終產品在許多情況下會在電腦程式中表現出來，但任務是確定需要何種資訊而非如何控制這些資訊。

　　這也許意味著，從內部數據轉向外部數據，以求找出其客戶向最終消費者進行銷售的實際零售額。這也許意味著 —— 尤其在以控制一個流程為目的的行動中 —— 從依賴於計數轉向統計與抽樣。抽樣檢查不但比計數成本更低，而且更為可靠。僅僅統計性分析就能夠提供有效控制所需的關鍵資訊：在正常允許範圍內的波動與「例外」之間的差異。這種例外就是需要立刻進行補救的真正失誤的地方。

　　削減成本僅僅是開始。如果所做的只是削減成本而未進行適當的成本預防，可以肯定過不了幾年又會出現成本過高，因為成本不可能自動降低。成本預防要求每年在每一項工作中都不懈地致力於提高生產率 —— 以每年提高 3% 為最低目標。這就要求每隔大約 3 年對工作、活動提出這樣的問題：「我們確實需要這樣做還是應該將它放棄？」只有在原有的工作確被捨棄或至少是得到修正的情況下，才能開展新的工作及活動 —— 特別是新增職員的工作。

　　每一項工作及活動每隔 3 年還應就其服務於企業的目的和對企業所作的貢獻提出問題。而且最後還應該提出這樣的問題：達到這一目的的最簡便的方法是什麼？

現在絕大多數人已經知道，減肥比一開始就不增加體重困難得多。成本過高就是肥胖過度。削減成本幾乎無法從勞動者本身獲得更多的支持，因為從根本上來說，這意味著解僱人員。然而，缺少勞動者的積極參與，實行有效成本控制所需的措施就不能輕易得到貫徹。

的確，近年來為削減成本所作的很多努力未能實現成本削減的一個原因就是：這些措施是從上面強加給勞動者的，勞動者視其為對他們自己的工作和收入的威脅。而成本預防往往能夠得到勞動者積極而熱情的支持。職員們知道肥胖在於何處。他們明白，低的、受到控制的成本意味著更好、更安全的工作。因此，杜拉克要說的是，聰明的管理者若早知減肥裁員有大的副作用，就應在事先注意不要輕易造成增肥。

大量的成本削減依舊是需要的，特別是在大的組織中。但應該始終將成本削減作為在組織中建立持久性的成本預防的第一步。

經典剖析：摩特·梅耶森論企業的人性面

莫頓·梅耶森（Mort Meyerson）是裴洛系統企業前任主席、執行長，也是電子資料系統企業的前任副總裁，他曾經創造出許多令人嘆為觀止的奇蹟。EDS 在他的領導之下，不但成為一家公開上市的企業，並且成為該產業的先鋒。在裴洛系統企業，上演了同樣精彩的戰績，自從梅耶森加入後，裴洛系統企業每年的營業收入都暴漲 40%。梅耶森利用自己對社會的清醒了解，以前學到的經驗經過吸收轉換成人本管理技巧，運用在裴洛系統企業內，使其產生如此輝煌的戰績。也許商場上的成就並不是摩特最出名的緣由，而是他有足夠的勇氣和智慧，使自己認識到過去陳舊的管理模式已經過時了。

梅耶森曾在暢銷雜誌《快速企業》（*Fast Company*）中發表過一篇文章，文章的標題寫著：「我所知道每一件有關領導者的事，都是錯的。」當他問：

第七章　革新會計系統的操作模式

「要變成有錢人，就非得自己搞得很悲慘嗎？為了成功，非得懲罰你的客戶嗎？我們可以創造一個更人性的企業嗎？」這些富有爭議的問題，緊緊抓住了讀者的情緒。文章非常富有新意，梅耶森收到數百封的來信。他也因此成為新一代的企業管理英雄，因為他無所畏懼地挑戰舊的管理形式，並提出了富有成效的模式。

在裴洛系統企業的成功改革中，梅耶森實際上融入了許多馬斯洛發表的一些理念：「我必須協助企業了解到，應該以正確的態度對待員工 —— Y理論當中描述的那樣，因為它是管理理論的金科玉律、聖經，更重要的是，它對任何人來講都是一條邁向成功的最佳道路，當然包括在財富上的成功。」

馬斯洛對於管理與領導方面所提出的假設，的確使人震撼不已。每個人當然都聽說過馬斯洛的需求層次論。他所寫的那些論文以及論文中的思想，卻不是1950年代的思維產物，適用於未來的年代，甚至在21世紀也不可低估其作用。有些文章看起來並不顯眼，不過你若把它們看作一個整體來研究 —— 尤其是針對36點假設 —— 就會發現他的看法非常清楚而中肯。我不禁感到興奮和驚訝。如果你看馬斯洛的理論，想想他寫這些東西的時代背景，我想你就會明白為什麼我會用驚訝來形容他這本書了，他的觀念遠遠地超前於他所處的年代。

事實上也的確如此。多年來，我們聽了很多像馬斯洛、麥格雷戈、華倫班尼斯（Warren Bannis）以及其他著名的學者，預言企業人性面的重要性，杜拉克的理論與馬斯洛的理念有許多相似之處。不過我想他們的觀點都相當超前，人們可能要花幾十年的時間才能了解其中的道理 —— 如果我們允許這些理論存在生命力，而且這些理論都是反直觀的。

在我們生活中所做的一切，其實背後都有一連串關於事物運作方式的基本假設。馬斯洛的理論對企業知識而言是反直觀的。我們現在社會關於企業

如何運作的基本假設是，企業最重要的目的就是賺錢，或以現代的話來說，就是要增加股票的市場價格。

人們比較容易處理分析性的東西，面對非分析性的東西就不知如何下手了。在這種情況之下，計量就是我們的衡量工具，會計變成了我們衡量企業經營狀況的一個辦法。我們可以借它們發現是否真的在營利，是不是做得很好。所有這些用來計算的工具都很簡單而且是可量化的，因此，企業是建立在這些分析性以及計量為方向的假設之下。

我認為，大部分的男性比較習慣處在可計量和測量的世界中，至於在心理層面或感覺的環境裡，他們就會驚慌失措。從當下的經濟活動來分析，男性掌管了全球的領導階層。不過我認為，美國男性土著卻是一個特別的群體，他們特別擅長處理強調精神層面、心理、感性、人性的環境，他們能應付自如。此外，企業語言亦較容易讓男性處理事物，男性也較適應有層次的組織。

不過，層次化的組織不是那麼多了，我們已無法理解非科層組織的真實情況。我們認為大型組織會一直存在，但事實上完全不同。馬斯洛的理念違反了常人的直觀，不僅是對美國人，對世界上其他國家的人也是一樣。每一家企業都有它自己的背景文化（民族文化）以及企業文化。

從領導角色的轉換的角度而言，其實我的一些想法與馬斯洛的理念相當接近，而且也曾提出關於企業的核心元素和想法。但我的文章之所以會引起讀者的廣大興趣和震撼，原因很簡單，也許我寫的文章，比我之前說的商場故事，更能受到企業管理階層的歡迎。當我開始接到一些神父以及牧師們的來信時，我就知道有更重要的東西在起作用，我生活在兩個不同的世界裡，我試著研究馬斯洛博士倡導的觀念，也向員工講述其中的道理，但我了解到至今仍無法成為一種趨勢，雖然時機已經成熟。

第七章　革新會計系統的操作模式

　　大部分的企業人士並沒有注意到這種資訊。他們認為這些都是廢話以及沒大腦的想法，甚至是一些改革之類的無用言論罷了。讓我舉例說明我的觀點。有一次，我在麻省理工學院演講，在演講結束時，一位男性從觀眾席向我走來，當他站在離我六英吋遠的地方時，大聲地說：「你是摧毀西方文明以及美國自由文化的罪人。」他不把我的觀點看成是一種理論的探討，反而認為我在攻擊自由企業、美國人的生活方式、利潤動機和西方社會。很顯然，這有點過於緊張了。

　　從心理觀點來看，我認為這位聽眾所指責與我演講的內容毫不相干，他只是在陳述自己的意見。如果這只是單一事件，只發生一次，我就不會特別提到它。大部分的人都不會對著我不禮貌地大叫。他們通常會與我談論這些想法，幾乎是周而復始地討論，特別是當我有一定的權力或地位的情況下，企業裡的同事以及董事會股東，有時也會提出類似那位觀眾的反對立場，只不過他們的表現方式絕不像他那麼粗暴。

　　有一次，企業股東問我：「為什麼要浪費時間，探討一些人的問題，那不過是一些服從命令的小兵罷了？」我反問道：「我們從事的是何種事業？」按照我的看法，我們的事業就是聚集一群人為企業做事，進而為自己創造財富；沒有這些員工，就等於沒有這家企業，就不可能擁有任何實體的東西。

　　這位股東接著又說：「我了解，但你處理的都是一些很軟性的東西，員工並不需要創造力、自由或任何你想給予的東西。他們不想尋求工作的意義。員工只希望每天來工作、做好分內的事，並且清楚自己被賦予的期望。他們需要的，只是一份合理的薪水而已。」

　　我回答說：「我想你關於工作、關於人的表達都錯了。員工來這裡工作並不僅僅是為了那份薪水，而是因為這裡代表一個社區、一個家庭，是自我認同很重要的一部分，當然也是因為他們為自己的家庭做的一些貢獻。這份薪

水剛好符合需求，但並不只是以服務換取金錢，它的意義更甚於此。如果只是想以工作換取金錢，就無法體會工作的真正意義。」

我繼續和這位股東探討，我說：「問題的關鍵，我必須向我的合夥人說，這是我們必須做的？或者說，你去做，我會獎賞你？或者我必須說，讓我們為客戶創造價值，讓我們為員工創造一個良好的工作環境，並看看事情會如何發展？」可以預料的是，最後一個問題的效力比我告訴員工要如何工作強上 10 倍。在這位股東的理念中，我們都被內心的想法和經驗限制住了。如果依照最後一個問題的方式進行，完全可以激發每位員工工作的熱情、創造力及能力。

馬斯洛認為，企業和社區是含納並建構的關係，沒有任何力量可以將它們分開。在我看來，也的確如此，企業必須對社區有所貢獻。這是一項最受爭議的想法，幾乎沒有人認同此項價值。不過我卻在極力地為此辯護。例如：在早期的裴洛系統企業，社區與企業關係的價值是最受爭議的話題之一。原因就如跟我之前說過的一樣，社區的貢獻無法直接顯現在利潤上，也是很難量化或計算的。我們絕不能因為捐出 1 萬元給社區，就期待會有 20 萬元的回饋。但我直覺地認為，我們會得到比我們付出更多的回報。

在這場討論中，在場的都是占有優勢的男性，他們習慣於可以計量和測量的事物。想想以下的情況：如果以顧客為優先的做法是企業責任的一種延伸，那麼將社區重要性納入討論則是更大的延伸。

假如我們無法照顧員工整體生活，就只能激發員工部分創造力，這不就是馬斯洛的觀點嗎？

雖然對企業的回報很難計算，但我們卻可以計算出每位員工的生產效率。比方說，在達拉斯，我們的文化組織在建立資料庫時遭遇困難，他們沒有足夠的電腦設備，我們就集合了一些對此項工作有興趣的義工，幫忙安裝並完成整套計畫。

第七章　革新會計系統的操作模式

　　我們也許無法分析或計算出這項行為會為裴洛系統企業創造多少價值，但卻可以衡量出員工對這項行為的感覺。他們覺得透過這次行動和社區之間的連繫更加緊密，也感覺自己更人性。與文化或者藝術——觸及人的靈魂——的連接也影響了他們。因此，這些員工成為更好的人，也對裴洛系統做出更大的貢獻。另一方面，也使得社區擁有一個更完善的環境。

　　假如內嵌於社區而不盡力改善自己的社區，那麼這份工作誰來做呢？政府所能做的不可能滿足所有人的需求。社會福利機構也不能滿足所有人的需求。一些非營利單位能做的也是有限的。企業是最有效率的組織。因為它如此有效率，如果不把社區工作、環境問題、家庭生活以及員工自我建設等議題視為企業的責任，就無法為員工創造更美好的生活。這是非常重要的，因為人們並不僅僅是為了金錢而工作。

　　顯而易見的，企業必須真正地面對這些問題。除了創造利潤之外，企業還有更重要的義務。我不是說為了哲學原因一定要如此做，而是就客觀事實來看，這是企業最大的利益所在。問題的關鍵是企業要如何做，這才是最實質性的問題。

　　對於我們目前探討的活動和組織議題，我們正在自己的企業裡嘗試，但進展卻很不理想。也許我們可以針對員工的態度進行調查，但我不認為這項調查能包含所需的資訊。不過，我仍堅持當初的立場。一位持反對立場的股東對我說：「你怎麼知道這有用？」我說：「很簡單，我們的客戶會告訴企業，很滿意我們的服務，認為裴洛系統企業幫他們創造更多的利潤。

　　企業將會因為這些傑出的服務而獲得更大的報酬。我們的員工將更為優秀、更具有創造力，也使他們的家庭生活更為改善；他們的生活將更有意義、更有內涵。到那時就可以看出這些理念是行得通的。但是短期之內我們無法用測量的方式知道它是否有用。我們必須雙管齊下——利用測量與直觀。如

果 50 年後我們成為一家最受尊重、最成功的電腦服務企業，我們現在就會感覺得到。我們的電腦網路可以相互連結，提供最好的服務，並擁有優秀的員工和滿意的客戶。」

馬斯洛說：「作為一個會計人員，最困難的就是，如何把這些組織中的人力資產算進企業的資產負債表裡。」但希望人們不要片面理解這句話，馬斯洛提出此項觀點的前提是：你必須計量人力資產，並衡量它是否能創造有形的價值。但我認為根本沒必要去測量。我們必須相信這項理念是可行的，最後它的價值也會顯現出來。

我們可以從客戶的態度、員工的態度以及員工的生產力中看出來，它在最後一定會顯現出來。我不能肯定我們現在就能夠在這兩者之間得出任何連繫。再說，如果將人力價值放入企業的財務報表裡，那員工不就像被賣出的奴隸一樣，成為資產者的個人財產？

有些人認為，來自華爾街的壓力和在公共企業裡流傳著的一種短期行為，會阻止一些組織做我們所討論的事情。但我認為，華爾街並非問題所在。如果你把即將要去做的事情告訴華爾街，即使非常困難，他們還是會給你一到兩年的時間去完成。在這種時間限制下也許會很辛苦，但並不是不可能。數量與品質的取捨才是問題所在，心裡的想法才是問題所在。華爾街只是一群依大眾心理賺大錢的人。

商場的人喜歡怪罪華爾街，這反而顯示出他們眼光的短淺。我在日本也聽過同樣的爭論。日本人說：「我們有比較好的制度，因為我們總是把目光放在長遠的地方。」不過問題是，在日本沒有汲汲營利的華爾街投機者，他們自覺比華爾街投資人優秀嗎？多年前他們的確高人一等。但現在看來，他們根本不知道自己在做什麼就發生了泡沫經濟。他們假造房地產榮景，和銀行勾結，做一些犯法的事，誤導投資大眾，對這種做法我不敢苟同。

第七章　革新會計系統的操作模式

　　我所質疑的是，「沒有華爾街和那些汲汲營利的金錢追逐者，一切都會很好」的論調是不正確。如果華爾街突然走向三年分段成長的階段，我不相信短時間就能改變我們的組織以及我們的理念。

　　在改變的過程中，裴洛系統企業成為一家同樣重視生活議題和利潤創造的組織。在我離開 EDS 後，我自己的角色也發生了轉換。因為我不相信一家不轉換上司角色的企業，能有什麼樣的發展。一個企業真正能夠改變的並不是撤換底層的員工，而應該從管理階層著手。因為之前所寫的那篇文章，每個禮拜平均都會收到一至五封的電子郵件，其中有五分之一的讀者來信提道：「我在某家企業工作，我們有非常好的前景以及很優秀的員工，我們真的是與眾不同，我跟人力資源的主管談過，但他無法理解關於人的資源的事情，我正想辦法如何才能說服管理階層。」而大部分人的問題是：「要怎樣讓他們了解我的想法？」

　　我的答覆一直沒有變，他們有義務讓別人了解，並且真正地採納他們的想法。我也提出忠告，如果你夠大膽、臉皮夠厚，就可以公開提出討論。不管怎樣，讓管理階層相信你的想法是非常重要的。不過，在這裡我也必須提出警告，除非有人相信你，否則不要輕易嘗試改革，因為你很有可能會因此而被開除。你必須取得對方同意，再開始進行討論。如果對方願意，你就有義務說服企業和周圍的人勇敢地嘗試。如果無法說服對方，就必須決定下一步要怎麼做。我的建議是：不如離開這家企業，尋找一家可以讓你放手一搏的企業。光靠一個人的力量是行不通的，只有和客戶相結合的力量才有效，但員工不是客戶。

　　馬斯洛透過工作來描述自我實現的過程，但我不認為自我實現來自於工作或環境，而應該是說工作的投入和個人的工作，以及心靈的工作相互結合而引導人們去達成自我實現。但不管怎樣，我了解馬斯洛的想法，他認為企

業是非常有效率的，可以使人更健康，更能達成自我實現的目標。但很遺憾的是，今天有太多冒牌大師及所謂新世紀的人存在於社會，他們總是試圖想改變人們，誘惑人們尋找生活中的意義。這些人從中獲取利益，也許他們的影響已經玷汙了今天的企業主流。

第七章　革新會計系統的操作模式

第八章　開拓全新的企業評判模式

人本管理的企業文化已經扎根全球各個企業，舊式的管理模式已失去競爭力。因此，不甘被淘汰的企業應審時度勢，在全新的背景、環境下，制定策略，提高管理，加強創新，開拓全新的企業評判模式，讓企業有一種危機意識，實行危機經營管理和危機生存發展。

舊式的經營管理不斷過時，採用這樣管理方式的企業的競爭力正逐漸下降。而那些實行 Y 管理方式的企業在同行中管理工作更開明，產品更質高，服務更優良。

—— 馬斯洛

因為人們永遠無法獲得最後的滿足，雖然已有更好的環境出現，但抱怨仍在不斷產生。以上的原因造成他們對人本管理的失望。但是根據動機理論，我們不應該期望抱怨的終止，而是期待抱怨層次的提升，即從低層抱怨提升至高層抱怨，最後提升至超層次抱怨。

第八章　開拓全新的企業評判模式

直擊開明企業的評判準則

　　從事物發展的角度來看，整件事情的發展狀況可能是這樣的：人們能夠生活在不同的動機層次下。換一種方式來說，他們能夠適應高層次的生活，也可以適應低層次的生活；能夠在原始叢林式的社會環境中生存，也可以在開明社會中擁有充分的財富，基本需求獲得滿足，過著較高水準的生活，而且開始思考藝術的本質或數學等方面的意義。

　　我們可以利用各種各樣的方法判斷生活的動機水準。例如：我們可以從員工感興趣的笑話中判斷他的生活層次。生活在低層次需求的人，就會對不友善的或殘酷的笑話感興趣。例如一位老婦人被狗咬，城中一位笨蛋被其他小孩搶劫。然而林肯型的幽默 —— 具有哲學性和教育性 —— 會讓人們會心一笑而非捧腹大笑，這種故意或征服毫無關係，而且這種高層次的幽默不是生活在低層次需求的人所能理解的。

　　這種投射實驗也可以被視為動機層次的一種研究方法。在這種測驗中，人們透過各種症狀和表達行為判斷人們的動機層次。透過羅夏克測驗，我們可以了解員工的真正需求和願望。已獲得滿足的基本需求容易被員工所遺忘，或自意識層面中消失，至少就意識層面而言，獲得滿足的基本需求已不存在。因此員工所希望和追求的會是動機層次中的更高層部分。基本需求雖然獲得滿足，但是更高層次的需求還未成為可能，因此員工仍未想到，這時我們就可以採用羅夏克測驗得知；此外我們也可以利用夢的解析來判斷。

　　我的想法是，抱怨的層次 —— 一位員工需求和希望的生活層次 —— 可以說明人的生活處於怎樣的狀況；如果有人仔細研究組織內抱怨的程度，就可以作為測量企業健康程度的標準，特別是如果有足夠的案例可供參考的話，將會更有效用。

　　在獨裁叢林式管理中工作的員工，恐懼和飢餓是他們面臨的客觀事實，

這就決定工作的選擇、老闆的行事作風、員工對殘暴的順從等等。這些員工的抱怨源自於基本需求的無法滿足。他們抱怨寒冷潮溼的天氣、疾病、殘破的房屋等等基本的生活需求。

當然，在工業社會，如果還有人提出這類的抱怨，就表示該企業的管理制度真的非常差勁，組織的需求層次非常低。一般的工業環境中，已經很少會聽到這一類低級的抱怨。就積極的角度而言，這些抱怨代表他們擺脫現狀的一種希望和需求。打個比方說，墨西哥的員工可能會抱怨安全問題 —— 被無故解僱，不知道工作能維持多久，無法擬定家庭預算。他也許會抱怨缺乏工作安全感，抱怨廠長的專橫，以及為保住工作犧牲尊嚴。以上這些抱怨就是我所謂的低層次抱怨，是基於安全或生理需求，亦是人類對於非正式社會團體的歸屬需求。

較高層次的需求表現在尊重和自尊的層次上，涉及的內容包括尊嚴，自動自發，自尊以及他人尊敬，希望有價值，期望自己的成就得到他人的讚美、報酬和認可。此種水準的抱怨多半起因於尊嚴的失落，或是自尊和名望受到威脅。

至於超層次抱怨，則與自我實現生活中的超越性動機有關，我們可以歸結為存在價值的一部分。這些對完美、正義、善、真等價值的超越需求，使得他們會抱怨組織沒有效率，特別是又在不影響他們的荷包時。實際上，他們所抱怨的是對所處世界的不完美的評論，這不是自私的抱怨，而是一種非個人性、利他性的哲學式思考或建議，他也許會抱怨無法知道全部的事實，無法順暢地溝通。

這種對真相和誠實的完美追求，已經達到超越需求的層次，不再是基本的需求，擁有此種抱怨水準的人，過著高水準的生活。生活在憤世嫉俗、充滿小偷與暴君的社會裡，絕不可能產生此種層次的抱怨。對正義的不滿也是一種超需求抱怨，在管理良好的工作場所中，常可見到這類的抱怨。他們常

第八章　開拓全新的企業評判模式

常抱怨不公的情形，即使會影響員工的財務也一樣。另一種超需求抱怨，就是對於善行未能獲得獎賞，惡行卻獲得獎賞的情形，感到不滿。

　　現在歸納一下，以上所說的這一切都強烈地暗示了人類會不斷地抱怨。沒有所謂的伊甸園、天堂，或是極樂土，即使有也只是瞬間發生，稍縱即逝。當人們獲得滿足後，就會產生其他的需求。因此關於人類天性有最高限度的說法，是毫無意義的。這種說法認為超過最高限度後，就沒有進步的可能。我們很難想像百萬年來人類會有如此進步的發展。人們不斷地追求幸福，得到之後，也許會獲得短暫的滿足，但是久而久之習慣之後，就會逐漸淡忘，開始尋求更高層的幸福。人們認為任何事都可以比現在更完美，這就像是不停地追求未來的永恆過程。

　　在此有必要強調一點，因為我從很多的管理著作中，看到很多人對於人本管理的失望與幻滅；有的甚至放棄人本管理思想，回到獨裁式的管理。因為人們永遠無法獲得最後的滿足，雖然已有更好的環境出現，但抱怨仍在不斷產生。以上的原因造成他們對人本管理的失望。但是根據動機理論，我們不應該期望抱怨的終止，而是期待抱怨層次的提升，即從低層抱怨提升至高層抱怨，最後提升至超層次抱怨。

　　人類的動機絕沒有停止的時候，而是隨著環境的改進不斷地提高層次，這同樣與我的挫折層次概念相符合。我不認為挫折一定是不好的，挫折也有所謂的層次之分，從低層挫折提升至高層挫折，代表著一種幸福、好運，代表著良好的社會環境和員工的成熟。抱怨自己居住城市的花園計畫，抱怨公園裡的玫瑰花沒有受到良好的照顧，這些抱怨都顯示出這些人過著高水準需求的生活。抱怨玫瑰園表示你吃得飽，有家可歸，財務情況良好，不害怕得淋巴腺鼠疫，不害怕被暗殺，警察和消防局運作良好，政府廉潔，教育系統健全，地方政府效率高，還有其他所有的事情你都獲得了滿足。高層抱怨與其他類型抱怨不同，只有在某些需求獲得滿足的條件下，高層的抱怨才有可

能產生。

如果開明而智慧的管理者能夠深入體會以上所述想法，就會期望出現更高層次的抱怨和挫折，而不是希望所有的抱怨就此消失。他們對於費盡心力改進工作環境後，對產生抱怨的不理解，也不會感到氣憤和失望。問題的關鍵是：這些抱怨的層次是否有所提升？這是最重要的挑戰，當然也是可預測的。

現在又出現了一個重要的問題：什麼是公平，什麼是不公平？人們時常有許多瑣碎的抱怨，例如拿自己和別人比較 —— 某人的燈光較亮、椅子較好、薪水較高等。和別人比較書桌的大小以及花瓶裡的花朵數目等等，這些抱怨都是一些芝麻小事。通常，在某些特殊情況下，我們必須判斷這些抱怨是否屬於超越需求的水準，或者這只是支配層次以及追求名望層次的表徵，也有可能這是一種安全需求。我記得曾聽說過這樣一個例子，如果老闆的祕書對企業裡的每位員工都很和善，但突然有一天對某位員工很冷漠，就表示這個人要被解僱了。也可以這麼說，在某些特定的情況下，我們一定要根據事例對動機層次做出判斷。

另一件更為困難的事，就是如何以動機的層面分析金錢的意義。在動機層次中，金錢幾乎可以代表任何一件事情，它可以是低層價值、中層價值、高層價值或超層次價值。我試著詳細說明某個特定需求層次，但有些情況無法確實執行，對於這些情況我就放任不管，將其視為不可評估的，完全沒有必要花費力氣去分析它在動機層次中的價值。

當然，無法分析的情況還有很多。也許最需要謹慎處理的事情，就是不去分析，將他們視為無用的資料。你可以進行一場規模龐大而完整的研究，重新訪問當事人，就動機角度考慮，詢問他們當初的抱怨到底代表什麼意義？但是就研究結果而言，有些困難不太可能實行而且也沒有實行的必要性。

第八章　開拓全新的企業評判模式

　　究竟什麼樣的環境才算是真正惡劣的情況呢？在一些管理理論中，我們看不到有任何真正惡劣環境的例子，那卻是臨時工或非專業員工所處的環境，惡劣到接近內戰的邊緣。也許我們可以將戰俘營、監獄或集中營視為最惡劣的環境，或是小型企業（一人或兩人）間激烈而殘酷的競爭，老闆必須壓榨員工到只剩最後一滴血，瀕臨崩潰的邊緣。老闆為了自身利益，必須盡可能地拴住員工、壓榨員工，在他們辭職前盡可能賺取最多的利潤。但我們不應該有錯誤的認知，以為管理稍差的企業就是惡劣的企業。我們必須記住，人類有99％的人，有數年的時間是在管理最差的企業工作。我們必須作更大範圍的比較，也許我們應該先蒐集真正惡劣環境的例子，再開始進行研究。

　　我經過研究實踐意識到，良好的環境雖然能激勵大部分的人成長，但是卻給一小部分的人造成可怕的災難。對於獨裁者來說，給予自由與信任反而會助長這些人的惡劣行為。自由、開放與責任會使依賴、被動的人產生不安和恐懼，甚至因此而崩潰。在我們建構理論或進行實驗之前，最好蒐集足夠的例子。

　　我們不妨如此假設：某些有心理疾病的人，具有偷竊的傾向，但是他們不自知，因為他們工作時受到嚴密的監控，因此這種行為傾向從未提升至意識層面。如果一家獨裁管理的銀行突然「解放」，撤除所有的控制和監視，完全信任員工，那麼10個或20個員工中，肯定有一人會因為首次意識到自己的偷竊傾向而感到震驚；其中有些人認為不會被發現，甚至會屈服於這種傾向。

　　這個問題要說明的關鍵是，不要以為良好的環境能激勵所有人成長和自我實現，某些神經質性格的人就不適合，某些獨特的性格或氣質也不易產生正面的結果。良好的環境、完全的信任有時候反而會使部分人原有的偷竊或

虐待傾向浮至表面。我想到了康乃爾大學的榮譽制度，令人驚訝的是，大約有95%的學生對這個制度感到滿意，並引以為豪。但是仍有1%至3%的學生，沒有因為這個制度而有所改變，仍照樣抄襲、說謊或作弊。這並非是榮譽制度完全沒作用，而是因為個人的性格仍有所差異。

以上所談的想法和方法也可以運用在社會心理學上。例如：就大學而言，我們可以觀察教職員的抱怨層次和學生的抱怨層次，以斷定開明的程度。同樣的，判斷婚姻是否美滿，也完全可以從抱怨內容的分析得知。一位妻子可能會抱怨丈夫忘了送花給他，或是咖啡裡放了太多糖等等，但這與另一位妻子抱怨丈夫打傷她的鼻子或打掉她的牙齒是有很大的區別的。小孩對父母、學校或老師的抱怨也是一樣道理。

因此，我們可以建立一個通則：憑藉觀察抱怨的層次來評斷企業發展程度以及健康的程度。也可以說，任何包含人際關係的組織發展的健康狀況和水準都能由評估怨言和牢騷的水準做出判斷。但要記住一點，不論婚姻多美滿，學校多優秀，抱怨都不會消失。

我們區分負面抱怨與正面抱怨是很有必要的。當基本需求的滿足遭到剝奪或威脅時，即使員工沒有注意到這些滿足或是將其視為理所當然，仍會立刻引起尖銳的抱怨。如果你問一個人他的工作環境有什麼優點，他可能不會說他的腳不會潮溼，因為地板不會淹水，或是他不可能回答說企業裡沒有蟑螂。他們認為這是理所當然，不認為是什麼特別的優點，但是如果這些理所當然的良好環境一旦消失，你就會聽到大聲的抱怨。

用另一個方式來說，這些滿足不會使員工產生感激或感謝之情，但是如果遭到剝奪，則會引起極大的憤怒。此外，我們也必須討論能促進改善的正面抱怨或建議。這些評論來自於較高層次的動機，是人們未來所希望的結果。

第八章　開拓全新的企業評判模式

　　從原則上講，要擴大研究的範圍，就必須蒐集真實的例子，找出最差勁的老闆和最惡劣的環境。例如：我知道一位胖子，他恨不得殺了老闆，他一直沒有辦法得到好的工作，他的運氣總是很糟糕。而最令他生氣的是，老闆只向他吹口哨，而不叫他的名字。這種態度非常惡劣，他的憤怒越積越深。

　　另一個例子，發生在我上大學期間，是我在一家旅館服務的一段經歷。我在一家度假旅館擔任服務生的工作，他們支付我到旅館的一切費用，但卻要我擔任餐廳助手，薪水比服務生要低得多，而且沒有小費。我完全被騙並且沒有錢回去，也來不及另外找一份暑期工作。老闆答應會盡快讓我擔任服務生的工作，我也相信了他。餐廳助手的薪水一個星期只有 10 至 20 美金。一星期工作 7 天，一天工作 10 個小時，不能休假。當時我們還有一份額外的工作，就是準備沙拉，因為原本負責此項工作的廚師會遲一兩天才到。過了幾天之後，我們問老闆廚師什麼時候會到，他總是回答說快了。就這樣持續了兩個星期。很顯然，老闆是在壓榨我們。

　　最後，在 7 月 4 日美國國慶日這一天，飯店裡來了三四百位客人，老闆要求我們每一個人都要熬夜加班，準備可口但製作耗時的甜點，不過，所有人都毫無抱怨地接下這份工作。在 7 月 4 日這天，當我們端上第一道菜時，全部的員工都辭職不做了。這對員工來說，當然會造成金錢的損失，因為已經來不及再找另一份工作。但我們心中的怨恨和報復的念頭如此強烈，直到很多年以後，我還能感覺到辭職所帶來的滿足感。這就是我所謂真正惡劣的環境 —— 接近內戰邊緣的惡劣環境。

　　蒐集完所有的證據後，可以列出一張清單，讓那些在管理良好的場所中工作的人更能意識到自己的好運，因為通常他們自身不會注意到，而且視為理所當然。你們不必要求他們說出自己的抱怨，只要問他們當以下的情況發生時，他們感覺如何：如果工作場所中有許多小蟲、太冷、太熱、太吵或太

危險，如果腐蝕性化學藥品濺到他們身上，如果高危險性機器沒有安全設備等等。當他們看到 200 個惡劣環境的例證時，就會明白自己多麼幸運。

舊式的經營管理不斷過時，採用這樣管理方式的企業的競爭力正逐漸下降。而那些實行 Y 管理方式的企業在同行中管理工作更開明，產品更質高，服務更優良。

建立推動進步的變革理論

在每次社會變革中，無論是個體的人，還是對社會和文化，或是其他方面，都必須有整體性理論。我一直對此深信不疑，社會的變革是整體性的，其中的各個事物之間都相互關連，彼此結合成為一整體，任何的變革都是牽一髮而動全身。你不能只按一個按鈕，或是制定單一法規，或是改革單一機構或是撤換某個領導者，就期望社會有所變革。我從未看過單一事件的變革就能造成整體社會的變革。當然，就整體性思考而言，任何單一的變革都會對社會整體造成某種程度的影響。簡單地說，要改進社會必須針對所有的機構、事件、員工進行變革。顯然，這項改變是經過允許的、可行的，而非一項暴行。

社會變革是全面性的，透過同時變更使得社會體內所有的機構和附屬機構同時改進。有人認為某些機構較為根本而重要。我也確信，在美國文化中最基礎、最重要的單一機構將是總體意義上的機構；在實質面上是如此，但是理論上卻不是這樣。身為一位務實的政治家，我相信工業的變革比起其他機構，更能造成巨大的影響；而且，如果工業本身必須有所改變，也要有其他環境的配合。

舉例來說，除非社會、經理人、主管、員工、政治家和學校等所有的人、事、物都已準備好，否則工業界的開明管理無法真正到達社會的每個角

第八章　開拓全新的企業評判模式

落。在一個獨裁社會中不可能實行開明管理。獨裁主義本身必須經過適當的修正後，才有思考開明管理的可能性。這只是其中的一個例子，還可以找到更多的例子。

接受漸進式變革的必要性與必然性。如果任何機構的變革都必須經由其他機構的徹底變革才能有所成效時，那麼這種整體性變革勢必要經過一段漸進式的緩慢改變，而非像過去的革命家所期望的快速變革。事實上，當我們想要改進社會時，我們就已經成為革命家，哪怕這個詞有些負面的意義。但是從事社會變革的人不同於其他的革命家，他們必須完全接受、了解並同意漸進式變革的必要性。事實證明，無論是員工或組織，必須提升至某種層次之後，才有可能進行開明管理。

達到上述兩項目標後，接下來就是透過知識、意識控制、意識設計、規劃和科技的變革（這是唯一合理的可能）。我們在實行複雜的社會變革理論，而不是簡單的社會按鈕變革理論，以上的變革有其必要性。如果只透過一項新法律或改變憲法中的某一項條款，對任何人來說都能很輕易地感受到社會將有所改變。按鈕改革理論之所以施行多年，是由於其極易為愚蠢而未受教育的人所接受。比起更正確、更具整體性的複雜社會變革理論，按鈕理論較為受歡迎。

但實際上，社會變革必須是整體性的，實質上它也非常的複雜，不易為未受教育的人們所接受，即使受過高等教育的知識分子也無法快速地認同。也許它很難被所有人理解，也許必須有一群專家學者，依照專業知識分工合作，說明社會變革的必要性，以及漸進式的科學、研究、教育、學習和教學等變革的必要。這與傳統革命家準備好反抗和殺人的行為不同。在所有社會變革的過程中，如果只是為了維護法律和秩序，有軍人就足夠了，但是科學家更能帶動直接而具意識性的社會變革。

毫無疑問，不同的社會有不同的情況，而同一個社會的不同年代，情況也千變萬化。最有效的變革方式，當然不是浪費一個人精力的，而是針對已經做好準備的機構或附屬機構進行變革或重組的工作。例如：在我們社會其實有一大部分機構渴望進行改革，有的即將進行或是正在進行改革。幼兒園和專業的幼兒教師數目正逐漸增加，但是很多人並不知道這是一項革命性的改變。同樣的，幼兒園政策、理性和實際性的教育、母親訓練、幼兒診所的擴展等等，都是一種社會變革。人本管理的普遍性使得社會獲得整體性的改善，也是一種變革。

我們由此得出結論：「所謂漸進式的改革，就是利用有意識的知識，從最脆弱或已準備好的地方開始著手，再擴大到整體的範圍。」

如果我們能對漸進變革的需要達成共識，並為此而驕傲。或者我們有足夠的智慧與洞察力，基於良好的技術能力採取漸進式變革，就能明白可以憑一己之力做出小小的改變，我們就不會因此而失望、沮喪、自卑或感到無助，個人是改變社會最根本的力量。也就是說，誰也無法做到超出一個人所能做的範圍。換句話說，一個人只能做一個人的事，而無法負荷一個人以上的工作量。這樣的話，就可以使每個人都感覺得到他應該有的力量（而不是超出自己的力量），當然也就不會覺得自己很軟弱、很無助，不會認為自己像玩偶一般任人擺布，完全沒用，覺得自己在面臨社會改革時一無是處，一點忙也幫不上。

個人的無助感或無力感有一定的危險。尤其是對一些 10 幾歲、20 幾歲以及 30 幾歲的年輕人來說，他們在面對炸彈攻擊、大型國際性干涉以及冷戰時，往往覺得無所適從，最後變得更為自私，只顧自己的事而不管外面的世界。萊斯曼所說的「自私主義」，意思就是只為自己生活，不為別人著想，在被殺害或世界末日來臨以前盡情地享樂。

第八章　開拓全新的企業評判模式

　　威爾遜曾經談到選擇成為英雄或是一條蟲的問題，非常遺憾，很多人選擇當一條蟲。他們非常自卑，懷疑自己的能力。當一條新法律透過，每個人都比以前多擁有一輛車，婦女取得投票權，勞工工會很有組織，參議員開放直選等等改革措施陸續實施，但社會卻沒有任何大的改觀，因此，那些社會改革者、過度樂觀的慈善家以及擁有善意的人大失所望。他們對社會改革抱有太多的期望，所以當他們漸漸衰老以後，就會覺得厭倦無力，滿腹牢騷，退入自私主義，不再理會有關社會改革的任何事物。

　　從實用主義的觀點來考慮，我們完全有必要建立起自尊，並對未來充滿信心。只要是自己曾經參與一項改革措施並貢獻了自己的最大努力，即使它的效用並不很大，也要覺得很有成就感（就好像贏了球賽一般的自豪）。例如說，當我們好不容易選出一位最佳人選，代表民眾出席州議會、當地的圖書館委員會、學校董事會，或者是為學校爭取到更多的教育經費，或是我們設法為當地高中爭取到更好的老師等，都應該把它看成是一項勝利，並為自己所付出的努力感到自豪。

　　全心投入地方基本建設，不強求參與宏偉的目標。人們經常為自己面對宏偉的目標時束手無策而感到無奈。我舉一個在收音機上聽到的例子。主角是一位年輕男子，他是教友派的，是墨西哥公益服務會的一員，他為了提供一些乾淨的水給墨西哥人喝，以取代他們原有被汙染的髒水，他花了幾個月的時間去挖掘井。在他停留墨西哥期間，把所有的時間都花費在這項工作上，他總共掘好了 3 口井，每一次他必須花很多時間教導村民如何使用乾淨的水。其實這也是一種變革，開闢道路也是一樣。判斷的準則在於，這是否絕對有必要。

　　之所以說這個例子非常好，是因為這個年輕人花了一整年的時間，在極度惡劣的環境下，利用先進的鑽井設備進行這項高難度的工程，原本應該是由墨西哥政府來做這項工作，不過他卻盡了自己最大的努力，提供這麼多良

好的水源。在他聽到收音機的新聞之前，一定還沒意識到自己做了多大的貢獻。不過重要的是，他的精神是每個人都必須具備的。

對局部基本建設的全心投入，是承擔偉大任務的前提。當然，我們可以從事較高階層的改進工作，如大學教育等。但是在墨西哥，在設想大學和中學教育之前，我們必須先從事基本建設，如開闢道路、掘井、建設醫院、良好的公共服務等。

一個人花一整年的時間在墨西哥掘井，表現了他改造世界的勇氣，他對世界的貢獻並不下於先進社會的高層次變革。當人們相信自己的能力，並了解社會變革有一定的進程之後，就不會覺得以上的掘井行為是浪費時間、徒勞無功的。

一個人可以幫助落後國家開山辟路，這跟另一個人在其他的國家做了更高水準的價值是一樣的。當一個人真正地了解，只有在低層需求獲得滿足後，才有可能產生高層需求，一個人才能對任何層次的社會變革，投注全部的心力。

類似的情況在企業界也時常發生。當企業建造一座工廠，從獨裁管理和低層需求，邁向一個高層需求和民主開明的管理政策之前，必須走一些過場，開過無數次的董事會議，並與員工充分溝通。每一項步驟都是必要的。我們可以這麼說，任何改進工業的偉大任務，都是由許許多多瑣碎的小事所構成，沒有完成這些小事以前，是不可能形成所謂的偉大任務。

尤其是對很多年輕人來講，他們總是守株待兔，等著「偉大」的任務從天而降，等待他們覺得有價值、有愛國意義的任務，才會滿懷熱誠地做這些工作。他們真的很願意把自己奉獻給國家，即使犧牲生命也在所不惜，但是卻不願意為自己的國家洗盤子，或是做一些影印之類的小工作。我們有必要讓他們認識到，所謂的愛國主義、民主改革和社會變革，都來自於日常生活中的小事。

第八章　開拓全新的企業評判模式

　　我們必須清楚所有工作的最終目標或價值，確定所有的方式都能達到最後正確的目標。例如在戰爭時期，愛國不僅僅表現在上戰場，挖掘山洞、釘鐵絲、削馬鈴薯皮、擦洗地板，或是做一些很卑微的粗重工作，也是愛國的表現。大家都可以意識到，做這些小事可以幫助自己的國家打勝仗。在和平年代，更應該認識到這一點，從小事做起，從基本做起。

　　我們不應該期待有偉大的領導者出現，或者可以顧全每個方面或承擔每一件事的人。沒有一個人有全部的知識，或是同時在所有的地方進行社會變革的工作。一位領導者最重要的工作，就是將所有優秀的專家和理論學者集合起來，協調彼此的差異，共同組成一個表現優良的群體。

　　社會變革必須分工，也就是說，這項工作需要不同專長的人共同執行，每一個人都與他人同等重要。每一種性格、每一種技能、每一種才華、每一種天賦都是有用的，也是社會變革的先決條件。因此化學家必須尊重社會學家，因為兩者都是必要的。司機、清潔人員、店員、接線生和打字員等，每一個人都是必要的。

　　換句話說，每一個人在其工作職位上，都能做出應有的貢獻，沒有領導者與追隨者之分。在理想的社會變革情況下，每一個人都知道自己的任務，並盡力達成共同的目標。每一個人都是將軍，每一種技能都是必要的。因此，社會中的每一個員工都必須願意做任何一件事，並且為自己的貢獻感到自豪。

　　每一個人都應該擁有健康的自私。理論上，每一種性格、每一種人都是有用而且必要的，因為他有自己的專長，可以做別人無法做的事，因此，他獨特的貢獻就是他所能做出的最大貢獻。他必須認清自己，知道本身有什麼樣的才能以及天賦，找到自己特殊的定位 —— 在此領域中他的表現優於其他人。這種健康的行為可以讓我們同時具有利他與自私的性格。換另一個方式說，自私是我們進行社會變革時，最具利他性的行為（如果我們小心謹慎地定義這兩個字的意義的話）。

如果有人問最具利他性的事情，為社會做貢獻的最好方法，那麼最佳答案就是找到你自己的最佳位置，然後馬上行動。我們可以做得最好的事是自我實現、自我充實、享受生產、樂在工作，這是存在心理學或綜效中，超越自私與利他對立關係的最好例證。我們可以做自己想做的事，也就是我們做得最好的事，能讓我們產生最大的樂趣和滿足，對社會貢獻最大，讓我們感覺自己是高尚的事。

如果我們了解上述所言，就明白所有人是在同一條戰線上、同一個團體裡，擁有共同的目標，我們不僅欣賞自己所能做出的成功，更應該對他人的貢獻充滿感激之情，我們必須更能欣賞其他人與我們特長的不同。如果健壯型體質的人數不夠，像我一樣屬於瘦弱體質的人就必須執行健壯體質的人該做的事，但是我的體質屬於瘦弱型，因此無法做得很好，而且我自己也不喜歡這樣的工作。所以，如果社會上有健壯體質的人，我會非常感謝他們，因為他們能夠做好我所不喜歡的工作。同樣的，如果男性與女性能夠了解彼此相互需要，就能真心愛對方，並心甘情願地與對方合作。男人應該由衷感激世上存在著女人這種動物，並認為這是一件好事；女人也應該感激世上存在著男人。

同樣，律師也應該感激這世界上有醫師的存在，醫師也應該感謝世界上有機械師的存在。如果大家都有同樣的感覺，我們甚至也會感激這世上有遲緩兒的存在（而且對他們付出感情），感激有願意收垃圾的人、做清潔工作的人，願意做單純體力工作的人，以及願意做我們不喜歡的工作的人。在這種同事情誼的背景之下，敵對以及競爭的觀念必須重新定義。

也許有人會意識到，有一個團體擁有比較強烈的同事情誼，那就是科學家。他們的法律、規則以及做事的方法，可以成為其他人的範例。科學的分工非常精密，而且具備深刻的同事情誼。但是當我們仔細分析過後，就會發現情況可能並非我們所想的那麼完美。敵對、競爭和相互排斥的心態仍存

第八章　開拓全新的企業評判模式

在，尊敬與輕視的差別待遇仍存在。有些物理學家認為生物學不是科學，不值得尊敬；有些社會學家認為工程師只是一些把弄玩具的小男孩，做不出什麼大事 —— 在了解以上的信心論述之前，必須根除類似的消極心態。人們必須了解綜效的意義，以及超越對立的重要。

每一個人必須挑選適合自己的工作，也就是說，每一份工作都有志願者。每一個人必須找出自己在社會中的位置，因為每個人都必須把自己放入社會之中，並有自己的定位，包括特有的才華、能力、技巧、價值和責任等。當然他可以尋求指導員、人力資源工作者和臨床身心科醫師的協助，了解自己，了解社會的經濟需求。但是最後的決定權在個人本身，除非情況特殊。

自我發展、自我實現、自我約束、認真工作、完全發揮個人才華與能力的必要。這在當今社會顯得尤為重要，因為好多年輕人在成長和自我實現等方面存在著偏見。越來越多過於依賴、過於放縱、只會誇誇其談、性格被動的人，將自我實現解釋為「等待靈感的降臨」，他們等著事情發生，等著某個高峰經驗出現，自然而然、毫不費力地告訴他們自己的命運和應該做的事。任何可以自行實現的事對這些自我放縱的人來說，都是令人歡喜的。

從原則的角度而言，這顯然是終極的真理，但它並不是在任何時候都是客觀事實。培養一個人的能力是很艱難的事，也可能令人厭煩（雖然有些人能夠理解，這是透過對員工使命的全心投入，邁向自我實現的一個重要過程）。年輕人的態度可能來自於父母親，他們的父母或長輩不喜歡干涉他人的行為，讓他們自由發展，自行下定決心找到自己。在這種情形之下，某些心志堅定、才華橫溢、擁有理想的人，比起那些個性被動、意志模糊而衝動的人，會有較佳的表現。

我們應該堅決抵制這種只會坐著等待事情發生，在等待中無所事事，不好好訓練、練習、培養自己才能的哲學。我們必須進行更多的研究，證明紀律的好處、放縱的壞處、挫折的好處、努力的好處、挑戰的好處等等。我們

有嚴謹的理論和實驗證明，自我實現的人都是努力工作的人，他們全心投入自己的工作和事業，並認同這份工作和事業。當然，這代表著父母親教育和行為獲得改進。這種教育方式與親子教育方式有所牴觸，父母以小孩為中心，滿足他的所有願望，害怕拒絕小孩會傷害他。

社會變革與傳統的永久性、固定性和最終性改革不同，它是實驗性的，而且存在任何修正的可能。因為知識會不斷地累積，而且我們所知道的遠比我們所應知道的要少得多；過早的確定和過份的自信不僅不恰當，也不符合科學精神。所有的科學原則，尤其是剛起步的科學，都適用於社會變革原則。

約翰·杜威（John Dewey）就是這樣一位英雄，不同於過去那些激昂暴烈、酷愛戰爭的革命者。我們必須具備滲透性的、深層的科學態度，將每項建議視為一項假設或實驗，必須經過再三的測試與確認，假定這些建議有可能是錯的；即使執行成效良好，我們也必須有心理準備，可能會產生各種各樣新的或是難以預料的問題。

也許可用我們社會的富足作為例子，這是人類幾世紀以來所追求的目標，它不僅帶來人性高度發展的可能，更為人類帶來立即的幸福。富足的社會具備各項美德、優勢，但也產生許多不可思議的問題、不好的結果和可怕的陷阱。我們應該以更明確的方式說明科學的實驗態度。例如：如果依據足夠的證據，我們相信改進算術教學方法是達到社會變革的必要因素，對於這種想法人們會有不同的反應。其中之一就是，相信有一個人擁有天賦的靈感，對整件事非常確定、很果斷，他自認為這是可行的，對於那些持懷疑態度或反對意見的人嗤之以鼻。

另一種反應是，我們假設有可能有效，但是也有可能無效，因此必須進一步來確認。我們可以事先設計一項實驗測驗它的可能性，在現有的環境下設計出最完善和精準的實驗，以了解各種可能的結果。不過，令人迷惑的

第八章　開拓全新的企業評判模式

是，有許多實驗無法同時進行。如果有兩到三種改善的可能，而且程度相同，為何不同時測試？在過去相信最終真理的思考模式中，這種實驗方式是不可能發生的。

這份信心論述隱含的一個目的是重新定義何謂「確定性」。不同的字典有不同的解釋。追求數學或舊有宗教定義下 100% 確定的想法，必須永遠地放棄。但問題是，一旦我們放棄這種超自然的確定，是否就必須放棄所有關於確定的概念，進入一個相對的世界觀？

實際上，這是沒有必要的。科學家雖然非常有自信，但是他仍然警覺可能發生的錯誤。當我們有足夠的實驗證明後，某項陳述就具備了「科學性確定」，但這不是「永久或完全數學性確定」。兩者是有區別的，不應混為一談。

當然，所有科學理論、哲學和方法的改變，都必須運用杜威實驗法則加以測試。例如關於參與觀察者的問題必須加以深層探究，將科學等同於實驗室實驗的想法也必須加以棄除。至於觀察者的觀察行為會影響觀察結果的問題，也必須做更深入地研究。

社會生活中其他的領域同樣也適應這種觀念。我們應該放棄一些不客觀的科學以及沒有價值、不真實的觀念。同時需要比現在更多的事實以及觀念。在漸進式社會改革時期，我們必須具備科學家的耐心，因為事實證明，科學家在下任何結論以前，總是會等待所有的資料都準確無誤了才公布最後的結果。

人類越進化，心理就越健康，就越需要開明管理政策。企業只有積極採用 Y 理論管理模式才能在競爭中生存，採用 X 管理模式只會造成企業營運的障礙……

這就是為什麼我對人本管理如此有信心，認為它是企業未來管理趨勢的主要原因。

掌握新時代經濟的命脈

　　人類的成長，不僅表現在個性成熟，還包括員工的理想，人們越成長，獨裁管理就越難生存。人們在獨裁管理模式下會越來越無法發揮水準，甚至有時會憎恨它。其中大部分的原因是，當人們有高層次和低層次的樂趣可以選擇時，當然就會選擇較高層次的樂趣。當然，這兩種樂趣必須是他曾經享受過的。意思就是說，經歷過自由的人，絕對無法再度忍受被奴役剝削的感覺，即使他們在擁有自由以前，並沒有對被奴役的情況做出任何的反抗行為。人們在感受到尊重以及自尊以後，就再也無法接受被奴役的感覺。

　　假如人們長久地生存在安逸的環境下，有時可能會導致他們無法適應惡劣的環境。也就是說，他們對於較惡劣的生活環境會變得無法滿足或無法忍受。當社會越健全，政治癒良好，教育越先進，人們就越不能適應 X 理論、獨裁管理以及像監獄一般死氣的大學制度，他們會越來越需要一種健全完美的管理制度，以及促使人們成長的教育等等。在獨裁式管理的環境下，他們表現不佳，變得暴躁、有敵意。我們可以從產品品質、對經理人的認同等現實情況中看到這樣的例子。

　　善待人們，會使他們無法適應惡劣環境。就美國工業的競爭情況而言，目前社會中員工發展的需求動機，使得健全心理管理或人本管理成為一項重要的競爭優勢。也可以這樣說，舊式的管理方式將逐漸被淘汰，因為它們已經太老套了。採用這種舊式管理模式的企業，將無法與那些採用開明管理的企業競爭，因為後者擁有較優良的產品、較佳的服務。在這種情況之下，舊式管理制度勢必遭到淘汰。如果我們從會計、企業營運或競爭優勢的角度考慮，當一家企業使用老舊過時的機器，將沒有任何競爭優勢可言。

　　對於過時的人也是同樣的道理。人類越進化，心理就越健康，就越需要人本管理政策。企業只有積極採用 Y 理論管理模式才能在競爭中生存，採用

第八章　開拓全新的企業評判模式

獨裁管理模式只會造成企業營運的障礙。其他理論性的事物也是如此。例如：當我們的教育制度越健全，實行人本管理就越具有經濟優勢。當宗教機構實行開明管理政策，信仰就越自由，採用開明管理的企業就越具有競爭優勢。

　　這就是為什麼我對人本管理如此有信心，認為它是企業未來管理趨勢的主要原因。一般的政治、社會、經濟環境不會有什麼根本性的變化，我們正處在軍事和政治的僵局中，而且軍事政權正逐漸退出歷史的舞臺。因此我希望在宗教界、工業、政治和教育等領域的成長與改進仍會持續。全球正邁向國際化，也促使社會不斷地追求成長，所以健全心理管理的趨勢將更為明顯。

　　對於自動化的發展也是一樣的情形，而且在過渡時期也會面對大量的問題。同樣，也許我們也有可能轉化成一個和平經濟體，不再強調武裝或軍事競賽。這樣的潮流同樣會強化人本管理或民主管理的重要，而且更甚於獨裁或舊式管理。

　　或許由第九位副總裁負責統籌健全心理管理的事宜是有必要的，包括追求成長、提高員工或經理人的個性成熟度。或許我們可以由杜拉克的「員工態度與表現」第七部門與「管理表現與發展」第六部門共同承擔開明管理的責任。我還不確定現在是否有必要設立第九部門，但是未來絕對需要一位專業人員，他所接受的訓練不同於杜拉克第六部門經理人或第七部門經理人。例如：他必須接受心理學、哲學、心理治療或教育等訓練。

　　由於冷戰的關係，第九部門也許會顯得越來越重要，而且有可能提早實現。因為軍事的重要性日益降低，物理、化學和生物武器也不再有重大的用處。除了避免戰爭的爆發外，軍事武器已沒有任何用處。最後誰會贏得冷戰，將視蘇聯社會與美國社會的人性發展結果而定。目前的冷戰包含了對中立國的政治、社會、教育與員工支援，以贏得他們的好感，如此一來，非軍事性事物的重要性更加突出，較為明顯的就是種族歧視的問題。從此點來

看，蘇聯社會比美國社會占有優勢，特別是在非洲人面前。

最終，兩種文化的人民所表現出來的不同性格，將會成為辨別冷戰成功與否的重要因素。當國際旅遊變得更為便利時，這項因素也會更為重要。觀光客、生意人、科學家訪問團和文化交流團等，也都會越來越重要。如果美國人民的表現優於蘇聯人民，美國人將會為人所愛、更受到尊敬、更為人所信任。如果真是這樣，追求企業成長的趨勢，將成為國家的高層政策，甚至有可能會如原子彈、飛彈以及太空計畫上的投資一樣龐大，那麼，在政治上，我們的收穫將超出想像。也許國家規定每一家企業都要有第九位副總裁，一方面是為公共服務，一方面是應付政府的要求，例如州政府部門。

從理論和實用主義的角度而言，人們會越來越強調事物彼此間的相互關係。任何一家企業與社會的整合和共生關係，將更為強化而且是逐年增加。任何一家企業都可以代表整個社會。在實行開明管理的社會環境中，任何一家企業都有創造優秀公民的義務。

產品品質不僅僅關係到員工、社區和國家的地位，同時也攸關美國在冷戰中的地位，這是可以確定的。但美國沒有像其他國家體會得這麼深。大部分國家對美國產品都有一種呆板印象，他們認為美國生產的原子筆比其他國家的好，寫起來比較流暢。而據我所知的例子顯示，日本政府和民間企業者已經意識到，必須共同合作製造高品質的產品。在冷戰前，大家對日本產品的印象是劣等的、廉價的仿冒品。但是現在我們對日本產品的評價，已經等同於過去我們對德國產品的評價一樣：品質精良，工藝水準先進。眾人可以經由某個國家所製造的汽車或照相機，評斷一個國家的地位。有人認為德國的產品品質已經開始下降，若真是如此，西德在世人眼中的地位將會逐漸滑落。因為每一位西德人都認同自己的國家，並將國家形象內化於自身形象當中，因此國家地位的低落，使得人民的自尊心也隨之受到損害。從普遍的意義來講，美國也不過如此。

經典剖析：蓋瑞‧海爾評估企業發展

　　蓋瑞‧海爾（Gary Heil）是創新領導中心的創辦人，也是一位作家，他花了 25 年的時間聽取企業主管的趣聞。他從經驗得知，流傳在企業內部的小道消息含有豐富的資訊，如果仔細解讀，可以了解企業的服務品質、授權程度，並得知員工所認知的事實和實際真相間的差距有多大，海爾把這個過程稱為趣聞評估。這項評估過程幫助許多企業改善了工作流程。

　　趣聞評估的最大目的是想要透過這些資訊，了解組織對「現實」的認知程度。如果你無法認清現實，就無法妥善處理現實。當你解讀了這些小道消息以後，才能真正明白員工對工作環境的感受。我曾經花了很多時間幫助企業蒐集反映員工感受和思考方式的牢騷或趣聞。事實上，這些小道消息都是企業裡的員工互相流傳出來的，講的都是一些有關企業的重要事件，並反映出他們對這些事件的感覺。

　　當一位受訪者被問及某些問題時，也會利用他人的想法作為自己的觀點。當人們回答關於組織生活的問題時，他們會選擇與自己相關的部分內容。如同馬斯洛所說，我們整理所得的資訊與理論（馬斯洛的需求層次），可以得出有效的參考資料，了解在某些領域中組織的發展程度為何。

　　例如說，員工常被要求描述他們在工作上所遭遇的障礙時，有些人可能會說明他們必須有足夠的資料來服務顧客，因此當資料不中的時候會覺得很氣餒，因為他們無法對客戶提供最好的服務。此外，有些人則把焦點放在主管身上，抱怨他的主管過於嚴格控制成績效益表現，不尊敬團隊的員工。至於另一個團隊，則是害怕因為組織縮編而被解僱。當我們將所有的資訊連繫起來之後，就可以了解組織的不同發展層次。管理階層可以利用這些資訊，對未來做出更好的規劃。

　　當然，我們透過很多的計量研究，並從中獲得不少有用的資訊。不過在

我看來，不應該太早就捨棄這些在員工之間廣為流傳的小道消息。因為這樣的話，就無法更精確地解讀所有的研究成果。例如：在「文化調查」中我們常問一個問題：「你需要多少的資訊以順利執行工作？」在績優企業中，答案多半接近五，有必要明確一點，共有六個等級。

然而，當你一一與員工討論他們所得到的資訊時，就會發現他們根本不了解其中的差異存在，也不了解造成如此差異的原因。另一方面，幾乎沒有人知道有多少顧客選擇其他的企業，更不知道背後所隱藏的危機。關鍵在於，人們時常對於他們所收到的資訊感到滿意，但是卻不了解自己真正想要什麼。如果沒有面對面地訪談，研究的結果可能會誤導管理階層。

也許最重要的是，也是這些小道消息最大的用處是，提供面試者一個發問的機會，為什麼員工會有這樣的感覺，並且請他們列舉一些例子，說明引發這些感覺的原因。計量研究和小道消息研究的目的沒有什麼太大的差別。兩者都企圖經由這些資訊，再度激起員工的創作力，並且坦率地說出對企業的意見。

但是，請牢記一點，對主導這些訪問的最合適人選要特別慎重。我們利用局外人 —— 經過訓練、專門蒐集小道消息的顧問，局內人 —— 企業的領導人，具備優秀的人際互動與分析技巧，共同組成一個小團體。局外人可以看出局內人所沒看到的事情，局內人比局外人更了解組織的運作。這樣的方式可以達到最佳效果。

也許有人會認為，這些訪問引起太多負面的情緒，給員工提供大吐苦水的機會。正如馬斯洛所說，人們的需求滿足感永遠是不夠的。也可以這樣說，除非真的有所不足，否則他們不會感覺到了而不想去談論，只有在心中產生這個動機時才會去談。因此，我們不必覺得驚訝。當人們接受訪問時，他們自然會談到當時最感挫折的事情。管理層應該把這些意見當成是難得的禮物，因為員工說出了對企業的一些想法，可以作為勞資雙方的溝通途徑。

第八章　開拓全新的企業評判模式

　　了解他人的想法是加強雙方關係的最關鍵因素。很遺憾的是，有些人卻把這些訪問當成是沒有意義的抱怨。領導者總會為他過去的所作所為以及目前的企業文化辯護，卻不願意透過員工的眼睛去看這個世界。

人本管理：

領導藝術、策略管理、行銷體系、協同優勢，馬斯洛的管理心理學

作　　者：[美] 馬斯洛（Abraham Harold Maslow）

翻　　譯：垢文濤、馬良誠

發 行 人：黃振庭

出 版 者：崧燁文化事業有限公司

發 行 者：崧燁文化事業有限公司

E-mail：sonbookservice@gmail.com

粉 絲 頁：https://www.facebook.com/sonbookss/

網　　址：https://sonbook.net/

地　　址：台北市中正區重慶南路一段六十一號八樓 815 室

Rm. 815, 8F., No.61, Sec. 1, Chongqing S. Rd., Zhongzheng Dist., Taipei City 100, Taiwan

電　　話：(02)2370-3310

傳　　真：(02)2388-1990

印　　刷：京峯彩色印刷有限公司（京峰數位）

律師顧問：廣華律師事務所 張珮琦律師

國家圖書館出版品預行編目資料

人本管理：領導藝術、策略管理、行銷體系、協同優勢，馬斯洛的管理心理學 / [美] 馬斯洛（Abraham Harold Maslow） 著，垢文濤、馬良誠 譯 . -- 第一版 . -- 臺北市：崧燁文化事業有限公司 , 2022.09

面；　公分

POD 版

ISBN 978-626-332-708-5(平裝)

1.CST: 人性管理 2.CST: 管理心理學 3.CST: 自我實現

494.014　　　　111013619

定　　價：499 元

發行日期：2022 年 09 月第一版

◎本書以 POD 印製

電子書購買

臉書